932

LA

DESCENDANCE DE L'HOMME

ET

LA SÉLECTION SEXUELLE

LA DESCENDANCE

DE L'HOMME

ET

LA SÉLECTION SEXUELLE

PAR

CH. DARWIN, M. A., F. R. S., etc.

TRADUIT DE L'ANGLAIS PAR J.-J. MOULINIÉ

PRÉFACE PAR CARL VOGT

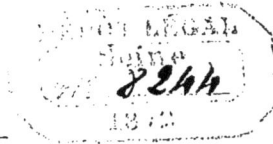

EN DEUX VOLUMES AVEC GRAVURES SUR BOIS

TOME SECOND

PARIS

C. REINWALD ET Cⁱᵉ, LIBRAIRES-ÉDITEURS

15, RUE DES SAINTS-PÈRES, 15

1872

TABLE

DEUXIÈME PARTIE

— SUITE —

SÉLECTION SEXUELLE

CHAPITRE XIV

OISEAUX, SUITE.

CHAPITRE XV

OISEAUX, SUITE.

CHAPITRE XVI

OISEAUX, FIN.

CHAPITRE XVII

CARACTÈRES SEXUELS SECONDAIRES CHEZ LES MAMMIFÈRES.

TABLE.   III

CHAPITRE XVIII

CARACTÈRES SEXUELS SECONDAIRES DES MAMMIFÈRES, SUITE.

CHAPITRE XIX

CARACTÈRES SEXUELS SECONDAIRES DE L'HOMME.

CHAPITRE XX

CARACTÈRES SEXUELS SECONDAIRES DE L'HOMME, SUITE.

CHAPITRE XXI

RÉSUMÉ GÉNÉRAL ET CONCLUSION.

FIN DE LA TABLE DU TOME SECOND.

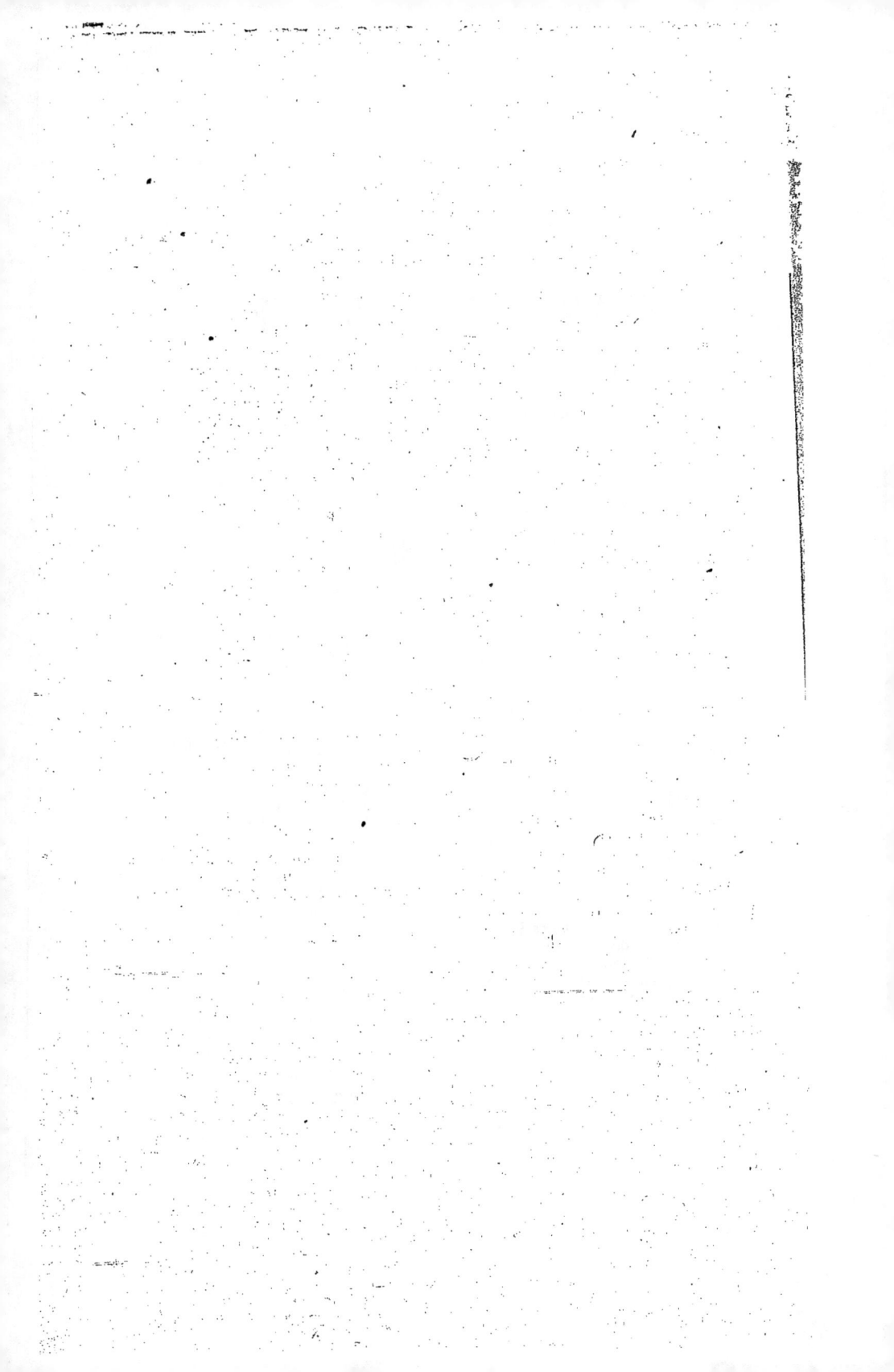

LA

DESCENDANCE DE L'HOMME

ET LA SÉLECTION

DANS SES RAPPORTS AVEC LE SEXE

DEUXIÈME PARTIE

— SUITE —

SÉLECTION SEXUELLE

CHAPITRE XII

CARACTÈRES SEXUELS SECONDAIRES DES POISSONS, DES AMPHIBIENS
ET DES REPTILES.

Poissons : Assiduités et batailles des mâles. — Plus grande taille des femelles. — Couleurs vives et appendices d'ornementation des mâles; autres caractères étranges. — Colorations et annexes que présentent les mâles pendant la saison de reproduction seule. — Poissons dont les deux sexes sont vivement colorés. — Couleurs de protection. — Insuffisance du principe de protection pour expliquer les couleurs moins brillantes des femelles. — Poissons mâles construisant des nids, et prenant soin des œufs et des jeunes. — AMPHIBIENS : Différences de conformation et de couleur entre les sexes. — Organes vocaux. — REPTILES : Chéloniens. — Crocodiles. — Serpents, couleurs protectrices dans quelques cas. — Batailles de Lézards. — Appendices d'ornementation. — Étranges différences de conformation entre les sexes. — Couleurs. — Différences sexuelles aussi considérables que chez les oiseaux.

Nous arrivons maintenant au grand sous-règne des Vertébrés, que nous allons commencer par sa classe la plus inférieure, celle des Poissons. Les mâles des Pla-

giostomes (Requins, Raies) et des Poissons Chiméroïdes,
sont munis d'appendices qui servent à contenir les femelles, analogues aux diverses conformations que possèdent tant d'animaux inférieurs. Les mâles de beaucoup de Raies ont, outre ces organes, des groupes de forts
piquants acérés sur la tête, et plusieurs rangées occupant la surface externe et supérieure « de leurs nageoires pectorales. » Ces piquants existent chez les mâles
d'espèces, dont les autres parties du corps sont lisses.
Ils ne sont que temporairement développés pendant la
saison de la reproduction, et le docteur Günther croit
qu'ils sont utilisés comme organes préhensiles par
le doublement en bas et en dedans des deux côtés du
corps. Il est assez remarquable, que dans quelques
espèces, telles que la *Raia clavata*, c'est la femelle et non
le mâle qui a le dos parsemé de gros piquants recour-
bés en crochets [1].

Vu le milieu qu'habitent les Poissons, on ne sait que
peu de chose sur leurs assiduités et leurs combats aux
époques de la reproduction. On a décrit l'Épinoche mâle
(*Gasterosteus leiurus*) comme « fou de joie » lorsque la
femelle, sortant de sa cachette, vient examiner le nid
qu'il a construit pour elle. « Il s'élance dans tous les
sens autour d'elle, se rend au dépôt des matériaux accumulés pour le nid, puis revient, et si elle n'avance pas,
il cherche à la pousser du museau, ou à la tirer
par la queue où l'épine latérale vers le nid [2]. » Les
mâles sont dits polygames [3], ils sont très-hardis et belliqueux, les femelles étant tout à fait pacifiques. Leurs

---

[1] Yarrell, *Hist. of British Fishes*, II, p. 417, 425, 436, 1836. Le docteur Günther m'apprend que dans la *R. clavata* les piquants sont par-
iculiers aux femelles.

[2] Articles de M. R. Warington, *Ann. et Mag. of Nat. Hist.*, Oct. 1852
et Nov. 1855.

[3] Noel Humphreys, *River Gardens*, 1857.

batailles sont quelquefois désespérées, car « ces petits combattants s'attachent fortement entre eux pendant quelques instants, et se renversent mutuellement, jusqu'à ce qu'ils aient épuisé leurs forces. » Les *G. trachurus* mâles, pendant le combat, se tournent autour en nageant, en cherchant à se mordre et à se transpercer au moyen de leurs épines latérales redressées. Le même auteur ajoute[4] : « La morsure de ces petits furieux est grave. Ils se servent aussi de leurs piquants latéraux avec tant d'efficacité, que j'ai vu un individu qui, ayant été pendant la lutte complétement éventré par son adversaire, tomba au fond et périt. Lorsqu'un poisson est battu, sa tenue hardie l'abandonne ; ses vives couleurs se fanent, et il va cacher sa disgrâce parmi ses compagnons pacifiques, tout en restant pour quelque temps l'objet constant des persécutions de son vainqueur. »

Le Saumon mâle est aussi belliqueux que le petit Épinoche, et le docteur Günther m'apprend qu'il en est de même du mâle de la Truite. M. Shaw a vu un combat entre deux Saumons mâles qui a duré un jour entier ; et M. R. Buist, surintendant de pêcheries, m'apprend qu'il a souvent observé auprès du pont de Perth, les mâles qui chassaient leurs rivaux pendant que les femelles frayaient. Les mâles « sont constamment en lutte, et en se déchirant entre eux sur les lits de frai, se font assez de mal pour qu'un grand nombre en périsse, et qu'on les voie s'approcher des bords de la rivière dans un état épuisé et comme mourants[5]. » Le gardien de l'étang de reproduction de Stormontfield ayant visité, en juin 1868, la Tyne du Nord, y trouva environ 300

---

[4] London's *Mag. of Nat. Hist.*, III, p 331, 1830.
[5] *The Field*, June 29, 1867. Pour l'assertion de M. Shaw, *Edinb. Review*, 1843. Un autre observateur (Scrope, *Days of Salmon Fishing* p. 60) remarque que le mâle, comme le cerf, éloignerait tous les autres s'il le pouvait.

Saumons morts, tous mâles, à l'exception d'un seul, qui selon sa conviction, avaient perdu la vie à la lutte.

Le fait le plus curieux relatif au Saumon mâle, est

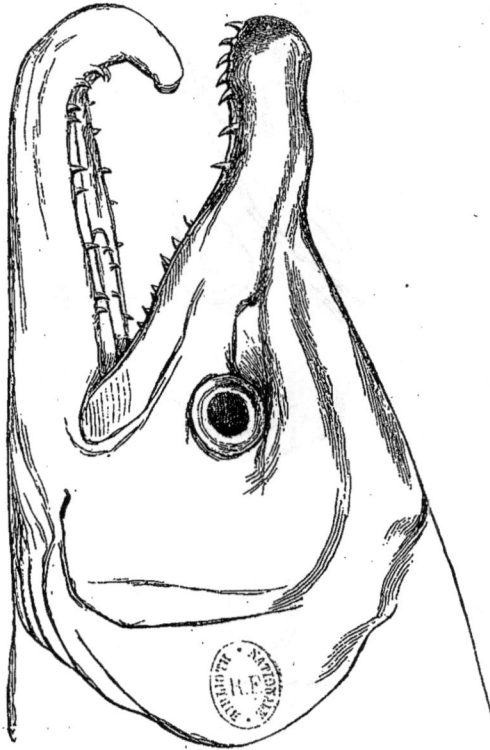

Fig. 23. — Tête de Saumon (*Salmo salar*) mâle pendant la saison de reproduction.

(Ce dessin, ainsi que tous ceux du présent chapitre, ont été exécutés par l'artiste bien connu, M. G. Ford, sous la surveillance obligeante au docteur Günther, et d'après des spécimens du British Museum.)

que pendant la saison de reproduction, à côté d'un léger changement de couleur, « la mâchoire inférieure s'allonge, et une projection cartilagineuse se relevant,

vient occuper, lorsque les mâchoires sont fermées, une
profonde cavité située entre « les os intermaxillaires de
la mâchoire supérieure [6] » (*fig.* 26 et 27). Dans notre

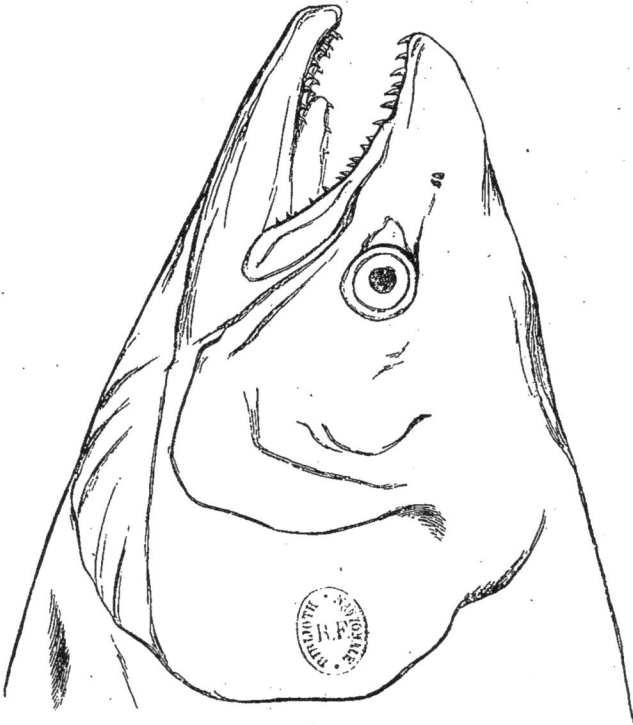

Fig. 27. — Tête de Saumon femelle.

Saumon, cette modification ne persiste que pendant la
saison de la reproduction ; mais dans le *S. lycaodon* du
nord-ouest de l'Amérique, le changement est, d'après
M. J.-K. Lord [7] permanent, et le plus prononcé chez les

[6] Yarrell's, *Hist. of Brit. Fishes*, II, p. 10, 1836.
[7] *The Naturalist in Vancouver's-Island*, I, p. 54, 1866.

mâles plus âgés ayant précédemment remonté les ri-
vières. Les mâchoires de ces vieux mâles se développent
en énormes saillies en crochets, et les dents poussent
en vrais crocs, ayant souvent plus d'un demi-pouce de
longueur. Pour le Saumon d'Europe, selon M. Lloyd[8], la
conformation en crochet temporaire, sert à fortifier et à
protéger les mâchoires lorsque les mâles se chargent entre
eux avec une impétueuse violence ; mais les dents considérablement développées du Saumon mâle américain,
peuvent être comparées aux défenses de beaucoup de
Mammifères du même sexe, indiquant plutôt un but
offensif que protecteur.

Le Saumon n'est pas le seul poisson chez lequel les
dents diffèrent dans les deux sexes. C'est le cas de beaucoup de Raies. Dans la *Raia clavata*, le mâle adulte a
des dents tranchantes et aiguës, dirigées en arrière,
tandis que celles de la femelle sont larges et aplaties,
formant un pavé ; de sorte qu'elles diffèrent ici dans
les deux sexes d'une même espèce, plus que cela n'est
ordinairement le cas dans des genres distincts d'une
même famille. Les dents des mâles ne deviennent aiguës
que lorsqu'ils sont adultes ; dans le jeune âge elles sont
aplaties comme chez les femelles. Ainsi qu'il arrive
souvent avec les caractères sexuels secondaires, les deux
sexes de quelques espèces de Raies, la *R. batis*, par
exemple, possèdent adultes des dents acérées et pointues ; et ce caractère propre au mâle, et primitivement
acquis par lui, paraît s'être transmis aux descendants
des deux sexes. Les dents sont aussi pointues dans les
deux sexes, chez la *R. maculata*, mais seulement
chez les adultes complets ; elles paraissent plus tôt chez
les mâles que les femelles. Nous rencontrerons des
cas analogues chez les Oiseaux, où dans quelques espè-

[8] *Scandinavian adventures*, I, p. 100, 104, 1854.

ces le mâle acquiert le plumage commun aux deux sexes adultes, à un âge un peu plus précoce que la femelle. Il y a d'autres espèces de Raies dont les mâles même âgés, n'ont jamais de dents tranchantes, et où par conséquent les deux sexes adultes ont des dents larges et plates comme les jeunes et les femelles adultes des espèces précédemment indiquées[9]. Les Raies étant des poissons hardis, forts et voraces, nous pouvons soupçonner que les mâles ont besoin de leurs dents acérées pour lutter avec les rivaux, mais comme ils sont pourvus de nombreuses parties modifiées et adaptées à la préhension de la femelle, il est possible que leurs dents leur servent aussi à cet usage.

M. Carbonnier[10] soutient que, quant à la taille, chez presque tous les Poissons, la femelle est plus grande que le mâle; et le docteur Günther ne connaît pas un seul cas où le mâle soit plus grand. Il n'égale même pas la moitié de la grosseur de la femelle dans quelques Cyprinodontes. Comme dans beaucoup d'espèces de Poissons, les mâles ont l'habitude de se battre, il est étonnant qu'ils ne soient pas sous l'influence de la sélection sexuelle, généralement devenus plus grands et plus forts que les femelles. Les mâles souffrent de leur petite taille, car d'après M. Carbonnier, ils sont exposés à être dévorés par leurs propres femelles lorsqu'elles sont carnassières, et sans doute par d'autres espèces. L'augmentation de taille doit en quelque manière être plus importante pour les femelles que ne le sont la force et la taille pour les luttes qu'ont entre eux les mâles; peut-être est-elle destinée à permettre une droduction plus abondante d'œufs.

[9] Voir ce qu'a dit des Raies, Yarrell (o. c., II, p. 416) avec une excellente figure, etc., p. 422, 432.
[10] Cité dans *The Farmer*, p. 369, 1868.

Dans beaucoup d'espèces, le mâle seul est orné de vives couleurs ; ou elles sont au moins plus brillantes chez lui que chez la femelle. Le mâle est aussi quelquefois pourvu d'appendices qui ne paraissent pas lui être plus utiles aux besoins ordinaires de la vie que les plumes de la queue du Paon. Je dois la plupart des faits suivants à l'obligeance du docteur Günther. Il y a raison de croire que beaucoup de Poissons tropicaux diffèrent sexuellement par la couleur et la conformation, et on en observe quelques cas frappants parmi les Poissons du pays. Le *Callionymus lyra*, est remarquable par l'éclat de ses couleurs. Lorsqu'on le sort de l'eau, le corps est jaune de diverses nuances, rayé et tacheté d'un bleu vif sur la tête ; les nageoires dorsales sont d'un brun pâle avec des bandes longitudinales foncées, les nageoires ventrale, caudale et anale étant d'un bleu noir. La femelle fut considérée par Linné et beaucoup de naturalistes subséquents comme une espèce distincte ; elle est d'un brun rougeâtre sale, avec la nageoire dorsale brune et les autres blanches. Les sexes diffèrent aussi par la grandeur proportionnelle de la tête et de la bouche, et la position des yeux [11] ; mais la différence la plus frappante est l'allongement extraordinaire chez le mâle (*fig.* 28) de la nageoire dorsale. Les jeunes mâles ressemblent par la conformation et la couleur aux femelles adultes. Dans le genre *Callionymus* [12], le mâle est en général plus brillamment tacheté que la femelle, et dans plusieurs espèces non-seulement la nageoire dorsale, mais aussi l'anale est fort allongée.

Le mâle du *Cottus scorpius* est plus élancé et plus petit que la femelle. Il y a aussi une grande différence entre

[11] Tiré de Yarrell (*o. c.*, I, p. 261 et 266).

[12] *Catalogue of Acanth. Fishes in Brit. Museum*, by docteur Günther, 1861, p. 138-151.

es sexes dans les couleurs. Il est difficile, comme le remarque M. Lloyd [15], « pour quiconque n'ayant pas assisté à l'époque du frai, où ses teintes sont le plus éclatantes, de se figurer le mélange de couleurs brillantes qui, concourent à la décoration de ce poisson. » Les deux

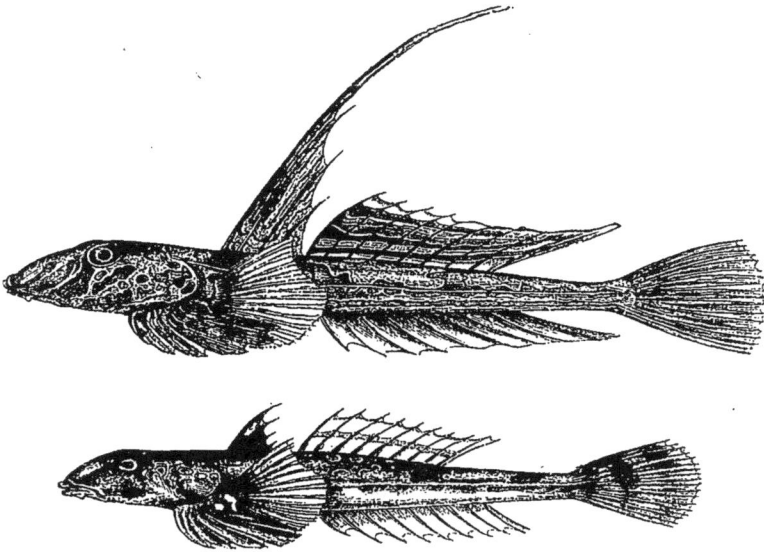

Fig. 28. — *Callionymus lyra*; figure supérieure, mâle; figure inférieure, femelle.

N. B. — La figure de la femelle est plus réduite que la supérieure.

sexes du *Labrus mixtus*, bien que fort différents par leur coloration, sont splendides; le mâle étant orangé rayé de blanc clair, et la femelle d'un rouge vif avec quelques taches noires sur le dos.

Dans la famille fort distincte des Cyprinodontes — habitant les eaux douces de pays exotiques — les sexes diffèrent quelquefois beaucoup par divers caractères.

[15] *Game Birds of Sweden*, etc., 1867, p. 466.

Le mâle de *Mollienesia petenensis* [14], a une nageoire dorsale très-développée et marquée d'une rangée de grandes taches arrondies, ocellées et de couleurs vives ; tandis que cette même nageoire est plus petite chez la femelle, d'une forme différente et seulement marquée de taches brunes irrégulièrement recourbées. Dans le mâle, le bord basilaire de la nageoire anale est aussi un peu saillant et foncé de couleur. Dans une forme voisine, le

Fig. 29. — *Xiphophorus Hellerii*; figure sup., mâle; figure inf., femelle.

Xiphophorus Hellerii (*fig. 29*), le bord inférieur de la nageoire anale se développe sur un long filament qui, à ce que m'assure le docteur Günther, est rayé de vives couleurs. Ce filament ne contient pas de muscles et ne paraît avoir aucune utilité directe pour le poisson. Comme chez le *Callionymus*, les mâles à l'état jeune ressemblent par leur couleur et leur conformation aux fe-

---

[14] Je dois ces renseignements sur ces espèces au docteur Günther; voir aussi son travail sur les poissons de l'Amérique centrale, dans *Trans. Zool. Soc.*, VI, p, 485, 1868.

melles. On peut rigoureusement comparer des différences sexuelles de ce genre à celles qui sont si fréquentes chez les Gallinacés[15].

Dans un poisson siluroïde, habitant les eaux douces de l'Amérique du Sud, le *Plecostomus barbatus*[16] (fig. 30), le mâle a la bouche et l'interopercule frangés d'une barbe de poils raides, dont la femelle offre à peine de traces. Ces poils ont une nature écailleuse. Dans une autre espèce du même genre, des tentacules mous et flexibles partant de la partie frontale de la tête chez le mâle, ne se trouvent pas dans la femelle. Ces tentacules étant des prolongements de la peau même, ne sont donc pas homologues avec les poils rigides de l'espèce précédente, mais on ne peut guère douter que leur usage, dont il est difficile de conjecturer la nature, ne soit d'ailleurs le même dans les deux. Il est peu probable que ce soit un ornement, mais nous ne pouvons guère supposer que des poils rigides et des filaments flexibles puissent être utiles d'une manière ordinaire aux mâles seuls. Le *Monacanthus scopas* que M. le docteur Günther m'a montré au Muséum, présente un cas analogue. Le mâle a sur les côtés de la queue une série d'épines droites, disposées comme les dents d'un peigne, et qui sur un échantillon de six pouces de longueur, avait environ un pouce et demi ; sur le même point la femelle portait une touffe de soies, comparables à celles d'une brosse à dents. Dans une autre espèce, la *M. peronii*, le mâle a une brosse semblable à celle que porte la femelle précédente, la femelle ayant elle-même les côtés de la queue lisses. La même partie se montre un peu rugueuse chez d'autres espèces sur le mâle, et lisse chez les femelles ; dans d'autres enfin, lisse dans les deux

---

[15] Docteur Günther, *Cat. of Brist. Fishes*, etc., III, p. 141, 1861.
[16] Docteur Günther, *Proc. of Zool. Soc.*, p. 232, 1868.

Fig. 30. — *Plecostomus barbatus;* figure sup., tête de mâle; figure inf., tête de femelle.

.sexes. Dans ce monstre étrange, nommé le *Chimaera monstrosa*, le mâle a au sommet de la tête un os crochu dirigé en avant et dont l'extrémité arrondie est couverte de piquants acérés ; l'usage de cette couronne « qui manque totalement chez la femelle » est d'ailleurs encore entièrement inconnu [17].

Les conformations dont nous venons de parler sont permanentes chez le mâle devenu adulte ; mais dans quelques Blennies et un autre genre voisin [18], ce n'est seulement qu'à la saison du frai qu'il se développe une crête sur la tête du mâle, dont le corps revêt en même temps de plus vives couleurs. Il ne peut guère y avoir de doute que cette crête ne soit qu'un ornement sexuel temporaire, car la femelle n'en offre pas la moindre trace. Dans d'autres espèces du même genre, les deux sexes ont une crête, et il en est au moins une où elle ne se trouve dans aucun. Ce cas et celui du *Monacanthus*, nous fournissent de bons exemples de l'étendue des différences qui peuvent exister entre les caractères sexuels chez des formes d'ailleurs très-voisines. Dans beaucoup de Chromides, dans le *Geophagus* et surtout le *Cichla*, par exemple, j'apprends du professeur Agassiz [19] que les mâles ont une protubérance très-apparente sur le front, qui manque totalement dans les femelles et jeunes mâles. Il ajoute : « J'ai souvent observé ces poissons pendant le frai, alors que la protubérance est la plus forte, et à d'autres poissons où elle manque, et les deux sexes ne montrent alors pas la moindre différence dans le contour du profil de leur tête. Je n'ai jamais pu vérifier quelle en pouvait être la fonction, et les Indiens des Amazones n'en savent pas davantage. » Ces protubé-

[17] F. Buckland, *Land and Water*, p. 377, 1868, avec figure.
[18] Docteur Günther, *Catalogue*, etc., III, p. 221 et 240.
[19] *Journey in Brazil ;* by prof. and Mme Agassiz, 1868, p. 220.

rances par leur apparition périodique, rappellent les caroncules charnus de la tête de certains oiseaux, mais leur signification, comme servant à l'ornementation, reste encore douteuse.

Les mâles de ces poissons, qui diffèrent des femelles d'une manière permanente par leur couleur, deviennent souvent plus brillants pendant la saison du frai, à ce que m'apprennent le professeur Agassiz et le docteur Günther. Ceci est également le cas pour une foule de poissons, dont les sexes sont identiques par la coloration pendant toutes les autres périodes de l'année. La tanche, le gardon et la perche en sont des exemples. A l'époque du frai « le saumon mâle est marqué sur les joues de bandes orangées, qui lui donnent l'apparence d'un Labrus et le corps prend un ton orange doré. Les femelles sont de coloration foncée [20]. » Un changement analogue et même plus prononcé a lieu chez le *Salmo eriox*, les mâles de l'ombre (*S. umbla*) sont également dans la même saison plus vivement colorés que les femelles [21]. Les couleurs du brochet des États-Unis (*Esox reticulatus*) surtout le mâle, deviennent pendant la saison du frai, excessivement intenses, brillantes et irisées [22]. Un exemple frappant entre beaucoup d'autres est fourni par l'épinoche mâle (*Gasterosteus leiurus*) que M. Warington [23] décrit comme magnifique au delà de toute description. « Le dos et les yeux de la femelle sont bruns, le ventre blanc. D'autre part les yeux du mâle sont du vert le plus splendide, et doués d'un reflet métallique comme les plumes vertes de quelques oiseaux-mouches. La gorge et le ventre sont d'un cramoisi éclatant, le dos gris cen-

---

[20] Yarrel, *o. c.*, III, p. 10; 12. 35, 1836.
[21] W. Thompson, *Ann. and Mag. of Nat. Hist.*, VI, p. 440, 1841.
[22] *The American Agriculturist*, 1868, p. 100.
[23] *Annals and Magaz.*, etc., Oct. 1852.

dré, le poisson ayant dans son ensemble un aspect trans-
lucide et comme lumineux par suite d'une incandescence
interne. » Après le frai, toutes ces couleurs changent, la
gorge et l'abdomen prennent un ton rouge plus terne,
le dos devient plus vert, et les tons phosphorescents
disparaissent.

Nous voyons clairement qu'il existe quelque relation
étroite entre la coloration des poissons et leurs fonctions
sexuelles ; — premièrement, dans la différence de coloration, souvent beaucoup plus brillante qui existe entre
les mâles adultes de certaines espèces et les femelles ; —
secondement, dans la ressemblance des mâles dans le
jeune âge, avec les femelles adultes ; — et enfin, du fait
que les mâles, même d'espèces qui, en temps ordinaire,
sont identiques de coloration avec les femelles, revêtent
souvent des teintes plus brillantes pendant la saison du
frai. Nous savons que les mâles sont ardents à la poursuite des femelles, et souvent se livrent entre eux des
combats désespérés. Si nous pouvons admettre que les
femelles exercent un choix et préfèrent les mâles les
plus ornés, la sélection sexuelle explique tous les faits
précités. D'autre part, si les femelles déposaient habituellement leurs œufs en les laissant à la fécondation du
premier mâle que le hasard pourrait leur amener, le
fait serait fatal à l'efficacité de la sélection sexuelle, le
mâle n'ayant point été l'objet d'aucun choix. Mais autant qu'on le sache, la femelle ne fraye jamais volontiers
que dans le voisinage immédiat d'un mâle, lequel ne
féconde les œufs qu'en sa présence. Il est évidemment
très-difficile d'avoir la preuve directe d'un choix fait
parmi les mâles par les femelles. Un observateur excellent[24] qui a suivi avec attention le frai de vérons (Cy-

---

[24] London's *Mag. of Nat. Hist.*; V, p. 684, 1832.

prinus phoxinus), remarque que les mâles étant dix fois plus nombreux que les femelles, et l'entourant de près, il ne pouvait « que parler dubitativement de leurs opérations. Lorsqu'une femelle arrivait au milieu d'un groupe de mâles, ils la poursuivaient en nombre ; mais elle se retirait aussitôt si elle n'était pas prête à pondre son frai; mais, dans le cas contraire, elle pénétrait hardiment au milieu d'eux; et se trouvait immédiatement serrée de près entre deux mâles, auxquels, après un court espace de temps, deux autres venaient se substituer en s'insinuant entre eux et la femelle, qui paraissait les traiter tous avec une égale bienveillance. » Malgré cette dernière assertion, les considérations diverses que nous avons précédemment discutées m'empêchent de croire que les mâles les plus attrayants par leurs couleurs plus vives ou autres ornements, ne soient généralement préférés par les femelles ; ce qui a eu pour conséquence d'accroître à la longue leur beauté.

Nous devons ensuite rechercher si on peut étendre, en vertu de la loi de l'égale transmission des caractères aux deux sexes, cette manière de voir aux groupes où les mâles et femelles sont brillants à un degré égal ou à peu près. Dans un genre comme celui des *Labrus*, qui comprend quelques-uns des poissons les plus splendides du monde, le *Labrus pavo* par exemple, qu'on décrit [25] avec une exagération pardonnable comme formé de lapis-lazulis, rubis, saphirs et améthystes, incrustés dans des écailles d'or polies, nous pouvons avec beaucoup de probabilité accepter cette opinion; car nous avons vu que dans une espèce au moins, les sexes diffèrent beaucoup par la couleur. Chez quelques poissons, comme cela est le cas pour un grand nombre d'animaux infé-

---

[25] Bory de Saint-Vincent, *Dict. Class. d'Hist. nat.*, IX, p. 151, 1826.

rieurs, les colorations vives peuvent être un résultat direct de la nature des tissus et des conditions ambiantes,
sans le concours d'aucune sélection.

Le poisson doré (*Cyprinus auratus*), à en juger par analogie de la variété dorée de la carpe commune, peut
devoir ses vives couleurs à une variation brusque et
unique due aux conditions auxquelles ce poisson a été
soumis en captivité. Il est cependant plus probable que
ces couleurs ont été augmentées dans leur intensité
par sélection artificielle, cette espèce ayant été cul-
tivée avec beaucoup de soin en Chine, dès une
époque fort reculée[26]. Il ne paraît pas probable que
dans des conditions naturelles, des êtres aussi hautement organisés que les poissons vivant dans des conditions très-compliquées, aient pu devenir vivement colorés sans qu'il résultât d'un tel changement un inconvénient ou un avantage, et par conséquent sans l'intervention de la sélection naturelle.

Que devons-nous donc conclure relativement aux
nombreux poissons dont les deux sexes sont magnifiquement colorés? M. Wallace[27] croit que les espèces fré-
quentant les récifs où abondent les coraux et autres
organismes aux couleurs éclatantes, en sont elles-mêmes
pourvues afin d'échapper à la découverte de leurs ennemis; mais, d'après mes souvenirs, elles n'en étaient pas
moins au plus haut degré apparentes. Dans les eaux

[26] Par suite de quelques remarques sur ce sujet, que j'ai faites dans mon
ouvrage de *la Variation des animaux*, etc. (I, 514; II, 250), M. W. F. Mayers
(*Chinese Notes et Queries*, Aug. 1868, p. 123) a fait quelques recherches
dans d'anciennes encyclopédies chinoises. Il a trouvé que les poissons ont
été élevés en captivité pendant la dynastie Sung, qui commença l'année 960
de notre ère. Ces poissons abondaient dès 1129. Il est dit dans un autre
endroit qu'il a été produit à Hangchow dès 1548 une variété dite poisson feu, vu l'intensité de sa couleur rouge. Il est universellement admiré, et il n'y a pas de maison où on ne le cultive, pour rivaliser par la
couleur, et comme source de produit.
[27] *Westminster Review*, July 1867, p. 7.

douces des Tropiques il n'y a point de coraux aux vives
couleurs, ni d'autres organismes auxquels les poissons
puissent ressembler; cependant beaucoup d'espèces des
Amazones sont magnifiquement colorées, un grand nombre de Cyprinides carnivores de l'Inde sont ornés « de
lignes longitudinales brillantes de diverses teintes[28]. »
M. M'Clelland, en décrivant ces poissons, va jusqu'à
supposer que l'éclat particulier de leurs couleurs sert
de signe pour attirer les martins-pêcheurs, les sternes
et autres oiseaux destinés à maintenir en échec le nombre de ces poissons; » mais aujourd'hui peu de naturalistes admettront qu'un animal soit devenu apparent
pour faciliter sa propre destruction. Il est possible que
certains poissons aient été rendus apparents pour aver-
tir les oiseaux ou animaux carnivores (comme nous l'a-
vons vu à propos des chenilles) qu'ils sont immangea-
bles; mais il n'y a pas que je sache de poisson d'eau
douce du moins, qui soit rejeté par les animaux pisci-
vores. En somme, l'opinion la plus probable à l'égard
des poissons dont les deux sexes ont de vives couleurs,
est que celles-ci, acquises par les mâles comme ornements sexuels, se sont transférées à l'autre sexe à un
degré totalement, ou à peu près, égal.

Nous avons maintenant à considérer, lorsque le mâle
diffère d'une manière marquée de la femelle par la
couleur ou autres ornements, s'il a été seul modifié,
et que ses variations n'ont été héritées que par sa descendance mâle, ou si la femelle spécialement changée et
rendue peu apparente en vue de sa protection, ses modifications aient été transmises aux femelles seulement.
Il est impossible de mettre en doute le fait que chez
beaucoup de poissons, la couleur n'ait été acquise en

---

[28] *Indian Cyprinidæ*, par M. J. M'Clelland, *Asiatic Researches*, v. XIX,
part. II, p. 230, 1839.

vue d'assurer leur protection, et on ne saurait jeter un
regard sur la surface supérieure tachetée d'une plie,
sans être frappé de sa ressemblance avec le lit de sable
sur lequel elle vit. Un des cas les plus frappants
d'un animal protégé par sa couleur (autant qu'on peut
en juger d'après des échantillons conservés) et sa forme,
est celui fourni par le docteur Günther[29], d'un poisson
tubulaire (Hippocampe, cheval marin), qui avec ses filaments rougeâtres flottants peut à peine se distinguer
des algues auxquelles il se cramponne par sa queue
préhensile. Mais la question à considérer actuellement
est de savoir si les femelles seules ont été modifiées
dans ce but. Les poissons fournissent de bonnes preuves
sur ce chef. Nous pouvons voir qu'un sexe ne sera pas
plus que l'autre, modifié par sélection naturelle pour
cause de protection en supposant que les deux varient, à
moins qu'un sexe ne soit plus longtemps exposé au
danger, ou moins apte que l'autre à y échapper, mais,
chez les poissons, les sexes ne paraissent pas différer
sous ce rapport. S'il y avait une différence, elle intéresse-
rait les mâles qui généralement de taille moindre et
errant beaucoup plus, courent le plus de chances de
danger; et cependant lorsque les sexes diffèrent, ce sont
presque toujours les mâles qui sont le plus richement
colorés. Les œufs sont fécondés aussitôt après la ponte,
et lorsque l'opération dure plusieurs jours, comme pour
le Saumon[30], la femelle est tout le temps accompagnée
du mâle. Après la fécondation, les œufs sont dans la
plupart des cas abandonnés des deux parents, de sorte
que, en ce qui concerne l'acte de la ponte, les mâles et
femelles sont exposés aux mêmes dangers et tous deux
également importants pour la production d'œufs fer-

---

[29] *Proc. Zool. Soc.*, 1865; p. 527; pl. XIV et XV.
[30] Yarrell, *o. c.*, II; p. 11.

tiles; par conséquent, les individus des deux sexes plus ou moins brillamment colorés étant également soumis aux mêmes chances de destruction ou de conservation, tous deux exerceront une influence égale sur les couleurs de leurs descendants ou de la race.

Certains poissons appartenant à diverses familles construisent des nids, et il en est qui prennent soin des petits après leur éclosion. Les deux sexes des *Crenilabrus massa* et *melops* si brillants de coloration travaillent ensemble à la construction de leurs nids à l'aide d'algues marines, de coquilles, etc. [51]. Mais ce sont dans certaines espèces les mâles qui font toute la besogne, et ensuite prennent exclusivement soin des jeunes. C'est le cas des Gobies à couleurs ternes [52], dont les deux sexes ne paraissent pas différer par la couleur, ainsi que des Épinoches (*Gasterosteus*) chez lesquels les mâles revêtent pendant la saison du frai une riche coloration. Le mâle du *Gast. leiurus* à queue lisse remplit pendant longtemps avec des soins et une vigilance exemplaires, les devoirs d'une nourrice; et ramène constamment avec douceur vers le nid les jeunes qui s'en éloignent trop. Il chasse courageusement tous les ennemis, y compris les femelles de son espèce. Ce serait même un soulagement important pour le mâle que la femelle, après avoir déposé ses œufs, fût immédiatement dévorée par quelque ennemi, car il est obligé incessamment de la chasser du nid [53].

Les mâles de certains autres poissons de l'Amérique du Sud et de Ceylan, appartenant à deux ordres dis-

[51] D'après les observations de M. Gerbe : Voir Günther, *Record of Zoolog. Literature*, 1865, p. 194.

[52] Cuvier, *Règne animal*, II. p. 242, 1829.

[53] Description des habitudes du *Gasterosteus leiurus* dans *Annals et Mag.*, etc., Nov. 1855; par M. Warington.

tincts, ont l'habitude extraordinaire de couver dans leur bouche ou cavités branchiales les œufs pondus par les femelles [54]. J'apprends de M. Agassiz que les mâles des espèces de l'Amazone ayant la même habitude « sont non-seulement plus brillants que les femelles en tous temps, mais que c'est surtout pendant le frai que la différence est le plus grande. » Les espèces de *Geophagus* agissent de même, et dans ce genre, une protubérance marquée se développe sur le front des mâles pendant la saison du frai. On observe chez les diverses espèces de Chromides, d'après le professeur Agassiz, des différences sexuelles de couleur, « soit qu'ils pondent leurs œufs parmi les plantes aquatiques, ou dans des trous, où ils éclosent sans autres soins, soit qu'ils construisent dans la boue de la rivière des nids peu profonds, sur lesquels ils se posent, comme le *Promotis*. Il faut observer aussi que ces espèces couveuses sont au nombre des plus brillantes dans leurs familles respectives; l'*Hygrogonus* par exemple étant d'un vert éclatant, avec de grands ocelles noirs, cerclés du rouge le plus brillant. » On ignore si dans toutes les espèces de Chromides c'est le mâle seul qui couve ses œufs. Il est évident toutefois que le fait que les œufs soient protégés ou ne le soient pas, n'a dû avoir que peu ou point d'influence sur les différences de couleurs entre les sexes. Il est manifeste aussi, que dans tous les cas où les mâles sont chargés exclusivement des soins des nids et des jeunes, la destruction des mâles plus brillants aurait d'autant plus d'influence sur le caractère de la race, que celle des femelles dans les mêmes conditions ; car la mort du mâle pendant la période d'incubation et d'élevage

---

[54] Prof. Wyman, *Proc. Boston Soc. of Nat. Hist.*, Sept. 15, 1857. — Aussi W. Turner, *Journ. of Anat. and Phys.*, Nov. 1866, p. 78. Le docteur Günther a aussi décrit d'autres cas.

entraînant la mort des petits, ceux-ci n'hériteraient pas de ses particularités. Cependant dans beaucoup de cas de ce genre, les mâles sont beaucoup plus richement colorés que les femelles.

Dans la plupart des Lophobranches (*Hippocampi*, etc.), les mâles ont ou des sacs marsupiaux ou des dépressions hémisphériques sur l'abdomen, dans lesquelles sont couvés les œufs pondus par la femelle. Les mâles font preuve du plus grand attachement pour les jeunes[35]. Les sexes ne diffèrent pas ordinairement beaucoup de couleur, mais le docteur Günther croit que les Hippocampes mâles sont plutôt plus brillants que les femelles. Le genre *Solenostoma*, offre toutefois un cas exceptionnel fort curieux[36], car la femelle est beaucoup plus vivement colorée et tachetée que le mâle, et possède seule un sac marsupial pour l'incubation des œufs ; la femelle du Solenostoma diffère donc sous ce dernier point de vue, de tous les autres Lophobranches, et de presque tous les autres poissons, en ce qu'elle est plus richement colorée que le mâle. Il est peu probable que cette remarquable double inversion de caractère chez la femelle soit une coïncidence accidentelle. Comme les mâles de plusieurs poissons qui s'occupent exclusivement des soins à donner aux œufs et aux jeunes, sont plus brillamment colorés que les femelles, et qu'ici c'est la femelle de Solenostoma qui, chargée de ces fonctions, est plus belle que le mâle, on pourrait en arguer que les couleurs apparentes du sexe qui des deux est le plus nécessaire aux besoins de la descendance, doivent en quelque manière jouer un rôle de

---

[35] Yarrell, *o. c.*, II, p. 329, 338.

[36] Le docteur Günther depuis qu'il a publié la description de cette espèce dans *Fishes of Zanzibar*, du Col. Playfair, 1866, p. 137, a revu les échantillons, et m'a donné les informations ci-dessus.

protection. Mais cette manière de voir ne peut guère
être soutenue en face de la multitude de poissons dont
les mâles sont, périodiquement ou d'une manière permanente, plus brillants que les femelles, sans que leur
vie soit plus que celle de ces dernières importante pour
la réussite de l'espèce. Nous rencontrerons en traitant
des oiseaux, des cas analogues où les attributs usuels
des deux sexes sont complétement renversés, et dont
l'explication la plus probable est celle-ci, que, contrairement à ce qui est généralement la règle dans le règne
animal, où les femelles font une sélection des mâles les
plus attrayants, ce sont ici les mâles qui choisissent les
femelles les plus séduisantes.

En somme, nous pouvons conclure que chez la plupart des poissons dans lesquels les sexes diffèrent par
la couleur ou autres caractères d'ornementation, les
mâles ont originellement varié, transmis leurs variations au même sexe, où elles se sont accumulées par
sélection sexuelle ensuite de leur action attractive sur
les femelles. Ces caractères ont pu cependant dans quelques cas se transmettre partiellement ou totalement
à ce sexe. Dans d'autres cas encore les deux sexes
ont été semblablement colorés dans un but de protection ; mais il ne semble pas qu'il y ait d'exemple que la
femelle seule ait eu ses couleurs ou autres caractères
spécialement modifiés dans ce but.

Un dernier point à considérer est que, dans diverses
parties du globe, on a observé des poissons produisant
des sons particuliers qu'on a quelquefois qualifiés de
musicaux. On sait très-peu sur le mode de production
de ces sons et encore moins sur leur but. Le bruit de
tambour que font les Ombrines des mers d'Europe,
peut s'entendre à une profondeur de vingt brasses. Les
pêcheurs de la Rochelle assurent « que ce bruit est pro-

duit par les mâles pendant le frai, et qu'on peut en
l'imitant, les prendre sans amorce[37]. » Si cette assertion est fondée nous aurions dans cette classe, la plus
inférieure des Vertébrés, un cas de ce que nous voyons
prévaloir dans toutes les autres, et avons déjà observé
chez les insectes et araignées ; à savoir, que des sons
vocaux et instrumentaux servent si ordinairement d'appel ou de charme amoureux, que l'aptitude à les produire s'est probablement primitivement développée en
connexion avec la propagation de l'espèce.

AMPHIBIENS.

Urodèles. — Commençons par les Amphibiens à queue.
Les sexes des salamandres ou tritons diffèrent souvent
beaucoup par la couleur et la structure. Il se développe,
chez quelques espèces, pendant l'époque de la reproduction, des griffes préhensiles sur les pattes antérieures du
mâle ; et à cette saison, les pattes postérieures du *Triton
palmipes* mâle portent une membrane natatoire, qui se
réabsorbe presque complètement l'hiver ; leurs pattes
ressemblant alors à celles de la femelle[38]. Cette structure aide sans doute le mâle dans ses recherches et
poursuites de l'autre sexe. Dans nos tritons communs
(*T. punctatus* et *cristatus*), une crête élevée et profondément dentelée se développe sur le dos et la queue pendant la période de la reproduction, et se résorbe dans
le courant de l'hiver. Privée de muscles, à ce que m'apprend M. Saint-George Mivart, elle ne peut donc servir
à la locomotion ; mais comme pendant la saison des
amours, elle se frange de vives couleurs, elle constitue
probablement un ornement masculin. Dans beaucoup

[37] Rev. C. Kingsley, dans *Nature*, May. 1870, p. 40
[38] Bell, *Hist. of Brit. Reptiles*, 2e édit., 1849, p. 156-15

d'espèces, le corps offre des tons heurtés quoique sombres, qui deviennent plus vifs lors de la reproduction. Le mâle du petit triton commun (*T. punctatus*) par exemple, « est d'un gris brun dans sa partie supérieure passant au-dessous au jaune, qui au printemps devient une riche teinte orange partout marquée de taches arrondies et foncées. » Le bord de la crête est alors teinté

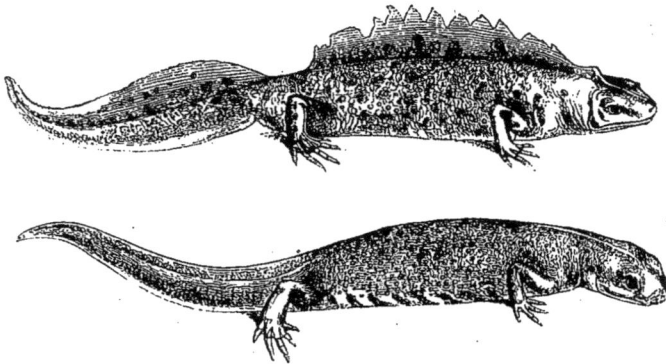

Fig. 51. — *Triton cristatus* (demi-grandeur naturelle, reproduit de Bell, British Reptiles); figure sup., mâle, pendant la saison de reproduction; figure inf., femelle.

d'un rouge ou violet très-brillants. La femelle est ordinairement d'un brun jaunâtre, présentant des taches brunes disséminées, la surface inférieure étant souvent toute unie [39]. Les jeunes sont d'une teinte obscure. Les œufs sont fécondés pendant l'acte de la ponte et ne sont subséquemment l'objet d'aucune attention ou soins de la part des parents. Nous pouvons donc en conclure que les mâles ont acquis par sélection sexuelle leurs couleurs prononcées et leurs appendices d'ornement; lesquels se sont transmis soit à la descendance mâle seule, soit aux deux sexes.

[39] Bell., *ibid.*, p. 146, 154.

Anoures ou *Batraciens*. — Les couleurs servent évidemment de moyen de protection à plusieurs grenouilles et crapauds, les teintes vertes si vives des rainettes, et les ombres pommelées de plusieurs espèces terrestres, par exemple. Le crapaud le plus remarquablement coloré que j'aie jamais vu, le *Phryniscus nigricans*[40], a toute la face supérieure du corps noire comme de l'encre, avec les soles des pieds et des parties de l'abdomen tachetées du plus brillant vermillon. Rampant sur les plaines sablonneuses ou prairies ouvertes de la Plata, sous le soleil le plus ardent, il ne saurait manquer d'attirer le regard de tout passant. Ces couleurs peuvent être utiles en le faisant reconnaître aux oiseaux de proie pour une bouchée nauséabonde et à éviter, car ces crapauds émettent une sécrétion vénéneuse qui fait baver les chiens comme s'ils avaient la rage. Je fus d'autant plus frappé de l'intensité des couleurs de ce crapaud, que je trouvai dans son voisinage un lézard (*Proctotretus multimaculatus*) qui, lorsqu'il était effrayé, s'écrasait sur le sol, fermant les yeux, et grâce au pommelage de ses teintes ne se distinguait presque plus du sable sur lequel il se trouvait. Quant aux différences sexuelles de couleur, le docteur Günther n'en connaît aucun cas frappant chez les grenouilles ou crapauds, cependant il peut souvent distinguer le mâle de la femelle, les teintes du premier étant un peu plus intenses. Il n'a pas non plus observé de différence marquée dans la conformation externe, sauf les proéminences qui se développant pendant la saison des amours sur les pattes antérieures du mâle, lui permettent de maintenir la femelle. Le *Megalophrys montana*[41] (*fig.* 32) offre le meilleur exemple d'une certaine étendue de différence de

---

[40] *Zoology of Voyage of the Beagle*, 1843. *Reptiles*, by M. Bell, p. 49.
[41] *The Reptiles of India*, by docteur Günther. *Ray Soc.*, 1864., p. 413.

structure entre les sexes, car dans le mâle, l'extrémité
du nez et les paupières se prolongent en languettes trian-
gulaires de peau ; et il y a sur le dos un petit tubercule
noir, caractères qui manquent ou ne sont que faible-
ment développés chez la femelle. Il est surprenant que
les grenouilles et crapauds n'aient pas acquis des différences sexuelles plus prononcées, car bien qu'à sang

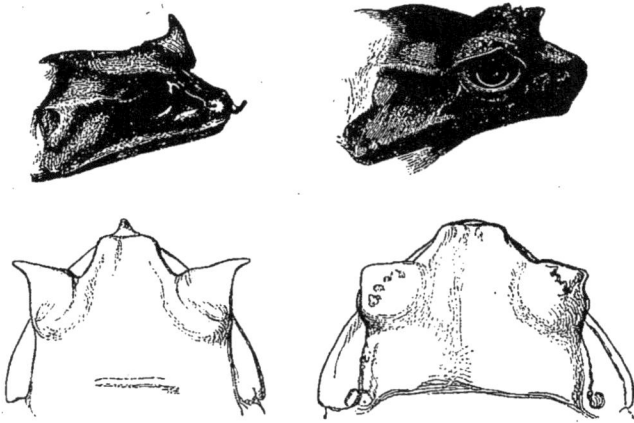

Fig. 52. — *Megalophrys montana*: figures de gauche, le mâle; figures de droite,
la femelle.

froid, ils ont des passions fortes. Le docteur Günther
m'informe qu'il a à plusieurs reprises trouvé des femelles de crapauds mortes étouffées sous les embrasse-
ments de trois ou quatre mâles.

Les animaux qui nous occupent offrent cependant
une différence sexuelle intéressante, qui consiste dans
les facultés musicales qui caractérisent les mâles, si
d'après notre goût, il nous est permis d'appliquer le
terme de musique aux sons discordants et criards que
nous font entendre les grenouilles mâles et certaines

autres espèces. Cependant il y a quelques grenouilles qui chantent d'une manière décidément agréable. Près de Rio de Janeiro, je m'asseyais souvent dans la soirée pour écouter un certain nombre de petites rainettes (*Hyla*) qui, perchées sur des tiges herbacées près de l'eau, faisaient entendre un ramage de notes harmonieuses et douces. C'est surtout pendant la saison de la reproduction que les mâles produisent ces sons, comme chacun a pu le remarquer à propos du coassement de notre grenouille commune[42], les organes vocaux des mâles étant en conformité avec cette faculté, plus développés que dans les femelles. Dans quelques genres, les mâles seuls sont pourvus de sacs s'ouvrant dans le larynx[43]. Par exemple dans la *Rana esculenta*, les sacs « sont spéciaux aux mâles, et forment lorsqu'ils sont remplis d'air pendant l'acte du coassement, de larges vessies globulaires qui font saillie de chaque côté de la tête, près des coins de la bouche. » Le coassement du mâle est ainsi rendu très-puissant, tandis que celui de la femelle se réduit à un léger grognement[44]. Les organes vocaux diffèrent beaucoup de structure suivant les divers genres de la famille ; et dans tous les cas on peut attribuer leur développement à la sélection sexuelle.

REPTILES.

Chéloniens. — Il n'y a pas de différences sexuelles marquées chez les tortues. Dans quelques espèces, la queue du mâle est plus longue que celle de la femelle. Dans d'autres, le plastron ou face inférieure de la carapace mâle présente une légère concavité en rapport avec le dos

---

[42] Bell, *Hist. of Brit. Rept.*, p. 93. 1849.
[43] J. Bishop, *Todd's Cyclop. of Anat. and Phys.*, IV, p. 1503.
[44] Bell, *o. c.*, p. 112-114.

de la femelle. Le mâle d'une espèce des États-Unis (*Chry-semys picta*) a ses pattes antérieures terminées par les griffes deux fois plus longues que celles de la femelle, et qui servent à l'union des sexes [45]. Les mâles de l'immense tortue des îles Galopagos (*Testudo nigra*) atteignent, dit-on, une taille plus grande que les femelles : le mâle, lors de la saison de la reproduction, mais à aucune autre époque, émet des bruits rauques et mugissants qu'on peut entendre à plus de cent mètres de distance ; la femelle, d'autre part, ne se servant jamais de sa voix [46].

Crocodiliens. — Les sexes ne diffèrent pas en couleur ; je ne sais si les mâles se battent entre eux, bien que cela soit probable, car il est des espèces qui se livrent à de prodigieuses parades en présence des femelles. Bartram [47] décrit l'alligator mâle comme cherchant à gagner la femelle en rugissant et éclaboussant l'eau au milieu d'une lagune, « gonflé à crever, avec la tête et la queue relevées, il pivote et tourne à la surface de l'eau, comme un chef indien récitant ses hauts faits guerriers. » Pendant la saison d'amour, les glandes sous-maxillaires du crocodile émettent une odeur musquée qui règne dans tous leurs repaires [48].

Ophidiens. — Je n'ai que peu de chose à dire des serpents. Le docteur Günther m'informe que les mâles sont toujours plus petits, et ont généralement des queues plus longues et plus grêles que les femelles ; mais il ne connait pas d'autre différence de conformation externe. En ce qui concerne la couleur, il peut presque toujours distinguer le mâle de la femelle par ses teintes plus pro-

[45] M. C. J. Maynard. *The American Naturalist.*, Dec., 1869, p. 555.
[46] Voir mon *Journ. of Researches*, etc., 1845, p. 384.
[47] *Travels through Carolina*, etc., 1791, p. 128.
[48] Owen, *Anat. of Vert.*, 1, p. 615, 1866.

noncées ; ainsi, la bande en zigzag noire sur le dos du mâle de la vipère anglaise est plus distinctement définie que dans la femelle. La différence est plus apparente encore dans les serpents à sonnettes de l'Amérique du Nord, dont le mâle, ainsi que me l'a montré le gardien du jardin zoologique, se distingue d'emblée de la femelle par la teinte plus sombre du jaune de tout son corps. Dans l'Afrique du Sud, le *Bucephalus capensis* présente une différence analogue, la femelle « n'étant jamais aussi panachée de jaune sur les côtés que le mâle [49]. » Le mâle du *Dypsas cynodon* indien, est brun noirâtre, avec le ventre en partie noir, tandis que la femelle est rougeâtre ou jaune olive avec le ventre jaune uni ou marbré de noir.

Dans le *Tragops dispar* du même pays, le mâle est d'un vert clair et la femelle couleur bronze [50]. Il n'est pas douteux que les colorations de quelques serpents ne servent à les protéger, les teintes vertes des couleuvres d'arbres et les divers tons pommelés des espèces qui vivent dans des lieux sablonneux, par exemple ; mais il est douteux que pour beaucoup d'espèces, telles que les couleuvres et vipères communes, leur couleur contribue à les dissimuler ; ce qui est encore plus improbable pour les nombreuses espèces exotiques revêtues de robes dont la coloration est de la plus extrême élégance.

Leurs glandes odorantes anales sont en fonction active pendant la saison de reproduction [51] ; ce qui a lieu aussi chez les lézards, et comme nous l'avons vu pour les glandes sous-maxillaires des crocodiles. Dans les

---

[49] Sir And. Smith, *Zoolog. of S. Africa : Reptilia*, 1849, Pl. X.

[50] Docteur A. Günther, *Reptiles of Brit. India, Ray Society*, 304, 308, 1864.

[51] Owen, *o. c.*, I, 615.

mâles de la plupart des animaux cherchant les femelles, ces glandes odorantes servent probablement à exciter et charmer ces dernières, plutôt qu'à les attirer vers le lieu où le mâle se trouve [52]. Les serpents mâles, quoique si inertes en apparence, sont amoureux ; car on en observe un grand nombre se pressant autour d'une seule femelle, même fût-elle à l'état de cadavre. On ne sait pas s'ils se battent par rivalité. Leurs aptitudes intellectuelles sont plus élevées qu'on n'aurait pu l'anticiper. M. E. Layard [55] a observé à Ceylan un *Cobra* ayant passé sa tête au travers d'un trou étroit, pour avaler un crapaud. « Ne pouvant plus retirer sa tête par suite de cet obstacle, il dégorgea avec regret le précieux morceau, qui commença à s'éloigner ; ceci étant plus que ne pouvait le tolérer la philosophie ophidienne, le crapaud fut repris par le serpent qui, après de violents efforts pour se dégager, fut encore une fois obligé d'abandonner sa proie. Cette fois, cependant il avait compris la leçon, et, saisissant alors le crapaud par une patte, il le passa par le trou et l'avala en triomphe. »

Il ne résulte cependant pas de ce que les serpents auraient quelque aptitude à raisonner et de fortes passions, pour qu'ils soient également doués d'assez de goût pour admirer les vives couleurs de leurs camarades, de façon à entraîner à l'ornementation de l'espèce par sélection sexuelle. Il est néanmoins difficile d'expliquer autrement la beauté extrême de certaines espèces ; par exemple,

---

[52] Le botaniste Schleiden remarque en passant (*Ueber den Darwinismus : Unsere Zeit*, 1869, p. 269) que les serpents à sonnettes se servent de leurs sonnettes comme d'un appel sexuel, à l'aide duquel ils se trouvent. Je ne sais si cette observation repose sur des observations directes. Ces serpents s'apparient au Zoological Gardens, mais les gardiens n'ont pas observé qu'ils employent plus leurs sonnettes à cette saison qu'à d'autres.

[53] Rambles in Ceylon, *Ann. and Mag. of Nat. Hist.*, 2e s. IX, p. 333, 1852.

les serpents-coraux de l'Amérique du Sud, qui sont d'un
rouge vif avec raies transverses noires et jaunes. Je me
rappelle la surprise que j'éprouvai devant la beauté du
premier serpent de ce genre que je vis au Brésil rampant
sur un sentier. M. Wallace, sur l'autorité du docteur
Günther [54], constate qu'on ne trouve de serpents colorés
de cette manière particulière nulle part ailleurs que
dans l'Amérique du Sud, où il y en a quatre genres. L'un
l'*Elaps*, est venimeux; un second, fort distinct, l'est aussi,
à ce qu'on croit; les deux autres sont inoffensifs. Les espèces de ces divers genres habitent les mêmes districts
et se ressemblent tellement entre elles, « qu'il n'y a que
le naturaliste qui puisse distinguer les espèces inoffensives des venimeuses. » De là, comme le croit M. Wallace, les espèces inoffensives ont probablement acquis
leur coloration comme protection, d'après le principe
d'imitation, parce qu'elles doivent paraître dangereuses
à leurs ennemis. Quant à la cause de la belle coloration
de l'Elaps venimeux, elle reste à expliquer, et peut être
le résultat d'une sélection sexuelle.

Lacertiens. — Les mâles de quelques, et probablement
de beaucoup de lézards, se battent par rivalité. L'*Anolis
cristatellus* des arbres de l'Amérique du Sud est extrêmement belliqueux : « Pendant le printemps et le commencement de l'été, deux mâles adultes se rencontrent
rarement sans se livrer bataille. En se voyant d'abord,
ils font trois ou quatre mouvements de haut en bas de
la tête, en déployant la fraise ou la poche qu'ils ont sous
la gorge ; les yeux brillants de rage, après avoir pendant
quelques secondes agité la queue, comme pour ramasser
leurs forces, ils s'élancent furieusement l'un sur l'autre
et se roulent par terre en se tenant fortement par les

---

[54] *Westminster Review*, July 1, 1867, p. 32.

dents. Le combat finit généralement par la perte de la
queue d'un des combattants, qui est souvent dévorée
par le vainqueur. « Le mâle de cette espèce est considérablement plus grand que la femelle [55], fait qui, autant que le docteur Günther a pu le vérifier, est la règle
générale chez tous les lézards.

Les sexes diffèrent souvent par divers caractères externes. Le mâle de l'*Anolis* précité est pourvu d'une
crête qui court le long du dos et de la queue, et peut se
dresser à volonté, mais dont il n'existe pas trace chez la
femelle. Dans le *Cophotis ceylanica* indien, la femelle
porte une crête dorsale, moins développée que celle du
mâle; et le docteur Günther m'apprend qu'il en est de
même des femelles de beaucoup d'Iguanes, Caméléons
et autres Lézards. Dans quelques espèces toutefois, la
crête est également développée dans les deux sexes,
comme dans l'*Iguana tuber-
culata*. Dans le genre *Sitana*, les mâles seuls sont
pourvus d'une large poche
sous la gorge (*fig.* 35) qui
peut se replier comme un
éventail, et est colorée en
bleu, noir et rouge; teintes
qui ne se manifestent que
lors de la saison de l'accouplement. La femelle

Fig. 35. — *Sitana minor*. Mâle ayant la
poche gulaire dilatée. (Günther, *Reptiles of India*.)

n'offre pas trace de cette annexe. Dans l'*Anolis cristatellus*, d'après M. Austen, la poche du gosier, qui est
d'un rouge vif marbré de jaune, existe aussi, mais à un
état rudimentaire, chez la femelle. Dans d'autres lézards encore, ces poches sont présentes dans les deux

[55] M. N. L. Austen a conservé ces animaux fort longtemps vivants.
Land and Water, July, 1867, p. 9.

sexes. Ici, comme dans tant de cas précédents, nous voyons, dans des espèces appartenant au même groupe, un même caractère circonscrit aux mâles ; ou plus développé chez les mâles que les femelles, ou également dans les deux sexes. Les petits lézards du genre *Draco* qui planent dans l'air sur leurs parachutes soutenus par les côtes, et dont la beauté des couleurs échappe à toute description, possèdent des appendices de la peau sur la gorge, comme les « caroncules des oiseaux gallinacés. » Ces parties peuvent entrer en érection lorsque l'animal est excité. Elles existent dans les deux sexes, mais sont plus développées dans le mâle adulte, où l'appendice médian est quelquefois deux fois aussi long que la tête. La plupart des espèces ont également une crête basse courant le long du cou et qui est beaucoup plus développée chez les mâles complétement adultes, que chez les femelles ou jeunes mâles [56].

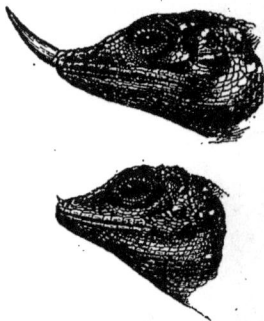

Fig. 34. — *Ceratophora Stoddartii*; figure sup., mâle; figure inf., femelle.

Il y a d'autres différences encore plus remarquables entre les deux sexes de certains lézards. Le mâle du *Ceratophora aspera* porte à l'extrémité de son museau un appendice ayant la longueur de la moitié de la tête. Il est cylindrique, couvert d'écailles, flexible, et en apparence capable d'érection ; il est tout à fait rudimentaire chez la femelle. Dans une seconde espèce du même genre, une écaille terminale forme une petite corne au sommet de l'appen-

[56] Toutes ces citations et assertions relatives aux *Cophotis*, *Sitana* et *Draco*, ainsi que les faits suivants sur le *Ceratophora* sont empruntés au bel ouvrage du docteur Günther. *Reptiles of British India, Ray Society*, 1864, p. 122, 130, 135.

dice flexible; et, dans une troisième espèce (*C. Stod-dartii, fig.* 34), tout l'appendice est converti en une corne, qui est ordinairement blanche, mais prend un ton pourpré lorsque l'animal est excité. Dans le mâle adulte, elle a un demi-pouce de longueur, et est tout à fait réduite dans la femelle et les jeunes. Ainsi que le docteur Günther m'en a fait la remarque, on peut comparer ces appendices aux crêtes des oiseaux gallinacés, comme ne servant en apparence que d'ornements.

C'est dans le genre *Chamæleon* que nous rencontrons

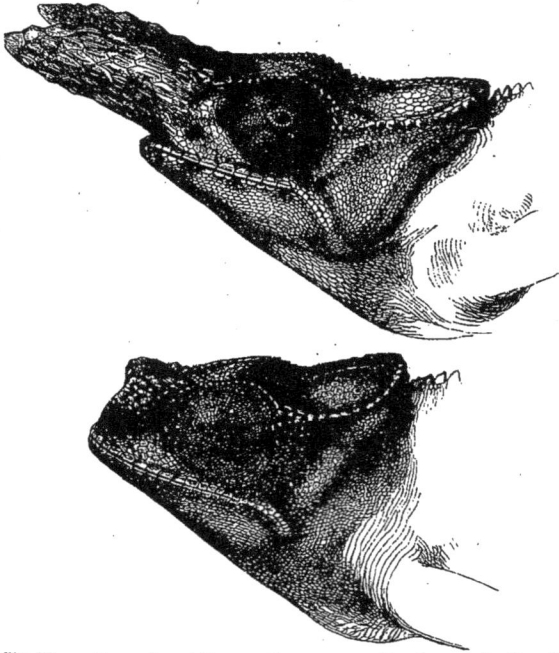

Fig. 55. — *Chamæleon bifurcus;* figure sup., mâle; figure inf., femelle.

le maximum de différence entre les deux sexes. La partie supérieure du crâne du mâle du *C. bifurcus* (*fig.* 35)

habitant de Madagascar, se prolonge en deux projections osseuses fortes et considérables, couvertes d'é-
cailles comme le reste de la tête; modification importante de confor-
mation dont la
femelle n'exhibe
que des vestiges.
Encore dans le
Chamæleon Oweni
(*fig.* 36) de la côte
occidentale de l'A-
frique, le mâle
porte sur le mu-
seau et le front
trois cornes cu-
rieuses dont la fe-
melle n'offre pas
de traces. Ces cor-
nes consistent en une excroissance osseuse couverte
d'un étui lisse faisant partie des téguments généraux
du corps, de sorte qu'elles sont identiques par leur
structure avec celles d'un taureau, d'une chèvre, ou
autre ruminant à cornes à étui. Bien que les trois cornes
diffèrent autant par leur apparence ces deux grandes
prolongations du crâne du *C. bifurcus*, nous pouvons
être à peu près certains qu'elles remplissent le même
but général dans l'économie des deux animaux. Il semble, à première vue, qu'elles servent aux mâles pour
combattre; mais le docteur Günther, auquel je dois les
détails qui précèdent, n'admet pas que des êtres aussi
pacifiques puissent jamais devenir belliqueux. Nous
sommes ainsi conduits à en inférer que ces déviations
presque monstrueuses de structure servent d'ornements
masculins.

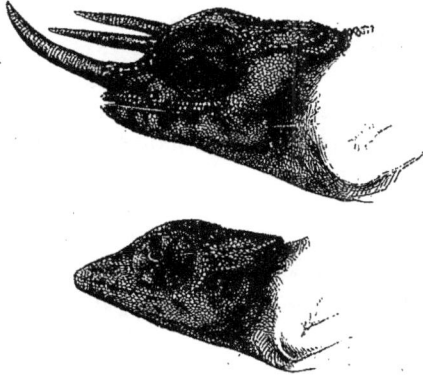

Fig. 36. — *Chamæleon Owenii;* figure sup., mâle;
figure inf., femelle.

Dans plusieurs espèces de lézards, les sexes diffèrent
légèrement par la couleur ; les teintes et les raies étant
plus brillantes et plus distinctes chez les mâles que les
femelles. C'est, par exemple, le cas du genre *Cophotis* et
de l'*Acanthodactylus capensis* de l'Afrique du Sud. Dans
un *Cordylus* de ce dernier pays, le mâle est ou plus
rouge ou plus vert que la femelle. Dans le *Calotes nigri-
labris* indien, il y a encore plus de différence de couleur
entre les deux sexes, et les lèvres du mâle étant noires,
celles de la femelle sont vertes. Dans notre petit lézard
vivipare commun, *Zootoca vivipara*, « le côté inférieur
du corps et la base de la queue sont dans le mâle de
couleur orange vive, tachetée de noir ; ces mêmes parties étant d'un vert gris pâle sans tache chez les femelles[57]. » Nous avons vu que les mâles seuls de *Sitana*
ont une poche à la gorge qui est magnifiquement teintée
de bleu, noir et rouge. Dans le *Proctotretus tenuis* du
Chili, le mâle seul est marqué de taches de bleu, de vert,
et d'un rouge cuivreux[58]. J'ai recueilli, dans l'Amérique
du Sud, quatorze espèces de ce genre, et bien que j'aie
négligé de noter les sexes, j'ai remarqué que certains
individus seuls étaient marqués de taches vert émeraude,
tandis que d'autres avaient la gorge couleur orangée :
c'étaient sans doute dans les deux cas des mâles.

Dans les espèces qui précèdent, les mâles sont plus
vivement colorés que les femelles ; mais dans un grand
nombre de lézards, les deux sexes étant colorés de la
même manière élégante ou même magnifique, il n'y
a pas de raison de supposer que ces couleurs aussi ap-

[57] Bell, *o. c.*, p. 40.
[58] *Sur le Proctotretus* voir *Zoology of Voyage of the Beagle, Reptiles*, by
M. Bell, p. 8. Pour les lézards de l'Afrique méridionale, voir *Zool. of
S Africa : Reptiles,* by Sir Andrew Smith, pl. XXV and XXXIX. Pour le
Calotes indien : Voir *Reptiles of British India,* by docteur Günther,
p. 145.

parentes puissent avoir une valeur protectrice. Chez quelques lézards toutefois, les teintes vertes doivent servir à les dissimuler ; et nous avons incidemment parlé d'un *Proctotretus* qui ressemble complétement au sable sur lequel il vit. En somme, nous pouvons conclure avec assez de certitude que les belles couleurs de beaucoup de lézards, ainsi que divers appendices et autres bizarres modifications de structure, ont été acquises chez les mâles par sélection sexuelle comme ornements, et ont été transmises ou à leur descendance mâle seule ou aux deux sexes. La sélection sexuelle paraît même avoir joué un rôle aussi important chez les reptiles que chez les oiseaux. Mais la coloration moins apparente des femelles comparée à celle des mâles ne peut pas s'expliquer, comme M. Wallace le croit pour les Oiseaux, par le danger auquel les femelles sont exposées pendant l'incubation.

CHAPITRE XIII

CARACTÈRES SEXUELS SECONDAIRES CHEZ LES OISEAUX.

Différences sexuelles. — Loi de combat. — Armes spéciales. — Organes
vocaux. — Musique instrumentale. — Parades d'amour et danses. —
Décorations permanentes ou de saison. — Mues annuelles, simples et
doubles. — Déploiement de leurs ornements par les mâles.

Les caractères sexuels SECONDAIRES, bien que ne com-
portant pas des changements plus importants dans leur
structure que dans toute autre classe d'animaux, sont
plus variés et plus saillants chez les Oiseaux. Je m'éten-
drai donc plus longuement sur le sujet. Les oiseaux
mâles possèdent quelquefois, quoique rarement, des
armes particulières destinées à leurs combats mutuels.
Ils charment les femelles par une musique vocale ou
instrumentale des plus variées. Ils sont ornés de toutes
sortes de crêtes, caroncules, protubérances, sacs à air,
houppes, plumeaux, et de longues pennes gracieuse-
ment s'élançant de toutes les parties du corps. Le bec,
les parties dénudées de la peau de la tête, et les plumes
sont souvent richement colorés. Les mâles font leur
cour en dansant, ou en se livrant à des mouvements
bizarres et fantastiques sur le sol ou dans l'air. Dans
un cas au moins, le mâle émet une odeur musquée que
nous pouvons supposer avoir pour but de charmer ou
exciter la femelle, car l'excellent observateur, M. Ram-

say[1] dit du canard musqué australien (*Biziura lobata*) que « l'odeur que le mâle émet pendant l'été est limitée à ce sexe, et persiste même toute l'année chez quelques individus; mais que jamais, même pendant la saison de la reproduction, il n'a tué une seule femelle sentant le musc. » Pendant la saison des amours, cette odeur est si forte, qu'on la décèle bien avant de voir l'oiseau[2]. Au total les oiseaux paraissent être de tous les animaux, l'homme excepté, ceux qui ont le sentiment esthétique le plus développé, et, pour le beau, presque le même goût que nous. C'est ce que montre notre plaisir à entendre leurs chants, et celui qu'éprouvent les femmes tant civilisées que sauvages, à se couvrir la tête de plumes qui leur sont empruntées, et portant des pierreries qui sont à peine plus richement colorées que la peau dénudée et les caroncules de certains oiseaux.

Avant de traiter des caractères qui doivent ici plus particulièrement nous occuper, je dois mentionner certaines différences entre les sexes qui dépendent apparemment de différences dans les habitudes vitales, car, fréquentes dans les classes inférieures, elles sont rares dans les plus élevées. Deux oiseaux-mouches du genre *Eustephanus*, de l'île Juan-Fernandez, ont été longtemps pris pour spécifiquement distincts, mais on sait actuellement, à ce que m'apprend M. Gould, que ce sont les deux sexes de la même espèce, différant légèrement par la forme du bec. Dans un autre genre d'oiseaux-mouches (*Grypus*), le bec du mâle est crénelé sur le bord et crochu à son extrémité, différant ainsi beaucoup de celui de la femelle. Dans le curieux *Neomorpha* de la Nouvelle-Zélande, il y a une différence plus con-

---

[1] *Ibis*, vol. III (new series), 1867, p. 414.
[2] Gould, *Handbook to Birds of Australia*, 1865, II, p. 383.

sidérable encore dans la forme du bec ; et on a informé
M. Gould que, avec cet organe fort et droit, le mâle arra-
che l'écorce des arbres, pour que la femelle, dont le bec
est faible et plus recourbé, puisse se nourrir des larves
ainsi mises à découvert. Quelque chose d'analogue s'observe chez le Chardonneret (*Carduelis elegans*), car
M. J. Jenner Weir m'assure que les chasseurs d'oiseaux
distinguent les mâles à leurs becs qui sont légèrement
plus longs. Les troupeaux de mâles, selon l'assertion
d'un ancien oiseleur digne de foi, se rencontrent ordinairement se nourrissant des graines du cardère (*Di-
psacus*), qu'ils peuvent atteindre avec leurs becs allongés,
tandis que les femelles se nourrissent plus habituellement de la graine de la bétoine, ou de *Scrophularia*. Avec
une légère différence de cette nature comme base, nous
voyons comment les becs des deux sexes pourraient arriver à différer beaucoup par sélection naturelle. Dans
tous ces cas toutefois, surtout dans ceux des belliqueux
oiseaux-mouches, il est possible que les différences
dans les becs aient été d'abord acquises par les mâles
pour les besoins de leurs combats, pour ensuite provoquer de légères modifications dans leurs habitudes
vitales.

Loi de combat. — Presque tous les oiseaux mâles sont
très-belliqueux, et se servent de leurs becs, ailes et
pattes pour se battre. Nous voyons cela chaque printemps chez nos rouge-gorges et moineaux. Les plus petits de tous, les oiseaux-mouches, sont les plus querelleurs. M. Gosse[5] décrit une bataille, dans laquelle une
paire de ces oiseaux s'étaient saisis par le bec, et pi-
rouettèrent ensemble jusqu'à presque tomber à terre ;

[5] Cité par Gould, *Introd, to Trochilidæ*, 1861, p. 29.

et M. Montes de Onca, parlant d'un autre genre, dit qu'il est rare que deux mâles se rencontrent sans se livrer un furieux assaut aérien : « en cage leurs luttes finissent le plus souvent par la fissuration de la langue de de l'un des deux, qui en meurt nécessairement parce qu'il ne peut plus se nourrir[4]. » Chez les Échassiers, les mâles de la poule d'eau commune (*Gallinula chloropus*) lors de la saison d'appariage se battent avec violence pour les femelles, ils se redressent dans l'eau et frappent avec leurs pattes. » Deux de ces oiseaux observés sont restés engagés pendant une demi-heure jusqu'à ce que l'un ayant saisi la tête de l'autre l'eût tué, sans l'intervention de l'observateur, la femelle étant tout le temps restée tranquille spectatrice[5]. Les mâles d'une espèce voisine (*Gallicrex cristatus*) sont un tiers plus gros que les femelles, et sont si belliqueux pendant la saison d'appariage, que les indigènes du Bengale oriental les gardent pour les faire battre. D'autres oiseaux sont recherchés dans l'Inde pour le même but, ainsi les Bulbuls (*Pycnonotus hæmorrhous*) qui se battent avec beaucoup de vigueur[6].

Le Combattant polygame (*Machetes pugnax*, *fig.* 37) est célèbre pour son caractère belliqueux ; et au printemps les mâles, qui sont considérablement plus grands que les femelles, se rassemblent chaque jour à un endroit spécial où les femelles se proposent de déposer leurs œufs. Les oiseleurs reconnaissent ces points à l'apparence qu'a le sol battu par un piétinement prolongé. Ils se battent d'une façon assez semblable aux coqs de combat en se saisissant par le bec, et se frappant avec les ailes. La grande fraise de plumes qui entoure leur

---

[4] Gould, *id.*, p. 52.
[5] W. Thompson, *Nat. Hist. of Ireland, Birds.*, II, p. 327, 1850.
[6] Jerdon, *Birds of India*, 1863, II, p. 96

cou se relève, et d'après le colonel Montagu, « traîne par
erre pour protéger les parties les plus délicates ; » le seul

Fig. 37. — Le *Machetes pugnax* (d'après Brehm, *Vie des Animaux*, édition française).

exemple que chez les oiseaux, je connaisse d'une conformation servant de bouclier. La fraise toutefois doit probablement servir surtout d'ornement vu sa coloration riche

et variée. Comme tous les oiseaux querelleurs, ils sont
toujours prêts à se battre, et en captivité s'entretuent
souvent ; Montagu a observé que leurs tendances belliqueuses augmentent au printemps, lorsque les longues
plumes se développent sur leur cou, et qu'à cette période le moindre mouvement d'un oiseau provoque une
bataille générale[7]. Je donnerai deux exemples de ces
dispositions chez les palmipèdes ; « lors des combats
sanglants que se livrent entre eux dans la saison de la
reproduction, les mâles du canard musqué sauvage
(*Cairina moschata*) dans la Guyane, la rivière est couverte de plumes jusqu'à une certaine distance des lieux
où ces luttes s'accomplissent[8]. » Des oiseaux qui paraissent d'ailleurs peu propres au combat se livrent de
violents assauts ; ainsi les pélicans mâles les plus forts
chassent les plus faibles, en les piquant de leurs énormes becs, et les frappant violemment de leurs ailes. Les
Bécasses se battent, en se tiraillant et se poussant avec
leurs becs de la manière la plus curieuse. On croit que
quelques rares espèces ne se battent jamais, c'est, d'après
Audubon, le cas d'un pic des États-Unis (*Picus auratus*),
bien que « les femelles soient souvent suivies même
d'une demi-douzaine de gais prétendants[9]. »

Les mâles de beaucoup d'oiseaux sont plus grands
que les femelles, ce qui est sans doute pour eux un
avantage dans leurs combats avec leurs rivaux, et un
résultat acquis par sélection sexuelle. La différence de
taille entre les deux sexes est dans quelques espèces
Australiennes portée à l'extrême ; ainsi le canard musqué (*Biziura*) et le *Cincloramphus cruralis* mâle sont ef-

---

[7] Macgillivray, *Hist. British Birds*, IV, p. 177-181, 1852.
[8] Sir R. Schomburgk, *Journ. of R. Geog. Soc.*, XIII, p. 31, 1843.
[9] *Ornithological Biography*, I, 191. Pour les pélicans et les bécasses,
III, p. 381, 477.

fcctivement deux fois plus gros que leurs femelles respectives [10]. Dans beaucoup d'autres oiseaux les femelles
sont plus grandes que les mâles, mais, comme nous
l'avons déjà remarqué, l'explication souvent avancée
que c'est parce que les femelles sont chargées de toute
la nourriture des jeunes, reste ici insuffisante. Dans
quelques cas, ainsi que nous le verrons plus loin, les
femelles ont apparemment acquis leur plus grande
taille et force pour vaincre les autres femelles quant à
la possession des mâles.

Les mâles de beaucoup de Gallinacés, surtout des espèces polygames, sont pourvus d'armes particulières
pour combattre leurs rivaux; ce sont les ergots, dont les
effets peuvent être terribles. Un écrivain digne de confiance [11] raconte que dans le Derbyshire un milan ayant
fondu sur une poule de la race de combat accompagnée
de ses poulets, le coq se précipita à son secours, et en-
fonça son ergot dans l'œil et le crâne de l'agresseur.
L'ergot ne fut arraché qu'avec difficulté du crâne, et
comme le milan, quoique mort n'avait pas lâché prise,
les deux oiseaux étaient fortement attachés ensemble ;
mais le coq dégagé n'eut que peu de mal. Le courage
invincible du coq de combat est de toute notoriété ; une
personne m'a racontée la scène brutale suivante dont il
fut témoin il y a longtemps. Un oiseau ayant eu dans
l'arène de combat, les deux pattes brisées par un accident, son propriétaire fit le pari que si on pouvait les
lui éclisser de manière à ce qu'il pût se tenir droit, il
continuerait à combattre. La chose fut faite, et le coq
reprit la lutte avec un courage intrépide, jusqu'à ce
qu'il reçut le coup de mort. A Ceylan, une espèce voisine
sauvage, *Gallus Stanleyi*, lutte d'une manière désespé-

[10] Gould, *Handbook*, etc., 1, 395 ; 11, 385.
[11] M. Hewitt dans *Poultry Book* de Tegetmeier, 1866, p. 157.

rée pour la défense de son sérail, qui a le plus souvent pour résultat la mort d'un des combattants [12]. Une Perdrix indienne (*Ortygornis gularis*) dont le mâle est armé d'ergots forts et tranchants, est si belliqueuse « que le poitrail de presque tous les oiseaux qu'on tue est défiguré par les cicatrices de combats antérieurs [13]. »

Les mâles de la plupart des gallinacés, même ceux qui n'ont pas d'ergots, entrent en luttes féroces à l'époque de l'appariage. Les *Tetrao urogallus* et *T. tetrix*, polygames tous deux, ont des places régulières où pendant plusieurs semaines ils se rassemblent en nombre pour se battre et déployer leurs charmes devant les femelles. M. W. Kowalevsky m'informe qu'en Russie il a vu la neige toute ensanglantée sur les arènes où les *Tetrao urogallus* ont combattu ; et les Tetras noirs « font sauter les plumes dans toutes les directions quand ils sont plusieurs à la bataille. » Brehm, donne un récit curieux du *Balz*, nom qu'on donne en Allemagne aux danses et chants par lesquels les coqs de bruyères préludent à l'amour. L'oiseau fait entendre presque constamment les bruits les plus étranges : « Il redresse la queue et l'étale en éventail, il lève sa tête et son cou, dont toutes les plumes sont redressées, et déploie ses ailes. Il fait ensuite quelques sauts dans différentes directions, quelquefois en cercle et appuie si fortement contre terre la partie inférieure de son bec que les plumes du menton en sont arrachées. Pendant ces mouvements, il bat des ailes et tourne toujours, sa vivacité augmentant avec son ardeur, et il finit par prendre un aspect frénétique. » Les coqs de bruyère sont alors si absorbés qu'ils sont presque sourds et aveugles, mais moins que le grand Tetras ; aussi on peut tirer oiseau

[12] Layard, *Ann. and Mag. of Nat. Hist.*, XIV; 1854; p. 65.
[13] Jerdon; *Birds of India*, III; 574.

sur oiseau sur le même lieu, et même les prendre à la main. Après avoir accompli leurs représentations bizarres, les mâles commencent à se battre, et un même oiseau, pour prouver sa force sur plusieurs antagonistes, visitera dans une même matinée plusieurs de ces lieux de rassemblement ou Balz, qui restent les mêmes des années durant[14]. Le paon avec sa longue queue ressemble davantage à un élégant qu'à un guerrier ; il se livre cependant quelquefois à de terribles luttes ; le Rev. W. Darwin Fox m'apprend que deux paons se battant à une petite distance de Chester, s'étaient tellement excités qu'ils avaient parcouru au vol toute la ville en luttant ensemble, jusqu'à ce qu'ils se posèrent au sommet de la tour de Saint-Jean.

Chez les Gallinacés qui en sont armés, l'ergot est généralement simple ; mais le *Polyplectron* (fig. 51, p. 93) en a deux ou plus à chaque patte, et on a vu un *Ithaginis cruentus* en ayant cinq. Les ergots sont ordinairement circonscrits aux mâles, n'étant représentés chez les femelles que par de simples rudiments ; mais celles du paon de Java (*Pavo muticus*), et, d'après M. Blyth, d'un petit faisan (*Euplocamus erytrophthalmus*), possèdent des ergots. Les mâles de *Galloperdix* ont ordinairement deux ergots, et les femelles un sur chaque patte[15]. On peut donc regarder avec assez de certitude l'ergot comme un caractère masculin, bien qu'occasionnellement il puisse être transféré à un plus ou moins grand degré aux femelles. Comme la plupart des autres caractères sexuels secondaires, les ergots sont très-variables, tant par leur nombre que par leur développement dans la même espèce.

[14] Brehm, *Illust. Thierleben,* 1867. IV, p. 351. Quelques-unes des assertions qui précèdent sont empruntées à L. Lloyd, *Game Birds of Sweden,* etc., 1867, p. 79.

[15] Jerdon, *o. c.,* sur l'*Ithaginis,* III, p. 523 ; *Galloperdix,* p. 541.

Plusieurs oiseaux ont des ergots aux ailes. Chez l'oie
égyptienne (*Chenalopex ægyptiacus*), elles ne consistent
qu'en protubérances obtuses, qui probablement nous
montrent les premiers pas qu'ont suivi, dans leur développement chez les oiseaux voisins, les vrais ergots. Dans
une oie, dont les ailes ont des ergots, le *Plectropterus
gambensis*, ils sont beaucoup plus grands chez les mâles
que chez les femelles; et leur servent, à ce que m'apprend
M. Bartlett, au combat. De sorte que, dans ce cas, les
ergots alaires sont des armes sexuelles qui, d'après
Livingstone, seraient particulièrement destinées à la défense des jeunes. La *Palamedea* (fig. 58, p. 49) est armée
d'une paire d'ergots sur chaque aile, qui constituent
une arme assez formidable, pour qu'un seul coup suf-
fise à mettre en fuite un chien hurlant fortement, mais
il ne paraît pas que dans ce cas, ni dans celui de quelques râles à ergots semblables, ces parties soient plus
grandes dans le mâle que la femelle [16]. Dans certains
pluviers, les ergots alaires doivent être considérés
comme un caractère sexuel. Ainsi, chez le mâle de notre
vanneau commun (*Vanellus cristatus*), le tubercule de
l'épaule de l'aile devient plus saillant à la saison de la
reproduction, pendant laquelle les mâles se battent entre
eux. Dans quelques espèces de *Lobivanellus*, un tubercule semblable se développe pendant la saison d'appariage, « en un court ergot corné. » Les deux sexes du
L. lobatus australiens ont des éperons, mais ils sont
beaucoup plus grands chez les mâles. Dans un oiseau
voisin, l'*Hoplopterus armatus*, les ergots n'augmentent
pas de grosseur pendant la saison de reproduction ;

[16] Pour l'oie égyptienne, Macgillivray, *British Birds*, IV, 639. Pour le
Plectopterus, Livingstone's Travels, p. 254. Pour la *Palamedea*, Brehm,
Vie des animaux, édition française. Voir aussi sur ces oiseaux Azara,
voy. dans l'*Amér. mérid.*, IV, 1809, p. 179, 255.

mais on a vu en Égypte ces oiseaux se battre comme nos
vanneaux en tournant brusquement en l'air, et se préci-
pitant et frappant latéralement les uns sur les autres,

Fig. 58. — *Palamedea cornuta* (d'après Brehm, édition française) montrant les
deux ergots alaires et le filament sur la tête.

II.   4

souvent avec un résultat fatal. C'est encore ainsi qu'ils chassent leurs autres ennemis [17].

La saison d'amour est celle de la guerre ; mais les mâles de quelques oiseaux, telles que la race galline de Combat, le Combattant et même les jeunes mâles des Dindons sauvage et Grouses [18], sont toujours prêts à se battre quand ils se rencontrent. La présence de la femelle est la *teterrima belli causa*. Les Bengalis font battre les jolis petits mâles du Bengali piqueté (*Estrelda amandava*) en plaçant en série trois petites cages, celle du milieu contenant une femelle ; après quelque temps, on lâche les deux mâles, entre lesquels un combat désespéré s'engage aussitôt [19]. Quand beaucoup de mâles se rassemblent sur un point déterminé et s'y battent, comme cela arrivent aux grouses et à quelques autres oiseaux, les femelles [20] assistent ordinairement au spectacle, pour s'apparier ensuite avec les combattants victorieux. Mais, dans quelques cas, l'appariage précède le combat au lieu de le suivre ; ainsi, d'après Audubon [21], plusieurs mâles de l'engoulevent virginien (*Caprimulgus Virginianus*) « font leur cour la plus assidue à la femelle ; le préféré choisi par celle-ci, se jette alors sur les autres et les expulse de son domaine. » Bien que généralement

---

[17] Voir sur notre Vanneau huppé, M. R. Carr, *Land and Water*. Août 8, 1868, p. 46. Pour le *Lobivanellus*, voir Jerdon (*o. c.*), III, p. 647, et Gould, *Handb. Birds of Australia*, II, p. 220. Pour l'*Holopterus*, voir M. Allen : *Ibis*, V, 1865, p. 156.

[18] Audubon, *Orn. Biog.*, II, 492 ; I, 4-13.

[19] Blyth, *Land and Water*, 1867, p. 212.

[20] Richardson, *Tetrao umbellus*, *Fauna Bor. Amer. Birds*, 1831, p. 343. L. Lloyd, *Game birds of Sweden*, 1867, 22, 70. Sur le grand coq de bruyère et le tétras noir, Brehm (*Thierleben*, etc., IV, p. 352), affirme toutefois qu'en Allemagne les femelles n'assistent pas en général aux assemblées des tétras noirs ; mais c'est une exception à la règle ordinaire : il est possible que les femelles soient cachées dans les buissons environnants comme le font ces oiseaux en Scandinavie, et d'autres espèces dans l'Amérique du Nord.

[21] *O. c.*, II, p. 275.

les mâles fassent tous leurs efforts pour chasser ou tuer leurs rivaux avant de s'apparier, il ne paraît pas cependant que les femelles préfèrent invariablement les mâles vainqueurs. M. W. Kowalevsky m'a assuré que souvent la femelle du *T. urogallus* se dérobe quelquefois avec un jeune mâle qui n'a pas osé se risquer dans l'arène contre les coqs plus âgés, ainsi que cela arrive occasionnellement aux biches du cerf écossais. Lorsque deux mâles luttent en présence d'une seule femelle, le vainqueur atteint sans doute ordinairement son but; mais quelques-unes de ces batailles sont causées par des mâles errants qui cherchent à troubler la paix d'une paire déjà unie [22].

Même chez les espèces les plus belliqueuses, il n'est pas probable que l'appariage ne dépende qu'exclusivement de la force et du courage des mâles, car ils sont généralement décorés de divers ornements, souvent plus brillants pendant la saison de la reproduction, et qu'ils déploient avec persistance aux regards des femelles. Les mâles cherchent aussi à les charmer et à les exciter par des notes amoureuses, des chants, et des tours; et la cour, dans beaucoup de cas, est, dans son ensemble, une affaire de longue durée. Il n'est donc pas probable que les femelles soient indifférentes aux charmes du sexe opposé, et invariablement obligées de céder aux mâles vainqueurs. Il l'est davantage qu'elles soient influencées soit avant ou après le conflit, par certains mâles, qu'elles préfèrent ainsi d'une manière inconsciente. Dans le cas du *Tetrao umbellus*, un bon observateur [23] va jusqu'à croire que les « combats des mâles ne sont que simulés, exécutés pour faire valoir tous leurs avantages aux femelles en pleine admiration ras-

[22] Brehm, *o. c.*, IV, p. 990, 1867; Audubon, *o. c.*, II, p. 492.
[23] *Land and Water*, July 25, 1868, p. 14.

semblées autour d'eux ; car, dit-il, « je ne suis jamais parvenu à trouver un héros mutilé, et rarement plus d'une plume cassée. » J'aurai à revenir sur ce sujet, mais je puis ajouter que, pour le *Tetrao cupido* des États-Unis, il se rassemble sur un point particulier une vingtaine de mâles, qui se pavanent en faisant retentir l'atmosphère entier de leurs bruits étranges. A la première réplique d'une femelle, les mâles commencent à se battre furieusement ; les plus faibles cèdent, mais alors, d'après Audubon, tant vainqueurs que vaincus se mettent à la recherche des femelles ; celles-ci ont à exercer encore un choix, ou la bataille doit recommencer. De même, pour une espèce de stournelle des États-Unis (*Sturnella ludoviciana*), les mâles engagent des luttes féroces, « mais à la vue d'une femelle, ils se précipitent tous follement à sa poursuite [24]. »

Musique vocale et instrumentale. — Les oiseaux expriment par leur voix les émotions les plus diverses, telles que la détresse, la crainte, la colère, le triomphe ou la joie. Ils l'emploient quelquefois pour exciter la terreur, comme le sifflement de quelques oiseaux couvant leur nid. Audubon [25] raconte qu'un *Ardea nyctocorax* Linn. qu'il avait apprivoisé, avait l'habitude de se dissimuler lorsqu'un chat approchait, « puis s'élançant subitement de sa cachette en poussant les plus effroyables cris, paraissait se réjouir de la frayeur que manifestait le chat, et de sa fuite. » Le coq domestique glousse à la poule, et celle-ci à ses poulets, lorsqu'ils rencontrent un morceau friand. La poule qui a pondu un œuf, « répète très-souvent la même note, et termine sur la sixième,

---

[24] Audubon, *o. c.*, sur *Tetrao cupido*, II, 492, et sur le *Sturnus*, II, p. 219.

[25] *O. c.*, V, 601.

au-dessus, en la soutenant plus longtemps [26], » exprimant ainsi sa satisfaction. Quelques oiseaux sociaux s'appellent mutuellement à l'aide, et, en allant d'arbre en arbre, le troupeau se maintient réuni par tous ces gazouillements qui se répondent. Pendant les migrations nocturnes des oies et autres oiseaux aquatiques, à des cris sonores poussés par l'avant-garde dans l'obscurité, répondent des cris semblables partant de l'a r rière-garde. Certains cris servant de signaux d'alarme, ainsi que le chasseur le sait à ses dépens, sont fort bien compris de la même espèce et aussi des autres. Le coq domestique chante et l'oiseau-mouche gazouille, lorsqu'ils ont triomphé d'un rival. Cependant, le véritable chant et les divers cris étranges de la plupart des oiseaux se font principalement entendre pendant la saison d'appariage, où ils servent, soit comme moyen de charme, soit de simple note d'appel, pour l'autre sexe.

Les naturalistes sont fort divisés sur l'objet du chant des oiseaux. Montagu, un des observateurs les plus attentifs qui aient vécu, soutenait « que les mâles d'oiseaux chantants et de beaucoup d'autres, n'étaient, en général, pas à la recherche de la femelle, mais, qu'au contraire, au printemps, leur occupation était de se percher dans quelque lieu apparent, où ils exhalaient, dans toute leur plénitude et leur largeur, leurs notes amoureuses, que la femelle connaissait d'instinct, pour un appel auquel elle se rendait pour choisir son mâle [27]. » M. Jenner Weir m'apprend que cela est certainement le cas du rossignol. Bechstein, qui a toute sa vie gardé des oiseaux, assure que « le canari femelle choisit toujours le meilleur chanteur, et que, dans l'état de nature, le pinson

[26] Hon. Daines Barrington; *Philos. Trans.*, 1773, p. 252.
[27] *Ornithological Dictionary*, 1833, p. 475.

femelle choisira sur cent, celui des mâles dont les notes lui plairont le plus[28]. » Il n'y a pas à douter que les oiseaux ne se préoccupent de leurs chants mutuels. M. Weir m'a signalé le cas d'un bouvreuil auquel on avait appris à siffler une valse allemande, et qui l'exécutait à merveille, aussi avait-il coûté dix guinées. Lorsque cet oiseau fut introduit dans une pièce, où il y avait d'autres oiseaux captifs, et qu'il se mit à chanter, tous, consistant en une vingtaine de linottes et de canaris, se placèrent dans leurs cages du côté le plus rapproché de celui où était le nouveau chanteur, et se mirent à l'écouter avec beaucoup d'attention. Beaucoup de naturalistes croient que le chant des oiseaux n'est presque exclusivement « qu'un effet de rivalité et d'émulation, » et n'a pas pour but de captiver les femelles. C'était l'opinion de Daines Barrington et de White de Selborne, qui, tous deux, se sont spécialement occupés de ce sujet[29]. Barrington admet que la supériorité du chant donne aux oiseaux un ascendant prodigieux sur les autres, comme le savent fort bien les chasseurs de ces animaux. »

Il est certain qu'il règne entre les mâles une grande rivalité quant à leur chant. Les amateurs d'oiseaux mettent en comparaison leurs produits pour voir quels sont ceux qui chanteront le plus longtemps, et M. Yarrell m'a assuré qu'un oiseau de premier ordre chantera parfois jusqu'à tomber raide, et d'après Bechstein[30], à périr à la suite d'une rupture d'un vaisseau pulmonaire. Quelle

---

[28] *Naturgesch. d. Stubenvögel*, 1840, p. 4. M. Harrison Weir m'écrit également : — « On m'informe que les meilleurs chanteurs mâles trouvent les premiers une compagne lorsqu'ils sont élevés dans la même pièce. »

[29] *Philos. Transactions*, 1773, p. 263. White's, *Nat. History of Selbourne*, 1, 246, 1825.

[30] *Naturg. d. Stubenvögel*, 1840, p. 252

qu'en puisse être la cause, il paraît, d'après M. Weir,
que les oiseaux mâles périssent souvent subitement
pendant la saison du chant. Il est positif que l'habitude
de chanter peut être complétement indépendante de
l'amour, car on a décrit [51] un canari hybride stérile qui
chantait en se voyant dans un miroir, puis ensuite se
précipitait sur son image; il attaquait aussi avec rage
un canari femelle, lorsqu'on les mettait dans la même
cage. Les preneurs d'oiseaux savent utiliser constamment la jalousie qu'excite le chant, en dissimulant un
mâle bien en voix, pendant qu'un oiseau empaillé, et
entouré de branchilles enduites de glu est exposé en
vue. Un homme a pu ainsi attraper dans un seul jour
cinquante, et une fois même jusqu'à soixante-dix pinsons
mâles. L'aptitude et la disposition au chant diffèrent si
considérablement chez les oiseaux, que, bien que le prix
d'un pinson ne soit que de six pences, M. Weir a vu un oiseau dont le propriétaire demandait trois livres; l'épreuve
d'un véritable bon chanteur consistant en ce qu'il continue à chanter, pendant qu'on fait tourner la cage autour de sa tête.

Il n'y a rien d'incompatible à ce que les oiseaux chantent par émulation et pour charmer les femelles; et les
deux peuvent aller ensemble, comme l'ornementation
et la disposition belliqueuse. Quelques auteurs cependant, concluent que le chant des mâles ne doit pas servir à charmer les femelles, parce que celles de quelques
espèces, telles que les canaris, rouges-gorges, alouettes
et bouvreuils, surtout d'après la remarque de Bechstein, lorsqu'elles sont en état de veuvage, se livrent aux
accords les plus mélodieux. On peut attribuer, dans
quelques-uns de ces cas, l'habitude de chanter à ce que

[51] M. Bold, *Zoologist*, 1845-44, p. 659.

les femelles ont été en captivité et fortement nourries[52], ce qui dérange les fonctions usuelles en connexion avec la reproduction de l'espèce. Nous avons déjà donné beaucoup d'exemples du transfert partiel de caractères masculins secondaires à la femelle, de sorte qu'il n'y a rien de surprenant à ce que les individus de ce sexe de quelques espèces aient la faculté de chanter. On a aussi tiré un argument contre l'emploi du chant du mâle comme charme, du fait que dans certaines espèces, le rouge-gorge, par exemple, le mâle chante pendant l'automne[53]. Mais rien n'est plus commun que de voir les animaux prendre plaisir à pratiquer tout instinct, qu'à d'autres moments ils emploient dans un but utile. Combien ne voyons-nous pas souvent des oiseaux volant tranquillement, planant et glissant dans l'air uniquement par plaisir. Le chat joue avec la souris, et le cormoran avec le poisson pris. Le Tisserin (*Ploceus*) enfermé en cage, s'amuse en tissant proprement des lames d'herbages entre les barreaux de sa cage. Les oiseaux batailleurs à l'époque de la reproduction sont en général prêts à se battre en tous temps ; et on voit quelquefois les mâles du grand Tetras tenir leurs rassemblements aux lieux habituels, pendant l'automne[54]. Il n'y a donc rien d'étonnant à ce que les oiseaux mâles puissent continuer à chanter pour leur propre distraction en dehors de l'époque où ils courtisent les femelles.

Le chant est jusqu'à un certain point, comme nous l'avons montré dans le chapitre précédent, un art, qui peut être beaucoup amélioré par la pratique. On peut enseigner divers airs aux oiseaux, et même le peu mé-

---

[52] Docteur Barrington, *Phil. Trans.*, 262, 1773. Bechstein, *Stubenvögel*, 1840, p. 4.

[53] C'est également le cas pour le merle d'eau, M. Hepburn, dans *Zoologist*, 1845-46, p. 1068.

[54] L. Lloyd, *Game Birds*, etc., 1867, p. 25.

lodieux moineau a pu apprendre à chanter comme une
linotte. Ils retiennent le chant de leurs parents nourri-
ciers [55], et quelquefois celui de leurs voisins [56]. Tous les
chanteurs communs appartiennent à l'ordre des Insessores, et leurs organes vocaux sont beaucoup plus compliqués que ceux de la plupart des autres oiseaux ; il est
cependant singulier qu'il y ait parmi les Insessores des
oiseaux tels que les corneilles, corbeaux et pies, qui,
bien que possédant l'appareil voulu [57], ne chantent jamais, et dont la voix ne paraît pas être naturellement
susceptible de modulations de quelque étendue. Hunter [58] affirme que chez les vrais chanteurs les muscles
du larynx sont plus puissants chez les mâles que chez
les femelles, mais que, à cela près, il n'y a pas de différence entre les organes vocaux des deux sexes, bien que
les mâles de la plupart des espèces chantent bien mieux
et avec plus de suite que les femelles.

Il est remarquable qu'il n'y ait que les petits oiseaux
qui soient à proprement parler, chanteurs. Le genre
australien *Menura* doit toutefois être excepté ; car le
Menura Alberti qui est de la taille d'un dindon, arrivé à
la moitié de sa croissance, n'imite pas seulement les
autres oiseaux, mais « possède de son chef un sifflet
très-varié et très-beau. » Les mâles se rassemblent sur
des points où ils chantent, en redressant et étalant leurs
queues comme des paons, et abaissant leurs ailes [59]. Il
est aussi remarquable que les oiseaux chanteurs soient

---

[55] Barrington, *o. c.*, p. 264. Bechstein, *o. c.*, p. 5.
[56] Dureau de la Malle donne un exemple curieux (*Ann. Sc. Nat.*,
3e sér., *Zool.*, X, p. 118) de quelques merles sauvages de son jardin dans
Paris qui avaient naturellement appris d'un oiseau captif un air répu-
blicain.
[57] Bishop, dans *Todd's Cyclop. of Anal. et Phys.*, IV, p. 1496.
[58] Affirmé par Barrington, *Philos. Transact.*, 1773, p. 262.
[59] Gould, *Handbook*, etc., I, 308-310 ; 1865. Voir aussi T. W. Wood, dans
Student, Avril, 1870, p. 125.

rarement parés de brillantes couleurs, ou autres ornements. Le Bouvreuil et le Chardonneret exceptés, tous
nos meilleurs chanteurs indigènes ont une coloration
uniforme. Martin-pêcheurs, Guêpiers, Rolliers, Huppés,
Pies, etc., n'émettent que des cris rauques ; et les brillants oiseaux des tropiques.ne sont presque jamais mélodieux[40]. Les vives couleurs et l'aptitude au chant paraissent donc se remplacer. Nous voyons que si le
plumage ne varie pas d'éclat, de brillantes couleurs
pouvant constituer un danger pour l'espèce, d'autres
moyens deviennent nécessaires pour charmer les femelles ; et la voix rendue mélodieuse pourrait en être
un.

Dans quelques oiseaux, les organes vocaux diffèrent
beaucoup dans les deux sexes. Dans le *Tetrao cupido*
(*fig.* 39) le mâle possède, placés de chaque.côté du cou,
deux sacs nus de couleur orangée, qui se dilatant fortement chez le mâle pendant la saison de reproduction,
produisent un son creux singulier, qui s'entend à grande
distance. Audubon a prouvé que le son était en rapports
intimes avec cet appareil, qui rappelle les sacs à air
placés de chaque côté de la bouche de certaines grenouilles mâles, car il trouva que le son diminuait beaucoup lorsqu'on piquait un des sacs chez un oiseau apprivoisé, et cessait entièrement si on faisait la même
opération aux deux. La femelle présente un espace
« analogue mais plus petit, de peau dénudée sur le
cou, mais qui n'est pas susceptible de dilatation[41]. »
Le mâle d'un autre espèce de Tetras (*T. urophasianus*)

[40] Gould, *Introd. to Trochilidæ*, 1861, p. 22.
[41] *Sportsman and Naturalist in Canada*, by Major W. Ross King
1866, p. 144-146. M. T. W. Wood donne dans *Student* (Avril 1870, p. 116)
un récit excellent de l'attitude et des habitudes de l'oiseau pendant qu'il
fait sa cour. Il dit que les touffes des oreilles ou plumes du cou se redressent de façon à se rencontrer au sommet de la tête.

a, pendant qu'il courtise la femelle, « son œsophage, jaune et dénudé, renflé à une grosseur prodigieuse égale

Fig. 50. — *Tetrao cupido*, mâle (d'après Brehm, édition française).

à la moitié du corps au moins ; » et dans cet état il émet divers sons profonds et discordants. Avec ses plumes du cou redressées, ses ailes abaissées et traînant par terre, sa longue queue étalée en éventail, il prend une foule d'attitudes grotesques. L'œsophage de la femelle n'offre rien de remarquable [42].

Il paraît être maintenant bien établi que la grande poche de la gorge de l'Outarde mâle d'Europe (*Otis tarda*), et au moins de quatre autres espèces, ne sert pas, comme on le supposait autrefois à contenir de l'eau, mais est en rapport avec l'émission pendant la saison d'appariage, d'un son particulier ressemblant à *ock*. L'oiseau prend les attitudes les plus extraordinaires pendant qu'il articule ce son. Il est singulier que chez les mâles de cette espèce le sac ne soit pas développé dans tous les individus [45]. Un oiseau de l'Amérique du Sud (*Cephalopterus ornatus, fig.* 40), appelé oiseau parasol, à cause de son immense touffe de plumes formées de tiges blanches nues surmontées de barbes d'un bleu foncé, qu'il peut en la redressant transformer en un grand dôme n'ayant pas moins de cinq pouces de diamètre, et couvrant la tête entière. Cet oiseau porte sur le cou un appendice long, mince, cylindrique, charnu, qui est revêtu de plumes bleues écailleuses et serrées. Il sert probablement en partie d'ornement, mais aussi d'appareil résonnant, car M. Bates l'a trouvé en connexion avec « un développement inusité de la trachée et des organes vocaux. » Il se dilate lorsque l'oiseau émet sa note flûtée, singulièrement profonde, puissante et longtemps soutenue. La crête céphalique

[42] Richardson, *Fauna Bor. Americ. Birds*, 1851, p. 359. Audubon, *o. c.*, IV, p. 507.

[45] Ce sujet a récemment été traité dans les travaux suivants : — Prof. A. Newton, *Ibis*, 1862, p. 107; docteur Cullen, *id.*, 1865, p. 145; M. Flower, *Proc. of Zoolog. Soc.*, 1865, p. 747, et docteur Murie, *Proc. Zool. Soc.*, 1868, p. 471. Dans ce dernier se trouve un excellent dessin de l'outarde australienne mâle dans son étalage le plus complet avec le sac distendu.

ainsi que l'appendice du cou sont rudimentaires dans la femelle [44].

Fig. 40. — *Cephalopterus ornatus*, mâle (d'après Brehm, édition française).

[44] Bates, *The Naturalist on the Amazons*, 1863, vol. II, p. 284. Wallace, *Proc. Zool. Soc.*, 1850, p. 206. On a découvert récemment une espèce nouvelle portant un appendice du cou encore plus grand (*C. penduliger*). *Ibis*, vol. 1, p. 457.

Les organes vocaux de divers oiseaux palmipèdes ou échassiers sont fort compliqués, et diffèrent à un certain point dans les deux sexes. Dans quelques cas, la trachée est enroulée comme un cor de chasse, et est enfouie profondément dans le sternum. Dans le Cygne sauvage (*Cygnus ferus*) elle est plus profondément enfouie dans le mâle adulte, que dans la femelle ou le jeune mâle. Dans le *Merganser* mâle la portion élargie de la trachée est pourvue d'une paire additionnelle de muscles[45]. Mais il est difficile de comprendre la signification de ces différences entre les sexes de beaucoup d'Anatidés, car le mâle n'est pas toujours le plus bruyant; ainsi chez le Canard commun, le mâle siffle, tandis que la femelle émet un fort couac[46]. Dans les deux sexes d'une Grue (*Grus virgo*) la trachée pénètre dans le sternum, mais présente « certaines modifications sexuelles. » Dans le mâle de la Cigogne noire il y a aussi une différence sexuelle bien marquée dans la longueur et la courbure des bronches[47]. Des conformations importantes ont donc ici été modifiées d'après le sexe.

Il est souvent difficile de conjecturer si les nombreux cris et notes étranges qu'émettent les oiseaux mâles pendant la saison de la reproduction, servent comme moyens de charmer, ou simplement de sons d'appel pour les femelles. Le doux roucoulement de la Tourterelle et de beaucoup de pigeons, semble plaire aux femelles. Lorsque celle du Dindon sauvage fait entendre

---

[45] Bishop, *Todd's Cyclop. of Anat. et Phys.*, IV, p. 1409.

[46] Le bec en cuiller (*Platalea*) a la trachée contournée en forme d'un 8; et cependant cet oiseau (Jerdon, *Birds of India*, III, p. 763) est muet; mais M. Blyth m'apprend que les circonvolutions ne sont pas toujours présentes, et tendent peut-être actuellement vers l'atrophie.

[47] *Éléments d'Anat. Comp.*, par R. Wagner (trad. angl.), 1845, p. 111. Pour le cygne, voir Yarrell, *History of British Birds*, 2e édit., 1845, III, p. 193.

son appel le matin, le mâle y répond par une note bien
différente du glouglou qu'il produit lorsque, avec ses
plumes redressées, les ailes bruissantes et les caroncules distendus, il se bouffit et se pavane devant elle [48].
Le *spel* du Tetras noir sert certainement d'appel pour la
femelle, car on l'a vu amener d'une grande distance
quatre ou cinq femelles vers un mâle captif; mais
comme cet oiseau continue son *spel* des heures entières
pendant plusieurs jours, et lorsqu'il s'agit du grand
Tetras en état de grande exaltation, nous sommes conduits à supposer que les femelles déjà présentes doivent en être charmées [49]. La voix du Corbeau commun
se modifie pendant la saison de la reproduction, et a
donc quelque chose de sexuel [50]. Mais que dirons-nous
des cris rauques de quelques espèces de perroquets,
par exemple : ces oiseaux ont-ils pour les sons musicaux un aussi mauvais goût que celui dont ils font
preuve pour la couleur, à en juger par les contrastes
peu harmonieux qui résultent du voisinage des teintes
jaunes et bleues claires de leur plumage? Il est possible,
il est vrai, que les voix énergiques de beaucoup d'oiseaux mâles soient le résultat, sans qu'il soit accompa-
gné d'aucun avantage appréciable, des effets héréditaires
de l'usage continu de leurs organes vocaux, lorsqu'ils
sont sous l'influence de fortes impressions d'amour, de
jalousie ou de colère ; mais nous reviendrons sur ce
point en parlant des mammifères.

Nous n'avons encore parlé que de la voix, mais il y a
des mâles de divers oiseaux qui se livrent, pendant
qu'ils font leur cour, à ce qu'on pourrait appeler de la

[48] C. L. Bonaparte, cité *Naturalist Library, Birds ;* vol. XIV, p. 126.
[49] L. Lloyd, *Game Birds of Sweden;* etc., 1867; 22; 84.
[50] Jenner, *Philos. Transactions,* 1824, p. 20.

musique instrumentale. Les paons et les oiseaux du
Paradis agitent et choquent ensemble leurs pennes,
dont le mouvement vibratoire ne peut servir qu'à faire
du bruit, car il ne saurait rien ajouter à la beauté de
leur plumage. Les dindons raclent leurs ailes contre le
sol, et quelques tetras produisent de même un son bour-
donnant. Un autre tetras de l'Amérique du Nord, le *Tetrao umbellus*, qui, lorsque sa queue est redressée, ses
fraises étalées, « fait parade de sa beauté vis-à-vis de
femelles cachées dans le voisinage, » se met à battre
rapidement de ses ailes rabaissées le tronc d'un arbre
abattu, ou, d'après Audubon, contre son corps même ; le
son ainsi produit est comparé par les uns à un tonnerre
éloigné, par d'autres à un rapide roulement de tambour. La femelle ne produit jamais ce bruit, « mais
s'envole directement vers le lieu où le mâle est ainsi
occupé. » Dans l'Himalaya, le mâle du Kalij-faisan « fait
souvent un singulier bruit avec ses ailes, qui rappelle
le son qu'on obtient en secouant une pièce de toile
roide. » Sur la côte occidentale de l'Afrique de petits
Tisserins noirs (*Ploceus?*) se rassemblent en une bande
sur des buissons entourant un petit espace dégagé, puis
chantent et glissent dans l'air avec leurs ailes frissonnantes, produisant ainsi « un bruit qui rappelle celui
d'une crécelle d'enfant. » Ils se livrent l'un après l'autre
successivement pendant des heures à cette musique,
mais seulement pendant la saison d'amour. Dans les
mêmes conditions, les mâles de certains *Caprimulgus*,
font un bruit des plus étranges avec leurs ailes. Les
diverses espèces de pics frappent de leur bec une branche sonore, avec une mouvement vibratoire si prompt,
« que leur tête paraît être à deux places à la fois. » Le
son ainsi produit peut s'entendre à une distance considérable, mais il ne saurait être décrit, et je suis certain

que personne, l'entendant pour la première fois, ne
pourrait en conjecturer la cause. Ce son discordant étant
surtout produit pendant la saison d'appariage, on l'a
considéré comme un chant d'amour, c'est peut-être
plus exactement un appel d'amour. La femelle chassée
de son nid, a été observée appelant par ce moyen son
mâle, qui répondant de la même manière, arrivait aussitôt. Enfin la Huppe (*Upupa epops*) mâle, réunit les
musiques vocale et instrumentale, car, comme l'a vu
M. Swinhœ, pendant la saison de la reproduction, cet
oiseau après avoir inspiré de l'air, applique le bout de
son bec perpendiculairement contre une pierre ou un
tronc d'arbre, « puis l'air comprimé qu'il chasse par
son bec tubulaire produit le son exact. » Le cri que
donne le mâle sans appuyer son bec est fort différent [51].

Dans les cas précédents, les sons sont le produit de
conformations déjà présentes et nécessaires à d'autres
objets ; mais, dans les suivants, certaines plumes ont
été spécialement modifiées dans le but déterminé de
produire les sons. Le bruit de tambour, de bêlement,
de hennissement, de tonnerre, comme différents observateurs ont cherché à exprimer le bruit que fait la bécasse commune (*Scolopax gallinago*) doit avoir surpris
tous ceux qui l'ont entendu. Pendant la saison d'appariage, cet oiseau s'envole à peut-être « un millier de
pieds de hauteur », et, après avoir exécuté pendant quelque

---

[51] Voir, *Oiseaux du Paradis* dans *Brehm, Thierleben*, III, p. 325. Sur
le Grouse, Richardson, *Fauna Bor. Americ. Birds*, p. 343 et 359 ; Major
W. Ross King, *The Sportsman in Canada*, 1866, p. 156. Audubon,
American Ornitholog. Biograph., vol. I, p. 216. Sur le faisan Kalij, Jerdon, *Birds of India*, III, p. 533. Sur les Tisseurs, Livingstone, *Expedition to Zambezy*, 1865, p. 425. Sur les Pies, Macgillivray, *Hist. of Brit.
Birds*, III, 1840, p. 84, 88, 89 et 95. Sur le Upupa, Swinhœ, *Proc. Zool.
Soc.*, 1863. Sur les Engoulevents, Audubon, *o. c.*, II, p. 255. Celui d'Angleterre fait également au printemps un bruit curieux dans son vol
rapide.

II.

temps des zigzags, redescend suivant une ligne courbe avec
la queue étalée et les ailes frissonnantes, avec une vitesse
prodigieuse, jusqu'à terre; ce n'est que dans cette descente
rapide que se produit ce son. Personne n'en avait pu trouver la cause, jusqu'à ce que M. Meves remarqua que de
chaque côté de la queue les pennes externes ont une conformation particulière (*fig.* 41), la tige étant raide et en

Fig. 41. — Penne caudale externe de *Scolopax gallinago* (*Proc.* |*Zool. Soc.*, 1858

forme de sabre, avec les barbes obliques d'une longueur
inusitée, les extérieures étant fortement reliées ensemble. Il trouva qu'en soufflant sur ces plumes, ou en
les fixant sur un bâton mince agité rapidement dans
l'air, il pouvait reproduire exactement le bruit de tambour de l'oiseau vivant. Ces plumes se trouvent chez les
deux sexes, mais elles sont généralement plus grandes
dans le mâle que la femelle, et donnent une note plus
basse. Dans quelques
espèces, comme la
S. *frenata* (*fig.* 42), il

Fig. 42. — Penne caudale externe de *Scolopax frenata.*

y a quatre, et dans le
S. *Javensis* (*fig.* 43)
huit pennes sur les
côtés de la queue for-

Fig. 43. — Penne caudale externe de *Scolopax Javensis.*

tement modifiées. Les
plumes des différentes
espèces émettent des tons différents, lorsqu'on les agite
dans l'air, et le *Scolopax Wilsonii* des États-Unis produit un bruit sifflant, lorsqu'il descend rapidement à

terre[52]. Dans le mâle du *Chamœpetes unicolor* (un grand gallinacé américain) la première rémige primaire est arquée vers son extrémité et plus atténuée que dans la femelle. Dans un oiseau voisin, *Penelope nigra*, M. Salvin a observé un mâle qui, volant en descendant avec les ailes étendues, produisait un bruit fracassant comme celui d'un arbre qui tombe[55]. Le mâle d'une outarde indienne (*Sypheotides auritus*) a seul ses rémiges primaires fortement acuminées, et le mâle d'une espèce voisine produit un bourdonnement pendant qu'il courtise la femelle[54]. Dans un groupe d'oiseaux bien différents, celui des oiseaux-mouches, les mâles seuls de certaines espèces ont ou les tiges de leurs rémiges primaires largement dilatées, ou les barbes brusquement coupées vers l'extrémité. Le mâle du *Selasphorus platycercus*, par exemple, adulte, a la première rémige (*fig.* 44) taillée de cette manière. En volant de fleur en fleur, il produit

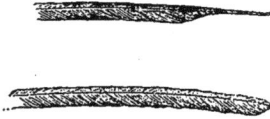

Fig. 44. — Rémige primaire d'un oiseau-mouche, le *Selasphorus platycercus* (d'après une esquisse de M. Salvin). Figure sup., mâle; figure inf., plume correspondante chez la femelle.

un bruit perçant, presque sifflant[55], qui n'a point paru à M. Salvin être fait avec intention.

Enfin, dans plusieurs espèces d'un sous-genre de Pipra ou de Manakin, les mâles ont leurs rémiges *secondaires* modifiées d'une manière encore plus remarquable,

[52] M. Meve, *Proc. Zool. Soc.*, 1868, p. 199. Sur les habitudes de la bécasse, Macgillivray, *Hist. Brit. Birds*, IV, 371. Pour la bécasse américaine, Cap. Blakistan, *Isis*, 1863, V, p. 131.

[55] M Salvin, *Proc. Zool., Soc.* 1867, p. 160. Je suis redevable à cet ornithologiste pour les dessins des plumes de *Chamœpetes* et d'autres informations.

[54] Jerdon, *Birds of India*, III, p. 618, 621.

[55] Gould, *Introduction to the Trochilidae*, 1861, p. 49. Salvin, *Proc. Zool. Soc.*, 1867, p. 160.

décrite par M. Sclater. Dans le *P. deliciosa* aux couleurs
vives, les trois premières secondaires ont de fortes tiges
incurvées vers le corps ; le changement est plus grand
dans la quatrième et la cinquième (*fig.* 45, *a*) ; et dans

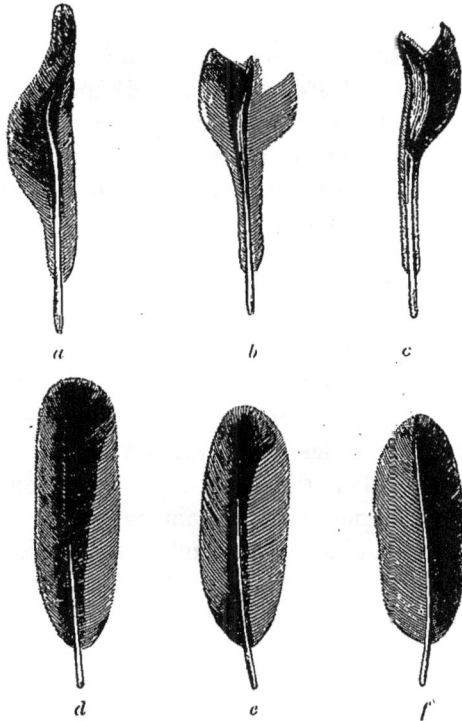

Fig. 45. — Rémiges secondaires de *Pipra deliciosa* (de M. Sclater, *Proc. Zool.
Soc.*, 1860). Les trois plumes supérieures, *a*, *b*, *c*, sont du mâle ; les inté-
rieures, *d*, *e*, *f*, sont de la femelle.

a et *d*. Cinquième rémige secondaire de mâle et femelle, face supérieure. —
b et *e*. Sixième secondaire, face supérieure. — *c* et *f*. Septième secondaire,
face inférieure.

la sixième et septième (*b*, *c*), la tige, épaissie à un degré
extraordinaire, constitue une masse cornée solide. Les
barbes sont aussi fortement modifiées dans leur forme,

comparées aux plumes correspondantes (d, e, f) de la
femelle. Même les os de l'aile, chez les mâles qui portent
ces plumes singulières, sont, d'après M. Fraser, fort
épaissis. Ces petis oiseaux font un bruit extraordinaire,
« la première note aiguë ressemblant assez à un claque-
ment de fouet [56]. »

La diversité des sons, tant vocaux qu'instrumentaux,
produits par les mâles de beaucoup d'espèces pendant
la saison de la propagation, ainsi que la diversité des
moyens employés pour la production de ces sons, sont
fort remarquables. Nous gagnons ainsi une haute idée
de leur importance pour les usages sexuels, qui nous
rappelle la même conclusion à laquelle nous avons été
conduit déjà à propos des Insectes. Il n'est pas difficile
de se figurer les pas par lesquels les notes d'un oiseau
servant premièrement de simple moyen d'appel ou à
quelque autre but, peuvent s'être améliorées au point
de devenir un chant mélodieux. Ceci est peut-être plus
difficile dans le cas des modifications des pennes qui
déterminent tous les bruits rappelant le roulement du
tambour, de sifflements, etc. Mais nous avons vu que
pendant qu'ils font leur cour, quelques oiseaux agitent,
secouent, entre-choquent leurs plumes non modifiées; or
si les femelles étaient amenées à choisir les meilleurs
exécutants, les mâles pourvus des plumes les plus fortes
et épaisses, ou des plus atténuées sur quelque partie du
corps, seraient les préférés; et peu à peu les plumes
pourraient être modifiées à tous degrés. Les femelles ne
remarqueraient pas, cela va sans dire, chaque modification légère et successive de leur forme, mais bien celle
des sons produits. C'est un fait curieux que, dans une
même classe d'animaux, des sons aussi différents que

[56] Sclater, *Proc. Zool. Soc.*, 1860, p. 90. *Ibis*, IV, 1862, p. 175, Salvin, *Ibis*, 1860, p. 57.

le tambourinage de la queue de la bécasse, le coup du bec du pic, le cri rauque de trompette de certains oiseaux aquatiques, le roucoulement de la tourterelle et le chant du rossignol, soient tous agréables aux femelles des différentes espèces. Mais nous ne devons pas juger des goûts d'espèces distinctes d'après un type uniforme; ni d'après celui des goûts humains. Même à propos de l'homme, nous ne devons pas oublier quels peuvent être les bruits discordants, les coups de tam-tam et les notes perçantes des roseaux qui font plaisir aux oreilles des sauvages. Sir S. Baker[57] fait la remarque que « de même que l'estomac de l'Arabe préfère la viande crue et le foie fumant arraché chaud de l'animal, de même son oreille préfère aussi à toute autre sa musique grossière et discordante. »

Parades d'amours et danses. — Les singuliers gestes amoureux de divers oiseaux, surtout des Gallinacés, ont été déjà incidemment notés, et nous n'aurons ici que peu à y ajouter. Dans l'Amérique du Nord, un grand nombre d'individus d'une espèce de Tetras (*T. phasaniellus*) se rassemblent tous les matins pendant la saison de reproduction, sur un endroit choisi, uni, où ils se mettent à courir dans un cercle de quinze à vingt pieds de diamètre, dans lequel en tournant toujours, ils finissent par dégazonner la piste. Dans ces danses de perdrix, comme les chasseurs les appellent, les oiseaux prennent les attitudes les plus baroques, faisant leurs tours les uns à droite, les autres à gauche. Audubon décrit les mâles d'un héron (*Ardeo herodias*) comme marchant avec une grande dignité sur leurs longues pattes devant les femelles, en défiant leurs rivaux. Le même naturaliste constate à propos d'un de

[57] *Nile Tributaries of Abyssinia*, 1867, p. 205.

ces vautours dégoûtants, vivant de charognes (*Cathartes jota*), « que les gesticulations et parades auxquelles se livrent les mâles au commencement de la saison amoureuse sont des plus comiques. » Certains
oiseaux exécutent au vol leurs fantaisies de parade,
comme nous l'avons vu pour le Tisserin africain noir.
Pendant le printemps, notre fauvette grisette (*Sylvia
cinerea*), s'élève souvent à quelques mètres de hauteur
au-dessus d'un buisson, « y voltige d'une manière sac-
cadée et fantastique, tout en chantant, puis retombe sur
son perchoir. » Comme l'a figuré Wolf, le mâle de la
grande outarde anglaise prend des attitudes indescrip-
tibles et bizarres, quand il courtise la femelle. Dans les
mêmes circonstances, une outarde indienne voisine,
(*Otis bengalensis*) « après s'être élevée verticalement
dans l'air par un battement précipité de ses ailes, en
redressant sa crête et les plumes du cou et du poitrail, se laisse ensuite retomber à terre. » L'oiseau
répète plusieurs fois de suite cette même manœuvre,
fredonnant en même temps dans un ton particulier.
Les femelles qui se trouvent dans le voisinage obéis-
sent à cette sommation gymnastique, et quand elles
approchent, le mâle abaisse les ailes et étale sa queue
comme un dindon[58].

Mais le cas le plus curieux est celui que fournissent
trois genres d'oiseaux australiens, les oiseaux à berceau
— sans doute les codescendants de quelque ancienne
espèce ayant acquis l'instinct étrange de construire en
matières végétales des abris destinés à leurs parades

---

[58] Pour le *Tetrao phasianellus*, Richardson, *Fauna Bor. America*,
p. 361; et détails Cap. Blakiston, *Ibis*, 1863, p. 125. Pour les *Cathartes*
et *Ardea*, Audubon, *Orn. Biograph.*, II, 51 et III, p. 89. Sur la fauvette
grisette Macgillivray, *Hist. Brit. Birds.*, II. p. 354. Sur l'outarde indienne, Jerdon, *Birds of India*, III, 618.

d'amour. Ces berceaux (*fig.* 46), qui, comme nous le verrons plus loin, sont richement décorés de plumes, coquilles, os et feuilles, sont bâtis sur le sol dans le seul
but de se faire la cour, car leurs nids sont établis sur
les arbres. Les deux sexes travaillent à l'érection de ces
constructions, mais le mâle en est le principal ouvrier.
Cet instinct est si prononcé qu'il se conserve en captivité, et M. Strange a décrit [59] les habitudes de quelques oiseaux de ce genre dits Satins qu'il a gardés
en volière dans la Nouvelle-Galles du Sud. « Par moments, le mâle poursuit la femelle dans toute la volière, puis, se rendant au berceau, il y prend une
plume de couleur gaie ou une grande feuille, articule
une curieuse note, redresse toutes ses plumes, court autour du berceau, et paraît excité au point que les yeux lui
sortent de la tête; il ouvre une aile, puis l'autre, émet-
tant une note basse sifflante, et, comme le coq domestique, semble picoter à terre, jusqu'à ce que la femelle
s'approche doucement de lui. » Le capitaine Stokes a
décrit les habitudes et les « habitations de plaisance »
d'une autre grande espèce, qui a été observée s'amusant
à se rendre en volant d'un côté à l'autre, transportant
chaque fois alternativement dans son bec une coquille
d'un compartiment à l'autre par leur voûte de com-
munication. » Ces constructions curieuses, qui ne
servent que de salles de réunion où les oiseaux
s'amusent et se font la cour, doivent leur coûter beaucoup de travail. Le berceau de l'espèce à poitrine fauve,
par exemple, a près de quatre pieds de long, dix-huit
pouces de hauteur, et est élevé sur une épaisse plate-
forme de bâtons.

[59] Gould, *Handbook to the Birds of Australia*, I. 444, 449, 455. Le
berceau de l'oiseau satin est toujours visible au Zoological Gardens.

Décoration. — Je discuterai d'abord les cas où les mâles sont ornés ou d'une manière exclusive, ou à un

Fig. 46. — *Chlamydera maculata*, avec berceau (d'après Brehm, édition française).

plus haut degré que les femelles ; et dans un chapitre suivant, ceux où les deux sexes sont également décorés, et enfin les rares cas où la femelle est quelque peu plus

brillamment colorée que le mâle. De même que pour les
décorations artificielles dont se parent le sauvage et
l'homme civilisé, de même les ornements des oiseaux
ont la tête pour siége principal [60]. Les ornements mentionnés au commencement de ce chapitre sont étonnamment diversifiés. Les plumets qui couvrent le devant ou
le derrière de la tête consistent en plumes de formes
variées, quelquefois susceptibles d'être redressées ou
étalées, de manière à complétement déployer leurs splendides couleurs. Des houppes auriculaires élégantes (voy.
fig. 59, p. 59) existent parfois. La tête est quelquefois
couverte d'un duvet velouté comme chez le faisan ; ou
nue et d'une coloration intense, ou portant des annexes
charnues, des filaments et des protubérances solides. La
gorge aussi est quelquefois ornée d'une barbe ou de caroncules. Les appendices de ce genre sont, en général,
de brillantes couleurs, et servent sans doute d'ornements, bien qu'ils ne soient guère tels à nos yeux ; car
pendant que les mâles courtisent la femelle, ils se gonflent et acquièrent des tons encore plus vifs, comme
dans le dindon mâle. Dans ces circonstances, les appendices charnus de la tête du faisan Tragopan mâle
(Ceriornis Temminckii) se dilatent en un large lobe sur la
gorge, et deux cornes situées de chaque côté de la splendide houppe qu'il porte sur la tête, sont colorées du
bleu le plus intense que j'aie jamais vu. Le Calao africain (Bucorax abyssinicus) peut gonfler la caroncule écarlate en forme de vessie qu'il porte au cou, ce qui « joint
à ses ailes traînantes et sa queue étalée lui donne un
grand air [61]. » L'iris de l'œil peut même avoir une coloration plus vive chez le mâle que chez la femelle ; et

---

[60] Voir les remarques sur ce sujet dans *Feeling of Beauty among
animals,* by J. Shaw. *Athenæum,* Nov. 1866. p. 681.

[61] M. Monteiro, *Ibis.* 1862, IV, 339.

cela est fréquemment le cas pour le bec, chez notre merle commun, par exemple. Dans le *Buceros corruga-tus*, le bec entier et son énorme casque sont colorés avec plus d'intensité chez le mâle que chez la femelle; « et est pourvu en particulier de rainures obliques sur la mandibule inférieure [62]. »

Les mâles sont souvent ornés de plumes allongées ou pennes pouvant être implantées sur presque toutes les parties du corps. Les plumes occupant la gorge et le poitrail sont quelquefois développées en colliers et fraises splendides. Les pennes caudales ou rectrices sont fréquemment allongées, comme nous le voyons chez les queues du Paon et du Faisan Argus. Le corps de ce dernier n'est pas plus grand que celui d'une poule, mais mesuré de l'extrémité du bec à celle de la queue, il n'a pas moins de cinq pieds trois pouces ($1^m,60$) de longueur [63]. Les rémiges ou pennes alaires, ne sont pas si souvent allongées que les rectrices, car leur prolongation serait un obstacle au vol. Les belles pennes alaires secondaires si magnifiquement ocellées du Faisan Argus mâle, atteignent cependant près de trois pieds de long; et dans un petit engoulevent africain (*Cosmetornis vexillarius*) une des rémiges primaires pendant la saison de la reproduction, atteint une longueur de vingt-six pouces ($0^m,66$), celle du corps de l'oiseau lui-même n'en ayant que dix ($0^m,25$). Dans un autre genre très-voisin, les tuyaux des rectrices allongées sont nus, excepté à l'extrémité où ils portent un disque [64]. Dans un autre genre d'engoulevent, les rectrices sont encore plus prodigieusement développées; de sorte que nous voyons le même type de décoration acquis

---

[62] *Land and Water*, 1868, 217.

[63] Jardine, *Naturalist Library, Birds*, XIV, 166.

[64] Sclater, *Ibis*, 1864, VI, 114. Livingstone, *Expedition to the Zambesy*, 1865, 66.

par les mâles d'oiseaux très-voisins entre eux, par le développement de plumes entièrement différentes.

Il est curieux de remarquer que les plumes d'oiseaux appartenant à des groupes distincts ont été modifiées d'une manière spéciale qui est presque exactement la même. Ainsi dans un des engoulevents dont nous venons de parler, les rémiges sont dénudées sur la tige et terminées par un disque, ou comme on les désigne, en forme de cuiller ou de raquette. Des plumes de ce genre se trouvent dans la queue du *Eumomota superciliaris*, d'un Martin-Pêcheur, d'un Pinson, d'un Oiseau-Mouche, d'un Perroquet, de plusieurs Drongos indiens (*Dicrurus* et *Edolius*, dans l'un desquels les disques sont verticaux), et dans la queue de certains Oiseaux du Paradis. Dans ces derniers, des plumes semblables magnifiquement ocellées, ornent la tête, comme c'est également le cas de quelques oiseaux gallinacés. Dans une Outarde indienne (*Sypheotides auritus*) les plumes constituant les houppes auriculaires ayant quatre pouces environ de longueur, se terminent aussi par des disques[65]. Les barbes des plumes dans des oiseaux divers et des plus éloignés entre eux, sont filamenteuses ou barbelées, comme chez quelques Hérons, Ibis, Oiseaux de Paradis, et Gallinacés. Dans d'autres cas, les barbes disparaissent, laissant les tiges nues, lesquelles dans la queue du *Paradisea apoda* atteignent une longueur de trente-quatre pouces (0^m,86)[66]. Des plumes plus petites ainsi dénudées prennent l'aspect de soies, comme sur le poitrail du dindon. De même que toute mode fugitive en toilette devient l'objet de l'admiration humaine, de même chez les oiseaux tout changement dans la struc-

---

[65] Jerdon, *Birds of India*, III, 620.
[66] Wallace, *Ann. and Mag. of Nat. Hist.*, 1857, XX, p. 416 ; et dans son *Malay Archipelago*, 1869, II, 390.

ture ou la coloration des plumes du mâle, paraît être
apprécié par la femelle. Le fait que les plumes ont été
modifiées d'une manière analogue, dans des groupes fort
distincts, dépend sans doute essentiellement de ce que
les plumes ayant toutes la même conformation et le
même mode de développement, tendent par conséquent
à varier de la même manière. Nous voyons souvent une
tendance à la variabilité analogue dans le plumage de
nos races domestiques appartenant à des espèces distinctes. Ainsi des huppes céphaliques ont apparu dans
diverses espèces. Dans une variété du Dindon maintenant éteinte, la huppe consistait en tiges nues terminées
de plumets de duvet, et ressemblant jusqu'à un certain point aux plumes en raquettes ci-dessus mentionnées. Dans certaines races de pigeon et de volailles, les
plumes sont duveteuses, avec quelque tendance à avoir
les tiges dénudées. Dans l'Oie de Sébastopol, les plumes
scapulaires sont très-allongées, frisées, et même tordues en spirale avec les bords duveteux[67].

Je n'ai presque pas besoin de parler de la couleur,
car chacun sait combien les teintes des oiseaux sont
belles et harmonieusement combinées. Les couleurs
sont souvent métalliques et irisées. Des taches circulaires quelquefois entourées d'une ou plusieurs zones
de différents tons et nuances, l'ombrage qui en résulte
les convertit ainsi en ocelles.

Il n'est pas non plus nécessaire d'insister sur les différences étonnantes existant entre les sexes, ni sur
l'extrême beauté des mâles de beaucoup d'oiseaux. Le
Paon commun en est un exemple frappant. Les Oiseaux
de Paradis femelles sont de couleur obscure, et dépourvues de tous ornements, tandis que les mâles sont proba-

---

[67] Voir dans *Variations des Animaux et Plantes*, etc., vol. I, p. 307,
311. (Trad. franç.)

blement les plus richement décorés de tous les oiseaux,
et de tant de manières qu'il faut les voir pour en juger.

Lorsque les plumes allongées et de couleur orange
dorée qui partent de dessous les ailes du *Paradisea apoda*
(voy. à la *fig.* 47, le *P. rubra*, espèce beaucoup moins

belle), sont redressées et mises en vibration, on les décrit comme représentant une espèce de halo, dans le centre duquel la tête « figure un petit soleil d'émeraude avec ses rayons formés par ses deux plumets [68]. » Dans une autre espèce également magnifique, la tête est chauve « d'un riche bleu cobalt, et traversée par plusieurs lignes de plumes noires veloutées [69]. »

Les Oiseaux-Mouches (*fig.* 48 et 49) mâles rivalisent presque en beauté avec les Oiseaux du Paradis ; c'est ce que personne ayant parcouru les beaux volumes de M. Gould, ou vu sa riche collection, ne pourra contester. Il est remarquable de combien de manières différentes ces oiseaux sont ornés. Presque toute partie du plumage a été le siége de modifications, qui, comme me l'a montré M. Gould, ont été poussées à un extrême étonnant dans quelques espèces appartenant à presque chaque sous-groupe. Ces cas sont singulièrement analogues à ceux que nous présentent les races domestiques, que nous élevons pour l'ornementation, nos races de luxe. Certains individus ont originellement varié sur un caractère, et d'autres individus de la même espèce sur d'autres ; l'homme s'est emparé des deux et les a poussés à l'extrême comme la queue du Pigeon-Paon, le capuchon du Jacobin, le bec et les caroncules du Messager, etc. La seule différence entre ces cas, est que dans l'un le résultat est dû à la sélection de l'homme, tandis que dans l'autre, celui des Oiseaux-Mouches, des Oiseaux du Paradis, etc., il est dû à la sélection sexuelle, — soit celle que les femelles exercent en choisissant les plus beaux mâles.

Je ne mentionnerai plus qu'un oiseau, remarquable

---

[68] Cité de M. de Lafresnaye dans *Annals et Mag: of Nat., Hist.*, XIII, 1854, p. 157 ; voir aussi le récit plus complet de M. Wallace dans le vol. XX, 1857, p. 412, et dans son *Malay Archipelago*.

[69] Wallace, *Malay Archipelago*, 1869, II, 405.

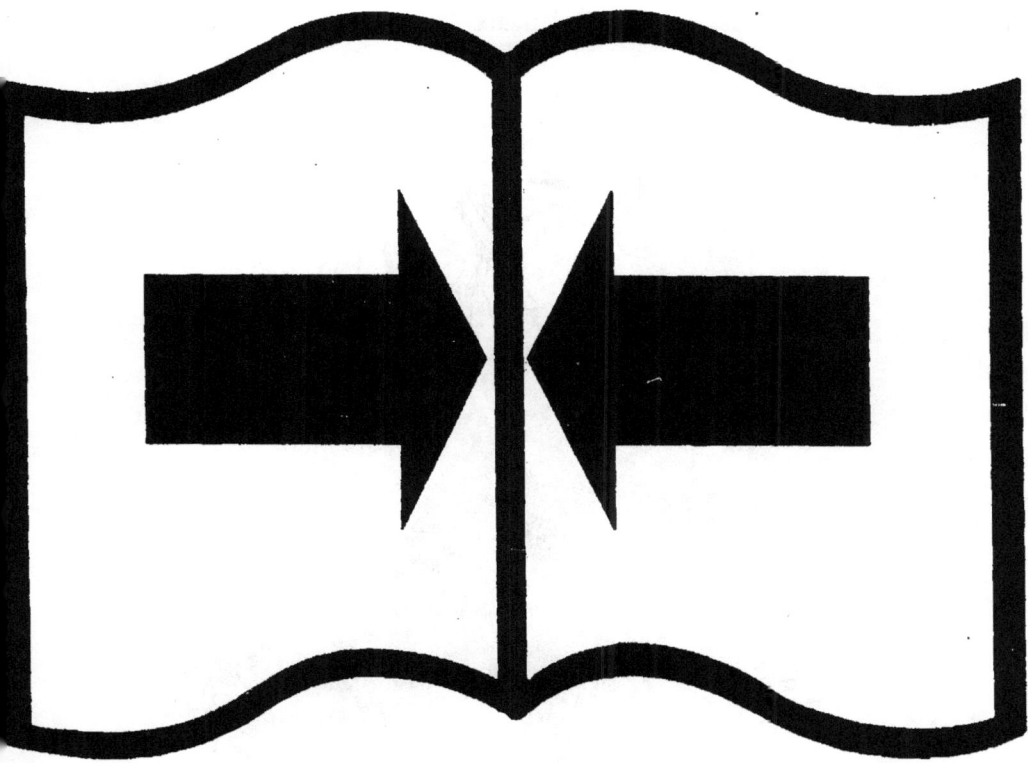

Reliure serrée

pour l'extrême contraste qui existe quant aux couleurs
entre les sexes ; c'est le fameux *Chasmorhynchus niveus*

Fig. 48. — *Lophornis ornatus*, mâle et femelle (d'après Brehm,
édition française).

de l'Amérique du Sud, dont on peut distinguer à une
distance de près de trois milles la note qui étonne tous

ceux qui l'entendent pour la première fois. Le mâle
est d'un blanc pur, la femelle est d'un vert obscur ; la

Fig.49.— *Spathura underwoodi*, mâle et femelle (d'après Brehm, édition française).

première de ces couleurs étant assez rare chez les espèces terrestres de taille moyenne et à habitudes inoffen-

II.   6

sives. Le mâle, décrit par Waterton, a un tube spiral
long de près de trois pouces émanant de la base du bec,
qui est coloré en noir jais, et couvert de petites plumes
de duvet. Ce tube peut se remplir d'air par communi-
cation avec le palais ; et pend sur le côté lorsqu'il n'est
pas insufflé. Ce genre renferme quatre espèces dont les
mâles sont fort distincts ; tandis que les femelles, dont
la description a fait l'objet d'un travail fort intéressant
de M. Sclater, se ressemblant de très-près, nous offrent
ainsi un excellent exemple de la règle ordinaire que
dans le même groupe les mâles diffèrent beaucoup plus
entre eux que les femelles. Dans une seconde espèce, le
C. nudicollis, le mâle est également d'un blanc de neige,
à l'exception d'un large espace de peau nue sur la gorge
et le tour des yeux, qui, à l'époque de la reproduction
sont d'une belle couleur verte. Dans une troisième espèce (*C. tricarunculatus*), le mâle n'a de blanc que la
tête et le cou, le reste du corps étant d'un brun noisette, et il porte trois appendices filamenteux ayant la
demi-longueur du corps — dont l'un part de la base
du bec, et les deux autres des coins de la bouche[70].

Le plumage coloré et certains autres ornements du
mâle adulte sont ou permanents pour la vie, ou périodiquement renouvelés pendant l'été et la saison d'a-
mour. Alors le bec et la peau nue de la tête changent
souvent de couleur, comme chez quelques hérons, ibis,
mouettes, un des oiseaux (*Chasmorynchus*) mentionné
plus haut, etc. Dans l'Ibis blanc, aussi les joues, la peau
dilatable de la gorge et la portion entourant la base du
bec, deviennent cramoisis[71]. Dans un Râle, le *Gallicrex
cristatus* une grosse caroncule rouge se développe

---

[70] Sclater, *Intellectual Observer*, Janv. 1867, Waterton's Wanderings,
118. Voir le travail de M. Salvin dans *Ibis*, 1865, p. 90.
[71] *Land and Water*, 1867, 394.

la tête du mâle pendant la même période ; il en est de
même d'une mince crête cornée qui se forme sur le
bec d'un Pélican, le *P. erythrorhynchus*. Après la saison
reproductrice, ces crêtes cornées tombent comme les
bois de la tête des cerfs, et la rive d'une île dans un
lac à Nevada fut trouvée couverte de ces curieuses dé-
pouilles [72].

Les changements de couleur que revêt le plumage
suivant les saisons, dépendent, premièrement d'une
double mue annuelle ; secondement, d'un changement
réel de couleur dans les plumes elles-mêmes ; troisièmement de ce que leurs bords de couleur plus terne étant
périodiquement caduques ; ou de ces trois procédés com-
binés. La chute des bords caduques peut être comparée
à celle de la chute du duvet de tous les jeunes oiseaux ;
car dans la plupart des cas le duvet part du sommet
des premières vraies plumes [73].

Quant aux oiseaux qui subissent annuellement une
double mue, il y en a d'abord comme les Bécasses, les
Glaréoles et les Courlis, dans lesquels les deux sexes se
ressemblent et ne changent de couleur à aucune saison.
Je ne sais si le plumage hibernal est plus épais et plus chaud
que celui de l'été lorsqu'il n'y a pas de changement de couleur, ce qui semblerait la cause la plus probable d'une
double mue. Secondement, il y a des oiseaux, quelques
espèces de *Totanus* et autres *Échassiers*, par exemple,
dont les sexes se ressemblent, mais ont un plumage
d'été et d'hiver un peu différents. La différence de la
couleur dans ces cas est si faible qu'elle peut à peine
constituer un avantage ; et doit être attribuée à l'action
directe des conditions différentes auxquelles les oiseaux

[72] M. D. G. Elliot, *Proc. Zool. Soc.*, 1869, 580.
[73] *Nitzsch's Pterylography*, édité par P. L. Sclater, *Ray Society*, 1867, 14.

sont exposés dans les deux saisons. Troisièmement, il y a beaucoup d'autres oiseaux dont les sexes sont semblables, mais dont les plumages d'été et d'hiver sont très-différents. Quatrièmement, il y en a où les sexes diffèrent entre eux par la coloration ; mais les femelles bien que muant deux fois, conservent les mêmes couleurs pendant toute l'année, tandis que les mâles subissent sous ce rapport un changement, qui dans quelques outardes peut être très-considérable. Cinquièmement enfin, il y a des oiseaux dont les sexes diffèrent entre eux tant par leur plumage d'été que par celui d'hiver, mais le mâle subissant au retour de chaque saison, un changement plus grand que la femelle — cas dont le Combattant (*Machetes pugnax*) présente un bon exemple.

Quant à la cause ou au but des différences de couleur entre les plumages d'été et d'hiver, elles peuvent dans quelques circonstances, comme chez le Ptarmigan[74], servir dans les deux saisons à la protection. Lorsque la différence est légère, elle peut être attribuée à l'action directe des conditions de vie. Mais chez beaucoup d'oiseaux il est évident que le plumage estival est ornemental, même lorsque les deux sexes sont semblables. Nous pouvons conclure que c'est le cas pour beaucoup de hérons, etc., qui ne revêtent leurs belles aigrettes qu'à la saison reproductrice. De plus de telles aigrettes, huppes, etc., quoique existant chez les deux sexes, sont occasionnellement un peu plus développées chez le mâle que chez la femelle, et ressemblent aux ornements de même nature qui, chez d'autres oiseaux, sont l'apanage

---

[74] Le plumage d'été brun pommelé du ptarmigan a une grande importance pour lui comme protection, de même que le plumage blanc de l'hiver ; on sait qu'en Scandinavie au printemps après la disparition de la neige, cet oiseau souffre beaucoup des oiseaux de proie tant qu'il n'a pas revêtu sa tenue d'été : voir Wilhelm von Wright dans *Lloyd, Game Birds of Sweden*, 1867, p. 125.

des mâles seuls. On a reconnu que la captivité affectant le système reproducteur des oiseaux mâles arrête fréquemment le développement de leurs caractères sexuels secondaires, sans exercer d'influence immédiate sur les autres; et M. Bartlett m'informe que huit ou neuf exemplaires du *Tringa canutus* ont conservé l'année durant leur simple plumage d'hiver au Zoological Gardens, fait dont nous pouvons inférer que, bien que commun aux deux sexes, le plumage d'été participe de la nature du plumage exclusivement masculin de beaucoup d'autres oiseaux [75].

La considération des faits précédents, plus spécialement de ce que aucun des deux sexes de certains oiseaux ne change de couleur dans leurs mues annuelles, ou si peu que le changement ne puisse guère leur être utile ; et de ce que les femelles d'autres espèces muant deux fois, conservent néanmoins toute l'année les mêmes couleurs, nous permet d'en conclure que l'habitude de muer deux fois dans l'année n'a pas été acquise en vue d'assurer un caractère ornemental au plumage du mâle pendant la saison reproductrice ; mais que la double mue, l'ayant été originellement dans un but distinct, est dans certains cas subséquemment devenue une occasion de revêtir un plumage nuptial.

Il paraît d'abord étonnant que, parmi des oiseaux très-voisins, quelques espèces subissent une double mue annuelle régulière, et d'autres une seule. Le ptarmigan, par exemple, mue deux ou même trois fois l'an, et le tetras noir une fois. Quelques magnifiques Nectariniées de l'Inde, et quelques sous-genres d'*Anthus* obscurément

[75] Sur les premières indications sur les mues; voir pour les bécasses, etc. Macgillivray, *Hist. Brit. Birds*, IV, 271; sur les Glaréolées, Courlis et Outardes, Jerdon, *Birds of India*, III, 615, 630, 683; sur le *Totanus, id.*, p. 700 ; sur les plumes du Héron, *id.*, 738; Macgillivray, IV, 435 et 444, et M. Stafford Allen, *Ibis*, V, 1863, p. 33.

colorés, ont des mues doubles, tandis que d'autres n'en
ont qu'une dans l'année[76]. Mais les degrés dans la mue
qui s'observent dans divers oiseaux nous montrent comment des espèces ou groupes d'espèces peuvent avoir primitivement acquis la double mue annuelle, ou la reper-
dre après l'avoir possédée. Chez certaines outardes et
pluviers, la mue printanière est loin d'être complète, et
s'accomplit par le remplacement de quelques plumes;
d'autres ne subissant qu'un changement de couleur. Il
y a aussi des raisons pour croire que chez certaines outardes et oiseaux comme les râles, qui subissent une
double mue, quelques vieux mâles conservent toute l'année leur plumage nuptial. Quelques plumes très-modi-
fiées peuvent s'ajouter au plumage au printemps, comme
cela a lieu pour les rectrices en forme de disque de certains Drongos (*Bhringa*) dans l'Inde, et les plumes allongées qui occupent le dos, le cou et la crête de quelques
hérons. Par des pas de cette nature, la mue printanière peut être rendue de plus en plus complète, jusqu'à
devenir double. On peut démontrer aussi une gradation
dans la longueur du temps pendant lequel se conserve
chaque plumage annuel, l'un pouvant durer toute l'année, et l'autre se perdant entièrement. Ainsi, le Combattant ne garde sa fraise au printemps que pendant
deux mois au plus. Le *Chera progne* mâle acquiert à
Natal son beau plumage et ses longues rectrices en dé-
cembre ou janvier et les perd en mars ; leur durée n'est
donc que de trois mois. La plupart des espèces soumises
à la double mue gardent leurs plumes décoratives pendant six mois environ. Le mâle du *Gallus bankiva* sauvage conserve cependant les soies qu'il porte au cou

---

[76] Sur la mue du ptarmigan voir Gould, *Birds of Great Britain*. Sur
les Nectarinées, Jerdon, *Birds of India*, I, 359, 365, 369. Sur la mue de
l'Anthus, Blyth, *Ibis*. 1867, 32.

neuf ou dix mois, et lorsqu'elles sont tombées, les plumes noires sous-jacentes du cou deviennent visibles. Mais chez le descendant domestique de cette espèce, les soies du cou sont immédiatement remplacées par de nouvelles, de sorte qu'ici nous voyons que pour une portion du plumage, une double mue [77] s'est, sous l'influence de la domestication, changée en une mue simple.

Le canard commun (*Anas boschas*), après la saison de reproduction, perd son plumage mâle pour trois mois, période pendant laquelle il revêt celui de la femelle. Le mâle du Pilet (*Anas acuta*) le perd au bout de six semaines ou deux mois seulement, et Montagu remarque « qu'une double mue, dans un espace de temps aussi court, est un fait extraordinaire, défiant tout raisonnement humain. » Mais qui croit à la modification graduelle de l'espèce ne sera nullement surpris de rencontrer toutes les nuances de gradations. Si le Pilet mâle acquérait son nouveau plumage dans un temps encore plus court, les nouvelles plumes mâles seraient presque nécessairement mélangées aux anciennes, et toutes deux à quelques plumes propres à la femelle. Or c'est ce qui paraît arriver au mâle d'un oiseau qui n'en est pas très-éloigné, le Harle huppé (*Merganser serrator*) dont les mâles « subissent un changement de plumage, qui les fait ressembler à quelque degré à la femelle. » Que la marche du phénomène fût un peu accélérée, et la double mue se perdrait complétement [78].

[77] Pour les mues partielles et la conservation du plumage des mâles, voir sur les Outardes et Pluviers. Jerdon, *Birds of India*, III, 617, 657, 709, 711. Blyth, *Land and Water*, 1867, 84. Sur la Vidua, *Ibis*, III, 133, 1861. Sur les Drongos pie-grièches, Jerdon, *id.*, I, 435. Sur la mue printanière de l'*Herodias bubulcus*, M. S. S. Allen dans *Ibis*, 1863, p. 33. Sur *Gallus bankiva*, Blyth dans *Ann. et Mag. of Nat. Hist.*, I, 455, 1848 : voir aussi ma *Variation des Animaux*, etc., vol. I, 250 (trad. franç.).

[78] Macgillivray (*o. c.*, V, 34, 70 et 223) sur la mue des Anatides, avec citations de Waterton et Montagu. Aussi Yarrell, *Hist. of Brit. Birds*, III, 243.

Quelques oiseaux mâles, comme nous l'avons déjà dit, deviennent plus vivement colorés au printemps, non par une mue, mais soit par un changement réel dans la coloration des plumes, soit par la chute des bords obscurs et caduques de ces dernières. Des changements de couleur ainsi produits peuvent durer plus ou moins longtemps. Le *Pelecanus onocrotalus* a au printemps son plumage entier teinté d'une nuance rose magnifique, marquée de jaune citron sur le poitrail; mais, comme le fait remarquer M. Sclater, « ces teintes durent peu et disparaissent ordinairement six semaines ou deux mois après qu'elles ont été acquises. » Certains pinsons perdent au printemps les bordures de leurs plumes, et deviennent plus vivement colorés; d'autres n'éprouvent aucun changement de ce genre. Ainsi le *Fringilla tristis* des États-Unis (ainsi que beaucoup d'autres espèces américaines) ne prend ses couleurs vives que lorsque l'hiver est passé; tandis que notre chardonneret, qui représente exactement cet oiseau par ses habitudes, et le tarin qui le représente encore de plus près par sa conformation, n'offrent aucun changement analogue. Mais une différence de ce genre dans le plumage d'espèces voisines n'a rien d'étonnant, car, chez la linotte commune qui appartient à la même famille, le front et le poitrail cramoisis n'apparaissent en Angleterre que pendant l'été, tandis qu'à Madère ces couleurs persistent toute l'année [79].

Déploiement que font les oiseaux mâles de leur plumage. — Les ornements de tous genres, qu'ils soient acquis

[79] Sur le Pélican, Sclater. *Proc. Zool. Soc.*, 1868, p. 265. Sur les Pinsons Américains, Audubon, *Orn. Biog.*, I, 174, 221, et Jerdon, *Birds of India*, II, 383. Sur la *Fringilla cannabina* de Madère, E. Vernon Harcourt, *Ibis*, V, 230, 1863.

d'une manière permanente ou temporaire, sont étalés avec persévérance par les mâles et servent apparemment à exciter, attirer et charmer les femelles. Mais les mâles déploient quelquefois leurs ornements sans être en présence de femelles, comme cela arrive aux grouses dans leurs rassemblements, et ainsi qu'on le remarque chez le paon ; celui-ci, toutefois, désire évidemment un spectateur quelconque, et comme je l'ai souvent vu, fera parade de ses beaux atours devant de la volaille et même des porcs [80]. Tous les naturalistes qui ont suivi de près les habitudes des oiseaux, soit à l'état de nature, soit en captivité, sont unanimes à reconnaître que les mâles sont enchantés de·faire étalage de leurs ornements. Audubon parle souvent du mâle comme cherchant, par diverses manières, à charmer la femelle. M. Gould, après avoir décrit quelques particularités existant chez un oiseau-mouche mâle, dit qu'il ne doute pas qu'il n'ait le pouvoir de les déployer à son plus grand avantage devant la femelle. Le docteur Jerdon [81] insiste sur l'attraction et la fascination qu'exerce sur la femelle le beau plumage du mâle ; et M. Barlett, du Zoological Gardens s'exprime non moins catégoriquement sur le même point.

Ce doit être un beau coup d'œil, dans les forêts de l'Inde, « de tomber brusquement sur vingt ou trente paons, dont les mâles étalent leurs splendides queues, et se pavanent orgueilleusement devant les femelles satisfaites. » Le dindon sauvage redresse son plumage reluisant, étale sa queue élégamment zonée et ses rémiges barrées, et, au total, avec ses caroncules de la gorge bleus et cramoisis, doit faire un effet superbe, bien

---

[80] Voir *Ornamental Poultry*, du Rev. E. S. Dixon, 1848, 8.
[81] *Birds of India*, Introduction, I, p. xxiv ; sur le Paon, III, 507. Gould, *Introd. to the Trochilidæ*, 1861, 15 et 111.

que grotesque à nos yeux. Des faits analogues ont déjà été indiqués à propos de divers Tetras (grouse). Passons à un autre ordre. Le mâle *Rupicola crucea* (*fig.* 50) est un des plus beaux oiseaux qu'il y ait au monde, sa couleur est d'un splendide orangé, et quelques-unes de ses plumes sont curieusement tronquées et barbelées. La femelle est d'un vert brunâtre, nuancée de rouge, et n'a qu'une crête beaucoup plus petite. Sir R. Schomburgk a décrit leur manière de se faire la cour, ayant observé un de leurs lieux de réunion où se trouvaient présents dix mâles et deux femelles. L'espace qu'ils occupaient ayant quatre à cinq pieds de diamètre, avait été nettoyé de tout brin d'herbe, et uni, égalisé comme auraient pu le faire des mains humaines. Un mâle « était en train de cabrioler à la grande satisfaction apparente des autres. Tantôt, étendant ses ailes, relevant la tête ou étalant sa queue en éventail, tantôt se pavanant en sautillant jusqu'à ce qu'il fût fatigué, il criait alors sur un certain ton, et était remplacé par un autre. Trois d'entre eux entrèrent successivement en scène, et ensuite se retirèrent pour se reposer. » Pour obtenir leurs peaux, les Indiens attendent que les oiseaux soient préoccupés par leur danse sur l'arène, et peuvent alors, à l'aide de leurs flèches empoisonnées, tuer l'un après l'autre cinq ou six mâles [82]. Chez les Oiseaux du Paradis, une douzaine ou plus de mâles en plumage complet se rassemblent sur un arbre pour leur partie de danse, comme l'appellent les indigènes ; et, se mettant à voleter çà et là élevant leurs ailes, redressant leurs plumes si élégantes, et les faisant vibrer en produisant, selon l'observation de M. Wallace, l'illusion que l'arbre est rempli de plumes oscillantes. Ils sont si absorbés dans ces circons-

---

[82] *Journal of R. Geog. Soc.*, X, 236, 1840.

tances qu'un archer habile peut abattre presque toute
la bande. Ces oiseaux, gardés en captivité dans l'ar-

Fig. 50. — *Rupicola crocea*, mâle (d'après Brehm, édition française).

chipel Malai, prennent beaucoup [de soins pour entretenir la propreté de leurs plumes; les étalant souvent
pour les examiner et enlever toute trace d'impureté. Un

observateur, qui en a gardé plusieurs paires vivantes, ne met pas en doute que les parades qu'exécute le mâle n'aient pour but de plaire à la femelle[85].

Le faisan doré (*Thaumalea picta*) pendant qu'il fait sa cour, n'étend et ne relève pas seulement sa magnifique fraise, mais comme je l'ai moi-même vu, il la tourne obliquement vers la femelle, de quelque côté qu'elle se trouve, évidemment pour déployer devant elle une large surface[84]. M. Bartlett a observé un Polyplectron mâle (*fig.* 51) faisant sa cour, et m'en a montré un exemplaire empaillé dans la position qu'il prend dans cette circonstance. Les rectrices et les rémiges de cet oiseau sont ornées de superbes ocelles, semblables à ceux de la queue du paon. Or, lorsque ce dernier se fait voir, il étale et redresse sa queue dans le sens transversal, car il se place en face de la femelle et exhibe en même temps sa gorge et sa poitrine si richement colorées en bleu. Mais le Polyplectron a le poitrail sombre, et les ocelles ne sont points circonscrits aux rectrices. En conséquence, le Polyplectron ne se tient pas en face de la femelle ; mais il redresse et étale ses rectrices un peu obliquement, en abaissant l'aile du même côté et relevant l'aile opposée. Dans cette position, il expose à la vue de la femelle admiratrice l'étendue totale de la surface de son corps parsemée de ces ocelles. De quelque côté qu'elle se retourne, les ailes étendues et la queue inclinée suivent le mouvement et restent ainsi à portée de sa vue. Le Faisan Tragopan mâle agit d'une manière à peu près semblable, en redressant les plumes du corps,

---

[85] *Ann. et Mag. of Nat. Hist.*, XII, 157, 1854. Wallace, *id.*, XX, 412, 1857, et *Malay, Archipelago*, II, 1859, 252. Le docteur Bennett, cité par Brehm, *Thierleben*, III, 326.

[84] M. T. W. Wood a donné (*Student*, p. 115, April 1870) un récit complet de ce mode de déploiement qu'il appelle unilatéral par le faisan doré et le japonais, *Ph. versicolor*.

quoique pas l'aile même, du côté opposé à celui où se
trouve la femelle, et sans cela lui seraient cachées; de

Fig. 51. — l'ouplectron chinquis, mâle (d'après Brehm, édition française).

sorte que toutes les plumes élégamment tachetées sont
en même temps exposées à ses regards. Le cas du Faisan
Argus est encore plus frappant. Les rémiges secondaires

qui sont si énormément développées chez le mâle, auquel elles sont limitées, sont ornées d'une rangée de vingt à vingt-trois ocelles, ayant tous plus d'un pouce de diamètre. Les plumes sont aussi élégamment marquées de raies obliques foncées, et de séries de points, rappelant une combinaison des marques du tigre et du léopard réunies. Les ocelles sont ombrés avec une telle perfection, que, selon la remarque du duc d'Argyll[85], ils restent avec l'aspect d'une boule libre posée dans un alvéole. Ayant jeté les yeux sur l'exemplaire empaillé du British Museum, qui est monté avec les ailes étalées mais abaissées, je fus fort désappointé de voir que les ocelles me paraissaient plats et même concaves. M. Gould, toutefois, qui avait dessiné un mâle pendant qu'il était en voie d'étalage complet, m'expliqua aussitôt pourquoi. Dans cette attitude, les longues rémiges secondaires des deux ailes redressées verticalement et étalées, constituent avec les rectrices aussi très-allongées un grand éventail demi-circulaire ; or, aussitôt que celui-ci étant dans cette position, est éclairé de dessus, l'effet complet des ombres se laisse voir, et chaque ocelle prend aussi l'aspect d'une boule dans une cavité. Tous les artistes à qui on a montré ces plumes ont tous admiré la perfection de la manière dont elles sont ombrées. On peut bien se demander comment des ornementations si artistiquement ombrées ont-elles pu se former par sélection sexuelle? Nous renvoyons la réponse à cette question jusqu'au chapitre suivant, après que nous y aurons traité du principe de la gradation.

Les rémiges primaires qui sont uniformes de couleur dans la plupart des Gallinacés, ne sont pas, chez le Faisan Argus, moins merveilleuses que les rémiges secondaires. Elles ont une teinte brune douce et de nombreuses

[85] *The Reign of Law*, 1867, 203.

taches foncées, dont chacune consiste en deux ou trois points noirs entourés d'une zone foncée. Mais l'ornement principal est formé d'un espace parallèle à la tige bleue foncée, dont le contour figure une seconde plume parfaite contenue dans la véritable. Cette portion intérieure a une couleur châtaine plus claire, et est fortement piquée de petits points blancs. Parmi les personnes à qui j'ai montré cette plume, plusieurs l'ont admirée même davantage que celles à ocelles, et ont déclaré que cela ressemblait plus à une œuvre de l'art que de la nature. Or, dans toutes les circonstances ordinaires, ces plumes sont complétement cachées, mais elles se laissent voir d'une manière complète, lorsque les rémiges secondaires sont redressées, quoique d'une manière toute différente; car elles sont étendues en avant comme deux petits éventails ou boucliers, près de terre et de chaque côté du poitrail.

Le cas du Faisan Argus mâle est éminemment intéressant, en ce qu'il fournit une bonne preuve que la beauté la plus raffinée peut servir comme moyen de charmer la femelle, et dans aucun autre but. Nous devons conclure qu'il en est ainsi, de ce que les rémiges primaires ne sont jamais étalées, et que les ornements qui forment les ocelles représentent l'image d'une boule, ne sont visibles dans leur perfection complète, que lorsque le mâle prend l'attitude sous laquelle il courtise la femelle. Le Faisan Argus n'a pas de brillantes couleurs; de sorte que ses succès dans l'art de plaire à l'autre sexe paraissent avoir dû dépendre de la grosseur de ses pennes, et de la perfection de leurs élégants dessins. Beaucoup objecteront qu'il est incroyable qu'un oiseau femelle puisse être regardé comme capable d'apprécier la finesse des ombres et l'élégance du dessin. Il est, sans aucun doute, merveilleux qu'elle pût posséder ce degré de goût presque humain, bien que peut-être elle n'admire l'effet général plutôt que chaque détail séparé. Celui qui croit pouvoir estimer avec sûreté le degré de discernement et de goût des animaux inférieurs peut nier, chez la faisanne Argus femelle, l'appréciation de beautés aussi délicates ; mais alors il est obligé d'admettre que les attitudes extraordinaires que prend le mâle, lorsqu'il courtise l'autre sexe, et qui sont les seules pendant lesquelles la beauté merveilleuse de son plumage est précisément complétement exposée aux regards, sont sans but. Or c'est là une conclusion qui, pour moi, est inadmissible.

Lorsque tant de Faisans et d'oiseaux gallinacés voisins, étalent avec tant de soins leur beau plumage aux regards des femelles, un fait très-remarquable, que me signale M. Bartlett, est que cela n'est pas le cas pour deux Faisans de couleurs ternes, le *Crossoptilon auritum* et le *Phasianus Wallichii ;* ces oiseaux paraissent donc être conscients qu'ils n'ont que peu de beauté à exhiber. M. Bartlett n'a jamais vu de combats entre les mâles de l'une et l'autre de ces deux espèces, dont il a eu d'excellentes occasions d'observer surtout la première. M. Jenner Weir trouve aussi que tous les oiseaux mâles à plumage riche et fortement caractérisé, sont plus querelleurs que ceux des espèces monotones faisant partie des mêmes groupes. Le Chardonneret par exemple, est beaucoup plus belliqueux que la Linotte, et le Merle que la Grive. Les oiseaux qui subissent un changement périodique de plumage deviennent également plus belliqueux dans la période à laquelle ils sont le plus richement ornés. Il n'est pas douteux qu'il n'y ait des luttes désespérées entre les mâles de quelques oiseaux à coloration obscure, mais il semble que lorsque la sélection sexuelle a exercé une forte influence, et a déterminé chez les mâles d'une espèce donnée une riche coloration, elle a aussi développé chez eux une tendance prononcée vers un caractère belliqueux. Nous trouverons des cas presque analogues chez les Mammifères. D'autre part, il est rare que l'aptitude du chant et un plumage brillant se trouvent réunis sur les mâles de la même espèce; mais dans ce cas l'avantage gagné aurait été identiquement le même, la réussite à séduire la femelle. Il faut néanmoins reconnaître que, chez les mâles de quelques oiseaux aux vives couleurs, les plumes ont subi des modifications spéciales les adaptant à la production d'une musique instrumentale; bien que, d'après notre goût du moins, nous ne puissions pas en comparer la beauté à celle de la musique vocale de beaucoup d'oiseaux chanteurs.

Passons maintenant aux oiseaux mâles qui, sans être ornés à aucun degré considérable, déploient néanmoins lorsqu'ils courtisent les femelles, les attractions dont ils peuvent disposer. Ces cas, sous certains rapports plus curieux que les précédents, n'ont été que peu remarqués jusqu'ici. Je dois à M. Jenner Weir, qui a longtemps élevé des oiseaux de bien des genres, y compris tous les Fringillidés et Embérizidés d'Angleterre, les faits suivants choisis parmi un ensemble précieux et considérable de notes. Le Bouvreuil fait ses avances à la femelle, en se présentant en face, et gonflant sa poitrine de manière à déployer à la fois plus de plumes cramoisies que cela n'a lieu autrement. En même temps, il tord et abaisse sa queue d'un côté à l'autre et d'une manière comique. Le Pinson mâle se place aussi devant la femelle, montrant ainsi sa gorge rouge et sa tête bleue; il étend en même temps légèrement les ailes, ce qui laisse apercevoir les lignes d'un blanc pur des épaules. La Linotte commune distend sa poitrine rosée,

étale légèrement ses ailes et sa queue brunes, de manière à en tirer le meilleur parti en montrant leurs bordures blanches. Il faut cependant ne conclure qu'avec réserve que l'expansion des ailes ne soit qu'un acte uniquement d'étalage, car il y a des oiseaux dont les ailes n'ont rien de beau qui font de même. C'est le cas du Coq domestique, mais il n'étend jamais que l'aile qui est opposée à la femelle, qu'il traîne en même temps à terre. Le Chardonneret mâle se comporte différemment des autres Pinsons; ses ailes sont superbes, les épaules étant noires, et les rémiges foncées à l'extrémité tachetées de blanc et bordées de jaune d'or. Lorsqu'il courtise la femelle, il balance son corps d'un côté à l'autre, et tourne rapidement ses ailes légèrement ouvertes d'abord d'un côté, puis de l'autre avec un effet lumineux, à réflexion dorée. Aucun autre oiseau du même genre, à ce que m'apprend M. Weir, ne se tourne de cette manière pendant qu'il courtise sa femelle; pas même le mâle du Tarin, espèce très-voisine, mais qui n'ajouterait ainsi rien à sa beauté.

La plupart des Bruants anglais sont des oiseaux à couleur uniforme, mais les plumes de la tête du Bruant des roseaux (*Emberiza schoeniculus*) mâle, revêtent au printemps une belle coloration noire par la disparition de leurs pointes pâles, et se redressent pendant que l'oiseau courtise sa femelle. M. Weir a gardé deux espèces d'Amadina d'Australie; l'*A. castanotis* est une petite espèce très-modeste de couleur, ayant une queue foncée, un croupion blanc, et des tectrices de couverture supérieures d'un noir de jais, chacune étant marquée de trois grandes taches blanches, ovales et très-apparentes[86]. Cette espèce, lorsqu'elle courtise la fe-

---

[86] Pour la description de ces oiseaux, voy. Gould, *Handbook to the Birds of Australia*, 1, 417, 1865.

melle, étale un peu et fait vibrer d'une manière fort
particulière ces tectrices en partie colorées de la queue.
L'*Amadina Lathami* mâle se comporte d'une manière
fort différente, en exhibant devant sa femelle son poitrail richement tacheté et en même temps les tectrices
supérieures et écarlates du croupion et de la queue. Je
peux ajouter ici d'après M. Jerdon que le Bulbul indien
(*Pycnonotus Hæmorrhous*) a des tectrices *sous*-caudales
écarlates, dont les belles couleurs, à ce qu'on pourrait
croire, ne seraient jamais aperçues « si l'oiseau excité
ne les étalait latéralement de manière à se rendre visibles même d'en haut[87]. Le Pigeon commun a des plumes
irisées sur le poitrail, et chacun sait comme le mâle
gonfle sa gorge lorsqu'il courtise la femelle, étalant
ainsi ses plumes de la manière la plus avantageuse.
Un des pigeons magnifiques à ailes bronzées d'Australie
(*Ocyphaps lophotes*) se comporte différemment selon
M. Weir ; le mâle se tenant devant la femelle baisse sa
tête presque jusqu'à terre, étale et redresse perpendiculairement sa queue et étend à moitié ses ailes. Il sou-
lève et abaisse ensuite lentement et alternativement
son corps, de façon à ce que les plumes métalliques
irisées soient vues toutes à la fois scintillant au soleil.

Nous avons maintenant donné des faits suffisants pour
montrer le soin avec lequel les oiseaux mâles étalent
leurs divers charmes, et cela avec la plus grande adresse.
Pendant qu'ils préparent leurs plumes ils ont de fréquentes occasions pour admirer, et étudier comment
ils peuvent faire le mieux valoir leur beauté. Mais
comme tous les mâles de la même espèce se livrent aux
mêmes expositions et de la même manière, il semble
que des actions, d'abord peut-être intentionnelles, sont

[87] *Birds of India*, II, 96.

devenues instinctives. Si cela est, nous ne devrions pas
accuser les oiseaux de vanité consciente ; cependant
lorsque nous voyons un Paon se pavanant, avec ses tectrices étalées et frissonnantes, il semble qu'on a devant
les yeux le véritable emblème de l'orgueil et de la vanité.

Les divers ornements que possèdent les mâles sont
certainement pour eux d'une haute importance, car dans
certains cas ils ont été acquis aux dépens de grands
obstacles apportés à leur aptitude à la fuite et à la locomotion rapide. Le *Cosmetornis* africain qui, pendant la
saison reproductrice, a une de ses tectrices primaires
développée en un étendard d'une longueur extrême, est
ainsi très-gêné dans son vol, pour la rapidité duquel
il est dans d'autres temps remarquable. La grandeur
encombrante des rémiges secondaires du faisan Argus
mâle empêchent, dit-on, « presque complétement l'oiseau de voler. » Les magnifiques plumes des oiseaux de
paradis les embarrassent lorsque le vent est fort. Les
longues tectrices des *Vidua* mâles de l'Afrique du Sud
rendent leur vol très-lourd ; tandis qu'après les avoir
dépouillées, ils volent aussi bien que les femelles. Les oiseaux reproduisant toujours lorsque la nourriture est
abondante, les obstacles apportés à leur locomotion
n'ont probablement pas de grands inconvénients en ce
qui est relatif à la recherche des aliments, mais il est
certain qu'ils doivent être beaucoup plus exposés aux
atteintes des oiseaux de proie. Nous ne pouvons non
plus douter que la queue du Paon et les longues tectrices et rémiges du faisan Argus ne doivent exposer ces oiseaux plus facilement que cela ne serait autrement le cas, à devenir la proie facile d'un chat tigre.
Les vives couleurs de beaucoup d'oiseaux mâles doivent aussi les rendre plus apparents vis-à-vis de leurs

ennemis. C'est, selon la remarque de M. Gould, la cause
probable de la défiance assez générale de ces oiseaux,
qui ayant peut-être la conscience du danger auquel
leur beauté les expose, sont plus difficiles à découvrir
ou à approcher que les femelles sombres et relativement
plus apprivoisées, soit les jeunes mâles n'ayant pas
encore revêtu leur riche plumage [88].

Un fait encore plus curieux est celui que les mâles de
quelques oiseaux pourvus d'armes particulières pour le
combat, et qui sont à l'état naturel assez belliqueux
pour se tuer souvent entre eux, sont gênés par certains
ornements. Les éleveurs de Coqs de combat taillent les
caroncules et coupent les crêtes de leurs oiseaux, qui
sont alors dits armés en guerre. Un oiseau qui n'a pas
été ainsi préparé, dit M. Tegetmeier, « a un désavantage
redoutable, la crête et les caroncules offrant une facile
prise au bec de son adversaire, et comme le coq frappe
toujours là où il tient, lorsqu'il a une fois saisi son antagoniste, il l'a bientôt en son pouvoir. Même en admettant que l'oiseau ne soit pas tué, la perte de sang que
subira un coq qui n'aura pas été taillé de la manière
indiquée sera beaucoup plus forte que celui qui l'aura
été [89]. » Lorsque les jeunes dindons se battent, ils se
saisissent toujours par leurs caroncules, et je pense que
les vieux oiseaux se battent de la même manière. On
peut objecter que les crêtes et caroncules ne sont pas des
ornements et ne peuvent avoir pour les oiseaux aucune
utilité de cette nature ; mais cependant, même à nos

---

[88] Sur le *Cosmetornis*, voir Livingstone, *Expedition to the Zambesi*,
1865, 66. Sur le faisan Argus, Jardine's *Nat. Hist. Library, Birds*, XIV,
167. Sur les Oiseaux de paradis, Lesson, cité par Brehm, *Thierleben*, III,
525. Sur le Vidua, Barrow, *Travels in Africa*, I, 243, et *Ibis*, III, 1861,
133. M. Gould, sur la sauvagerie des oiseaux mâles dans *Handbook to
Birds of Australia*, II, 1865, 210, 457.
[89] Tegetmeier, *the Poultry Book*, 1866, 139.

yeux, la beauté du Coq espagnol au plumage noir et lui-
sant est bien rehaussée par sa face blanche et sa crête
cramoisie ; et personne ayant eu l'occasion de voir les
magnifiques caroncules bleus du faisan Tragopan mâle
distendus pendant qu'il courtise sa femelle, ne peut
douter un instant que leur développement n'ait l'embellissement pour but. Les faits précédents nous montrent clairement que les plumes et autres ornements du
mâle doivent avoir pour ce dernier une haute importance ; et de plus, que dans quelques cas, la beauté ne
soit même plus essentielle pour lui que la réussite dans
le combat.

CHAPITRE XIV

OISEAUX, SUITE.

Choix exercé par la femelle. — Durée de cour. — Oiseaux non appariés. — Rivalités mentales et goût pour le beau. — Préférence ou aversion pour certains mâles manifestée par la femelle. — Variabilité des oiseaux. — Variations quelquefois brusques. — Lois des variations. — Formation d'ocelles. — Gradations de caractères. — Cas des Paon, Faisan Argus et Urosticte.

Lorsque les sexes diffèrent entre eux par l'élégance, l'aptitude au chant, ou à produire ce que j'ai appelé de la musique instrumentale, c'est presque toujours le mâle qui surpasse la femelle. Ces qualités, ainsi que nous venons de le voir, ont évidemment pour lui une haute importance. Lorsqu'elles ne sont que temporaires, elles n'apparaissent que peu de temps avant la saison de la reproduction. C'est le mâle seul qui déploie laborieusement ses attraits variés, et se livre à des attitudes grotesques sur le sol ou dans l'air, en présence de la femelle. Chaque mâle cherche à chasser ses rivaux, ou à les tuer, s'il le peut. Nous pouvons donc en conclure que le mâle a pour but de décider la femelle à s'apparier avec lui, et à cette fin cherche à l'exciter ou la charmer de diverses manières ; c'est d'ailleurs l'opinion de tous ceux qui ont étudié de près les mœurs des oiseaux vivants. Mais reste une question qui a pour la sélection sexuelle une portée essentielle, c'est de savoir si tout mâle de la même espèce séduit et attire également la femelle ? Ou celle-ci fait-elle un choix, et préfère-t-elle certains mâles? Un nombre considérable de preuves directes et indirectes permet d'y répondre affirmativement. Il est plus difficile de déterminer quelles sont les qualités qui décident du choix des femelles ; mais ici encore nous avons des preuves directes et indirectes que les attraits extérieurs du mâle y prennent une grande part, bien qu'il n'y a pas à douter que sa vigueur, son courage et autres qualités mentales n'entrent aussi en jeu. Commençons par les preuves indirectes.

Durée de la cour. — La longueur de la période pendant laquelle les deux sexes de certains oiseaux se rassemblent jour par jour dans un lieu déterminé dépend probablement en partie de ce que la cour que les mâles font aux femelles est d'une certaine durée, et en partie de la répétition de l'accouplement. Ainsi en Allemagne et en Scandinavie, les réunions (leks ou balzen) du petit Tétras durent du milieu de mars jusqu'au mois de mai. Elles peuvent se composer de trente à quarante individus et même davantage, et la même localité peut être fréquentée pendant bien des années successives. Les réunions du grand Tétras durent de la fin de mars jusqu'au milieu ou même la fin de mai. Dans l'Amérique du Nord, les rassemblements qui sont désignés sous le nom de « danses de perdrix » du *Tetrao phasianellus*, durent un mois et plus. D'autres espèces de Tétras, tant de l'Amérique du Nord que de la Sibérie orientale[1], ont à peu près les mêmes habitudes. Les oiseleurs recon-

---

[1] Nordmann décrit (*Bull. Soc. Imp. Nat. Moscou*, 1861, t. XXXIV, 264), les lieux de danse du *Tetrao urogalloïdes* dans le pays d'Amur. Il estime le nombre de mâles rassemblés à cent environ, les femelles restant cachées dans les buissons environnants n'ayant pas pu être comptées. Les bruits sont fort différents de ceux du *T. urogallus*, le grand coq de bruyère.

naissent les monticules où les combattants se rassemblent par le piétinage qui en résulte et détruit l'herbage
complétement et prouvent aussi que le même endroit est
fréquenté pendant longtemps. Les Indiens de la Guyane
connaissent aussi fort bien les arènes dépouillées où ils
vont chercher les beaux coqs de Roches ; et les indigènes de la Nouvelle-Guinée connaissent les arbres sur
lesquels de dix à vingt Oiseaux de paradis au grand plumage se rassemblent. Il n'est pas expressément dit que,
dans ce dernier cas, les femelles se rencontrent sur les
mêmes arbres, car les chasseurs, si on ne le leur demande pas, ne mentionnent probablement pas leur présence, leurs peaux étant sans valeur pour eux. De petits
groupes d'un Tisserin (*Ploceus*) africain se rassemblent
pendant la saison de la reproduction, et se livrent pendant des heures aux évolutions les plus gracieuses. De
nombreux individus de Bécassines solitaires (*Scolopax
major*) se réunissent au crépuscule dans un marais, et
fréquentent pendant des années de suite le même lieu
dans le même but ; et on peut les voir courant en tous
sens « comme autant de gros rats, ébouriffant leurs
plumes, battant des ailes, et poussant les cris les plus
étranges [2]. »

Quelques-uns des oiseaux sus-mentionnés, notam-
ment le Tetras à queue fourchue, le grand Tétras, le La-
gopède faisan, le Combattant et la Bécassine double et
probablement quelques autres, sont, à ce qu'on croit,
polygames. On aurait pu penser que chez ces oiseaux
les mâles les plus forts auraient simplement expulsé les
plus faibles, pour prendre aussitôt possession d'autant

---

[2] Voir sur les réunions de Tétras, Brehm, Thierleben, IV, 550. L.
Lloyd, Game, *Birds of Sweden*, 1867, 19, 78. Richardson, *Fauna Bor.
Americana, Birds*, 362. Sur le Paradisea, Wallace, *Ann. and Mag. of
Nat. Hist.*, XX, 412, 1857. Sur la Bécasse, Lloyd, *id.*, 221.

de femelles que possible ; mais s'il est indispensable que le mâle ait à se faire bien venir de la femelle, nous pouvons comprendre la longueur de la cour qu'ils leur font, et la réunion sur un même point de tant d'individus des deux sexes. Certaines espèces strictement monogames tiennent également des réunions nuptiales ; ceci paraît être, en Scandinavie, le cas d'un Ptarmigan, et leurs rassemblements durent du milieu de mars au milieu de mai. En Australie, l'oiseau lyre (*Menura superba*) se construit de petits monticules ronds, et le *M. Alberti* se creuse des cavités peu profondes, où on croit que les deux sexes se rassemblent. Les réunions du *M. superba* sont quelquefois très-considérables, et dans un travail récemment publié[5], un voyageur nous raconte qu'ayant entendu dans une vallée située au-dessous de lui un tintamarre indescriptible, s'avança et vit à son grand étonnement environ cent cinquante magnifiques Coqs-lyres rangés en ordre de combat, et se battant avec fureur. Les berceaux des Chasmorhyncus constituent le séjour des deux sexes pendant la reproduction ; « les mâles s'y réunissent, et s'y combattent pour obtenir les femelles, qui assemblées dans le même lieu contemplent la coquetterie que les mâles déploient autour d'elles. » Dans deux genres, le même berceau peut servir pendant bien des années[4].

La Pie commune (*Corvus pica*), à ce que m'a appris le Rev. W. Darwin Fox, de la forêt de Delemère, avait l'habitude de se rassembler pour célébrer le « grand mariage des pies. » Ces oiseaux étaient, il y a quelques années, si nombreux, qu'un garde-chasse tua dix-neuf mâles dans une matinée ; et un autre abattit d'un seul

---

[5] Cité par T. W. Wood, dans le *Student*, Avril 1870, 125.
[4] Gould, *Handb. of Birds of Australia*, I, 300, 308, 448, 451. Sur le Ptarmigan, voir Lloyd, *id.*, 129.

coup de fusil sept oiseaux perchés ensemble. Tant qu'ils furent aussi nombreux, ils avaient l'habitude de se rassembler, au commencement du printemps, sur des points particuliers, où on les voyait en troupes, caquetant ensemble, se battant quelquefois, tumultueux, et volant d'arbre en arbre. L'affaire, dans son ensemble, paraissait avoir pour les oiseaux une grande importance. Peu après la réunion, ils se séparaient et parurent à ceux qui les observaient être appariés pour la saison. Comme il ne peut pas y avoir de grands rassemblements dans une localité où une espèce donnée n'est pas très-abondante, il est donc très-possible qu'elle présente des habitudes différentes suivant le pays qu'elle occupe. Je ne connais, par exemple, aucun récit de réunions régulières du Tétras noir en Ecosse, bien qu'elles soient assez connues en Allemagne et en Scandinavie, pour avoir reçu, dans les langues de ces pays, des noms spéciaux.

Oiseaux non appariés. — Nous pouvons conclure des faits précités que chez les oiseaux appartenant à des groupes des plus différents, la cour que les mâles font à l'autre sexe est souvent une affaire longue, délicate et embarrassante. Il y a même des raisons de soupçonner, si improbable que cela paraisse d'abord, que quelques mâles et femelles d'une même espèce, habitant la même localité, ne se conviennent pas toujours, et par conséquent ne s'apparient pas. On a publié plusieurs cas de mâles ou femelles d'une paire ayant été tués, ayant été promptement remplacés. Ceci a été plus fréquemment observé chez la pie que chez tout autre oiseau, probablement à cause de son aspect apparent, et de son nid, qu'on remarque plus facilement. Le célèbre Jenner raconte que, dans le Wiltshire, on avait sept fois de suite tué chaque jour un des oiseaux d'une paire, mais sans résultat, « car l'oiseau restant le remplaçait aussitôt, et la dernière paire éleva les petits. » Un nouveau compagnon se trouve généralement le jour suivant, mais M. Thompson cite un cas où il fut remplacé dans la soirée du même jour. Même lorsque les œufs sont éclos, si un des oiseaux parents est tué, il est souvent remplacé ; le fait s'est passé même à deux jours d'intervalle dans un cas observé par un des gardes de sir J. Lubbock[5]. La première conjecture et la plus probable qu'on puisse faire est celle que les pies mâles sont beaucoup plus nombreuses que les femelles, et que dans les cas précités, et beaucoup d'autres qu'on pourrait donner, les mâles seuls ont été tués. Ceci paraît être exact dans quelques cas ; en effet, les gardes de la forêt de Delemère ont affirmé à M. Fox que les pies et corbeaux, qu'ils abattaient autrefois successivement et en grand nombre dans le voisinage des nids, étaient tous mâles, ce qu'ils expliquaient par le fait que les individus de ce sexe étaient plus exposés et facilement tués pendant qu'ils apportaient de la nourriture aux femelles couvant les œufs. Macgillivray cependant, sur l'autorité d'un excellent observateur, cite un cas où trois pies femelles ont été successivement tuées sur le même nid ; et un autre de six pies tuées aussi successivement en couvant les mêmes œufs, ce qui rend probable que la plupart étaient femelles ; bien qu'à ce que m'apprend M. Fox, le mâle peut couver lorsque la femelle est tuée.

Le garde de sir J. Lubbock a tué, à plusieurs reprises, sans pouvoir préciser le nombre de fois, un individu d'une paire de geais (*Garrulus glandarius*), et a toujours

---

[5] Sur les Pies, Jenner, *Phil. Trans.*, 1824, 21. Macgillivray, *Hist. Brit., Birds.*, 1, 570. Thompson, *Ann. and Mag. of Nat. Hist.*, VIII, 494, 1842.

trouvé l'oiseau restant réapparié au bout de très-peu de temps. Le Rev. W. D. Fox, M. F. Bond, et d'autres, après avoir tué un des deux corbeaux (*Corvus corone*) d'une paire, celle-ci ne tardait pas à se compléter promptement. Ces oiseaux sont communs, mais il est une espèce rare du faucon (*Falco peregrinus*) au sujet duquel M. Thompson constate, qu'en Irlande, « si un mâle ou une femelle sont tués pendant la saison de la reproduction (circonstance qui n'est pas rare), l'individu manquant est remplacé au bout de peu de jours, de sorte que le produit du nid est assuré. » M. Jenner Weir a constaté le même fait chez des faucons de la même espèce à Beachy Head. Le même observateur m'apprend que trois crécerelles (*Falco tinnunculus*) furent successivement tuées pendant qu'elles s'occupaient du même nid ; deux avaient le plumage adulte, et un celui de l'année précédente. M. Birkbeck tient d'un garde-chasse d'Écosse digne de foi que même pour l'aigle doré (*Aquila chrysaetos*) espèce fort rare, tout individu d'une paire étant tué est bientôt remplacé. On a aussi observé que, chez le *Strix flammea*, le survivant trouve promptement un nouveau compagnon.

White de Selborne , qui cite le cas du hibou , ajoute qu'il a connu un homme qui, croyant que les perdrix appariées étaient dérangées par les mâles se battant entre eux, avait l'habitude de les tuer ; mais bien qu'il eût rendu une même femelle plusieurs fois veuve, elle ne tardait pas à s'apparier de nouveau. Le même naturaliste ayant voulu faire tuer les moineaux qui privaient les hirondelles de leurs nids, en les occupant, toujours l'individu restant de la paire « remplaçait et cela plusieurs fois de suite, celui du sexe qui avait été tué. »

Je pourrais ajouter des cas analogues relatifs au pinson, rossignol, et la rubiette des murailles (*Phœnicura ruticilla*). A propos de ce dernier oiseau, l'auteur constate que n'étant en aucune façon commun dans le voisinage, il était fort surpris de voir en combien peu de temps la femelle couvant ses œufs qu'elle ne pouvait quitter, annonçait l'état effectif de veuvage dans lequel elle se trouvait. M. Jenner Weir me signale un cas presque semblable : à Blackheath, il ne voit ni n'entend jamais les notes du bouvreuil sauvage, et cependant lorsqu'un de ses mâles en cage a péri, il est généralement arrivé, au bout de peu de jours, un individu sauvage de ce sexe se percher dans le voisinage de la femelle veuve, dont la note d'appel est loin d'être forte. J'ajouterai encore un seul fait que je tiens du même observateur ; un des individus d'une paire de sansonnets (*Sturnus vulgaris*) ayant été tué dans la matinée, fut remplacé dans l'après-midi ; l'un des deux encore abattu, la paire fut de nouveau complétée avant la nuit, l'oiseau, quel qu'ait été son sexe, ayant été ainsi consolé de son triple veuvage dans la même journée. M. Engleheart m'apprend aussi qu'ayant pendant plusieurs années toujours tué un des individus d'une paire d'étourneaux qui faisait son nid dans un trou d'une maison de Blackheath, la perte était toujours immédiatement réparée. Ayant pris note pendant une saison, il constata qu'il avait tué trente-cinq oiseaux du même nid, appartenant aux deux sexes, mais sans qu'il eût tenu compte de la proportion : néanmoins, après toute cette destruction, une couvée fut élevée[6].

Ces faits sont certainement remarquables. Comment tant d'oiseaux peuvent-ils ainsi immédiatement remplacer

[6] Sur le Faucon pèlerin, Thompson, *Nat. Hist. of Ireland Birds*, I, 39, 1840. Sur les Hiboux, Moineaux et Perdrix, White, *Nat. Hist. of Selbourne*, 1825, I, 139. Sur le *Phœnicura*, London's *Mag. of Nat. His.*, VII, 245, 1854. Brehm (Thierleben, IV, 391), fait allusion aussi à des oiseaux trois fois appariés le même jour.

l'individu perdu? Pies, geais, corbeaux, perdrix et autres
oiseaux qu'on ne trouve jamais seuls au printemps, offrent au premier coup d'œil un cas fort embarrassant.
Cependant, des oiseaux du même sexe, bien que non appariés, cela va sans dire, vivent quelquefois par paires
ou petits groupes, comme cela se voit chez les perdrix
et pigeons. Les oiseaux vivent aussi par trois, ce qui a
été observé chez les sansonnets, corbeaux, perroquets
et perdrix. On a connaissance de cas de deux perdrix
femelles vivant avec un mâle, et deux mâles avec une
femelle. Il est probable que les unions de ce genre doivent se rompre facilement. Les mâles de certains oiseaux
peuvent occasionnellement continuer à chanter leur
chant d'amour longtemps après l'époque voulue, montrant ainsi ou qu'ils ont perdu leur compagne, ou n'en
ont jamais eu. La mort par accident ou maladie d'un des
individus de la paire laisse l'autre seul et libre, et il y
a des raisons pour croire que, pendant la saison de la
reproduction, les femelles sont plus spécialement sujettes à une mort prématurée. Encore, des oiseaux ayant
eu leurs nids détruits, les paires stériles ou les individus retardés, pourraient aisément être poussés à se
quitter, contents probablement de prendre la part qu'ils
peuvent aux plaisirs et devoirs attachés à l'élève des
petits, même ne leur appartenant pas [7]. C'est par des
éventualités de ce genre que, selon toute probabilité,
on peut expliquer la plupart des cas que nous venons de

---

[7] White (*Nat. Hist. of Selbourne*, 1825, I, 140), sur l'existence de petites couvées de Perdrix mâles, très-tôt dans la saison, et dont on m'a
communiqué d'autres exemples. Sur le retard des organes générateurs
chez quelques oiseaux, voir Jenner, *Phil. Trans.*, 1824. Quant aux oiseaux vivant en trios, M. Jenner Weir m'a fourni les cas de l'Étourneau
et des Perroquets; M. Fox, ceux des Perdrix. Sur les Corbeaux; voir
Field, 1868, 415. Consulter sur les oiseaux mâles chantant après l'époque
voulue. Rev. L. Jenyns, *Observ. in Nat. Hist.*, 1846, 87.

signaler.[8] Il est néanmoins singulier que, dans une localité donnée, pendant la saison de la reproduction, il y ait autant de mâles et de femelles toujours prêts à compléter une paire dépareillée. Pourquoi ces oiseaux de rechange ne s'apparient-ils pas entre eux immédiatement? N'aurions-nous pas quelque raison de soupçonner, avec M. Jenner Weir, que l'acte de faire la cour paraissant être chez beaucoup d'oiseaux une affaire longue et pénible, il puisse arriver que certains mâles et femelles, n'ayant pas réussi à se plaire en temps opportun, ne se soient pas par conséquent appariés? Cette supposition paraîtra moins improbable, si nous songeons aux antipathies et préférences dont nous avons constaté occasionnellement la manifestation chez les femelles pour certains mâles.

Qualités mentales des oiseaux et leur goût pour le beau. — Avant de pousser plus loin la discussion de la question si les femelles choisissent les mâles les plus attrayants, ou acceptent le premier venu, il convient que nous examinions brièvement les aptitudes mentales des oiseaux. Leur raison étant généralement et peut-être justement considérée comme inférieure, on pourrait cependant citer quelques faits[9] qui conduisent à une

[8] Le cas suivant (*Times*, août 6, 1868) a été donné par le Rev. F. O. Morris sur l'autorité du Rev. O. W. Forester. « Le garde a trouvé cette année un nid de faucons contenant cinq petits. Il en enleva quatre qu'il tua, et en laissa un avec les ailes coupées devant servir d'amorce pour détruire les vieux. Il les tua le lendemain tous deux pendant qu'ils apportaient de la nourriture au jeune, et le garde crut que tout était fini. Le lendemain, il revint vers le nid et y trouva deux autres faucons charitables qui étaient venus au secours de l'orphelin et qu'il tua également, et y revenant plus tard il retrouva encore deux autres individus remplissant les mêmes fonctions que les premiers ; il les tira tous les deux, et en abattit un ; l'autre bien qu'atteint ne put être retrouvé. Il n'en revint plus pour entreprendre cette inutile tentative. »

[9] M. Yarrell par exemple (*Hist. Brit., Birds*, III, 585, 1845) cite une Mouette qui ne put avaler un petit oiseau qu'on lui avait donné. « L'ani-

conclusion contraire. Des facultés inférieures de raisonnement sont toutefois, ainsi que nous le voyons
dans l'humanité même, compatibles avec de fortes
affections, une perception subtile et le goût du beau ;
et c'est de ces dernières qualités qu'il est ici question.
On a souvent affirmé que les perroquets s'attachaient
entre eux si fortement, qu'à la mort de l'un, l'autre
déclinait à la longue ; mais M. Jenner Weir estime
qu'on a beaucoup exagéré la puissance de l'affection
chez la plupart des oiseaux. Néanmoins on a remarqué qu'après qu'un des individus d'une paire vivant à
l'état de nature, a été tué, le survivant a, pendant bien
des jours, émis un appel plaintif ; et M. Saint-John[10]
donne divers faits qui prouvent l'attachement des oiseaux
appariés. Nous avons cependant vu que des sansonnets
avaient pu trois fois dans un même jour se consoler de
la perte de leur compagnon. On a vu aux Zoological Gardens des perroquets reconnaissant leurs anciens maîtres
après un intervalle de plusieurs mois. Les pigeons ont
une mémoire locale assez parfaite pour retrouver leur
ancien domicile après neuf mois d'intervalle ; pourtant,
je tiens de M. Harrison Weir, que, si une paire de ces
oiseaux, qui, naturellement se serait appariée pour la
vie, était séparée pendant quelques semaines d'hiver,
et qu'on les associât avec d'autres, les deux individus
ne se reconnaissaient que rarement, si jamais, lorsqu'on
les remettait ensemble.

Les oiseaux font quelquefois preuve de sentiments de
bienveillance ; ils nourriront les jeunes abandonnés,

mal réfléchit un instant, puis tout à coup s'élança vers un baquet d'eau,
dans lequel il plongea l'oiseau en l'agitant jusqu'à ce qu'il fut bien imprégné de liquide, et l'avala ensuite d'un seul coup. Depuis lors cette
mouette a invariablement, dans les cas semblables, eu recours au même
expédient. »

[10] *A Tour in Sutherlandshire*, I, p. 185, 1849.

II.   8

même d'une espèce différente ; mais peut-être faut-il
considérer ceci comme le fait d'un instinct erroné. Nous
avons déjà vu qu'ils nourrissent des oiseaux adultes de
leur espèce devenus aveugles. M. Buxton cite le cas curieux d'un perroquet qui avait pris soin d'un oiseau
d'une autre espèce gelé et estropié, lui nettoyait son
plumage, et le défendait contre les attaques des autres
perroquets, qui parcouraient librement son jardin. Il est
encore plus curieux de voir que ces oiseaux manifestent
évidemment de la sympathie pour les plaisirs de leurs
camarades, et d'observer l'intérêt extraordinaire que
prenaient les autres individus de la même espèce, à la
construction d'un nid que bâtissait sur un acacia une
paire de cacatoès. Ces perroquets paraissaient doués
aussi d'une grande curiosité, et possédaient évidemment
« les notions de propriété et de possession[11]. »

Les oiseaux ont une grande puissance d'observation.
Chaque oiseau apparié reconnaît son compagnon. Audubon constate qu'aux États-Unis un certain nombre de
Mimus polyglottus restent toute l'année dans la Louisiane,
les autres émigrant vers les États de l'Est ; ces derniers
étant à leur retour reconnus de suite et aussitôt attaqués
par leurs semblables du Midi. Les oiseaux en captivité
distinguent les différentes personnes, ainsi que le prouvent la forte antipathie ou affection permanentes dont,
sans cause apparente, ils font preuve vis-à-vis de certains individus. On m'en a communiqué de nombreux
exemples observés chez les geais, les perdrix, canaris,
et surtout les bouvreuils. M. Hussey a décrit la manière
extraordinaire dont une perdrix apprivoisée reconnais-
sait tout le monde, et manifestait fortement ses goûts
et ses aversions. Elle paraissait « affectionner les cou-

---

[11] *Acclimatation des Perroquets*, p. C. Buxton, M. P.; *Annals and
Mag. of Nat. Hist.*, Nov. 1868, 381.

leurs gaies, et toute robe ou bonnet portés à nouveau
attirait son attention [12]. » M. Hewitt a décrit les mœurs de
quelques canards (descendant depuis peu de parents sauvages) qui, en apercevant un chien ou chat étrangers,
se précipitaient dans l'eau pour s'échapper, tandis qu'ils
se couchaient au soleil à côté des chiens et chats de la
maison, qu'ils connaissaient. Ils s'éloignaient toujours
d'un étranger, et même de la personne qui les soignait,
si elle faisait un trop grand changement dans sa toilette.
Audubon raconte qu'il avait élevé et apprivoisé un dindon sauvage, qui s'éloignait toujours de tout chien étranger; l'oiseau s'étant échappé dans les bois, quelques
jours après, Audubon, le prenant pour un dindon sauvage, le fit poursuivre par son chien; mais, à son grand
étonnement, l'oiseau ne se sauva pas, et le chien l'ayant
rejoint, ne l'attaqua pas, car tous deux s'étaient mutuellement reconnus comme de vieux amis [13].

M. Jenner Weir partage la conviction que les oiseaux
font tout particulièrement attention aux couleurs des
autres oiseaux, quelquefois par jalousie, quelquefois
comme signe de parenté. Ainsi, ayant introduit dans sa
volière un Bruant des roseaux (*Emberiza schoeniculus*),
qui venait de revêtir sa tête noire, aucun des oiseaux ne
fit attention au nouveau venu excepté un Bouvreuil, qui
a aussi la tête de cette couleur. Ce Bouvreuil était d'ailleurs très-paisible, ne s'étant jamais querellé avec aucun de ses compagnons, y compris un autre Bruant de
la même espèce, mais n'ayant pas encore revêtu sa tête
noire ; mais il maltraita tellement le dernier venu qu'il
fallut l'enlever. M. Weir fut aussi obligé de sortir un

[12] *The Zoologist.*, 1847-48, p. 1602.
[13] Hewitt, sur les Canards sauvages, *Journ. of Horticulture*, Jan. 13,
1863, p. 39. Audubon, sur le Dindon sauvage, *Ornithol. Biography*, I,
14. Sur le Moqueur, *id.*, vol. I, p. 110.

Rouge-gorge, qui attaquait avec furie tous les oiseaux ayant du rouge dans leur plumage, et ceux-là seulement ; il tua en effet un Bec-croisé à poitrail rouge, et tua presque un Chardonneret. D'autre part même on a observé que lorsque quelques oiseaux sont introduits pour la première fois dans la volière, ils se rendent vers les espèces qui leur ressemblent le plus par la couleur, et s'établissent à leurs côtés.

Les oiseaux mâles mettant de si grands soins à étaler devant les femelles, leur beau plumage et autres ornements, il est évidemment probable que celles-ci apprécient la beauté de leurs prétendants. Il est toutefois difficile d'obtenir des preuves directes de la capacité qu'elles apportent à cette appréciation. Lorsque les oiseaux se regardent dans un miroir (cas souvent observé) nous ne pouvons pas être sûrs que ce ne soit pas par jalousie d'un rival supposé, bien que quelques observateurs concluent autrement. Dans d'autres cas, il est difficile de distinguer entre la simple curiosité et l'admiration. C'est peut-être le premier sentiment qui d'après lord Lilford[14], attire si fortement le Combattant vers tout objet brillant, de sorte que dans les îles Ioniennes, « sans s'inquiéter de coups de fusil répétés, il fondra sur un mouchoir à vives couleurs. » L'Alouette commune est attirée de très-loin et se fait prendre en nombre immense par le moyen d'un petit miroir qu'on fait tourner et briller au soleil. Est-ce l'admiration ou la curiosité qui pousse la Pie, le Corbeau, et quelques autres oiseaux à voler et à cacher des objets brillants, tels que ceux d'argent ou les bijoux !

M. Gould assure que certains Oiseaux-mouches décorent avec un goût exquis l'extérieur de leurs nids ; « ils

---

[14] *The Ibis*, II, 344, 1860.

y attachent instinctivement de beaux morceaux de li-
chen plats, les plus grandes pièces au milieu et les plus
petites sur la portion attachée à la branche. Çà et là une
jolie plume est entrelacée ou fixée à l'extérieur; la tige
en étant toujours placée de façon que la plume dépasse
la surface. » La meilleure preuve toutefois d'un goût
pour le beau est fourni par les trois genres d'oiseaux
Australiens se construisant des berceaux de verdure et
dont nous avons déjà parlé. Ces constructions (voy. *fig.* 46,
p. 73) où les sexes se réunissent pour se livrer à des
manœuvres bizarres sont différemment conformées, mais
ce qui nous intéresse surtout, c'est qu'elles sont décorées
de différentes manières par les diverses espèces. L'espèce dite Satin rassemble les articles à couleurs gaies,
tels que les rectrices bleues des perruches, des os et
coquilles blanchies, qu'elle introduit entre les rameaux
ou dispose avec ordre à l'entrée. M. Gould a trouvé dans
un de ces berceaux un tomahawk en pierre bien tra-
vaillée et un fragment de coton bleu, provenant probablement d'un camp d'indigènes. Ces objets sont constamment en voie de réarrangement, et les oiseaux les
transportent çà et là en s'amusant. Le berceau d'une
espèce dite tachetée, « est magnifiquement tapissé de
grandes herbes disposées de façon que leurs capitules
se rencontrant, forment des groupes des plus variés. »
Des pierres rondes sont employées pour maintenir les
tiges herbacées à leur place, et faire des allées divergentes conduisant au berceau. Les pierres et coquilles
sont souvent apportées de grandes distances. L'oiseau
Régent décrit par M. Ramsay, orne son berceau qui est
court, de coquilles terrestres appartenant à cinq ou six
espèces, et de « baies végétales de diverses couleurs
bleues, rouges et noires, qui, lorsqu'elles sont fraîches,
lui communiquent un charmant aspect. Outre cela, quel-

ques feuilles fraîchement cueillies et de jeunes pousses
d'une coloration rose, le tout indiquant décidément
un goût pour le beau. » C'est avec raison que M. Gould
peut dire « ces salles de réunion si richement décorées
doivent être regardées comme les plus merveilleux
exemples encore connus de l'architecture des oiseaux; »
et, comme nous le voyons, les goûts des oiseaux diffèrent certainement dans les diverses espèces[15].

Préférence des femelles pour des mâles particuliers. —
Après les remarques préliminaires sur le discernement et le goût des oiseaux, je vais donner tous les faits
que j'ai pu recueillir manifestant les préférences dont
certains mâles sont l'objet de la part des femelles. Il est
certain que des espèces distinctes d'oiseaux peuvent
occasionnellement s'accoupler à l'état de nature et produire des hybrides. On en peut donner beaucoup
d'exemples ; ainsi, Macgillivray raconte qu'un Merle
mâle et une Grive femelle s'étaient amourachés l'un de
l'autre et avaient produit des descendants[16]. On a signalé il y a quelques années, dix-huit cas d'hybrides
entre le Tétras noir et le Faisan observés en Angleterre[17];
cas dont la plupart s'expliquent peut-être par le fait
d'oiseaux solitaires n'ayant pas trouvé à s'apparier avec
un individu de leur propre espèce. Pour d'autres oiseaux, ainsi que le croit M. Jenner Weir, les hybrides
sont quelquefois le résultat des rapports occasionnels
entre oiseaux bâtissant dans un voisinage rapproché.
Ces remarques ne s'appliquent pas aux exemples nom-

[15] *Sur les nids décorés des Oiseaux-mouches*, Gould, *Introd. to the
Trochilidœ*, 1861, 19. *Sur les Oiseaux à berceaux*, Gould, *Handbook to
Birds of Australia*, 1, 444-461, 1865. M. Ramsay, *Ibis*, 456, 1867.
[16] *Hist. of Brit. Birds*, II, 92.
[17] *Zoologist*, 1853-54, p. 3946.

breux connus d'oiseaux apprivoisés ou domestiques, d'espèces différentes, s'étant épris entre eux d'une manière complète, bien que vivant avec leur propre espèce. Waterton [18], par exemple, raconte que sur un troupeau de vingt-trois oies du Canada, une femelle s'était appariée avec une Bernache mâle, et malgré la différence dans l'apparence et la taille, ils donnèrent des produits hybrides. Un canard Siffleur mâle (*Mareca penelope*) vivant avec des femelles de son espèce, s'est apparié avec une Sarcelle (*Querquedula acuta*). Lloyd décrit un cas d'attachement remarquable entre un *Tadorna vulpanser* et un Canard commun. Nous pourrions ajouter d'autres exemples, et le rév. E. S. Dixon remarque que « ceux qui ont eu l'occasion de tenir ensemble beaucoup d'espèces d'oies différentes, savent bien quels attachements singuliers peuvent se former, et combien elles sont sujettes aussi à s'apparier et produire des jeunes, plutôt avec des individus de race (espèce) la plus différente de la leur, qu'avec la leur propre. »

Le rév. W. D. Fox m'informe qu'il a eu en même temps une paire d'oies de Chine (*Anser cygnoïdes*) et un mâle avec trois femelles de la race commune. Les deux lots restèrent séparés jusqu'à ce que le mâle chinois eut déterminé une des oies communes à vivre avec lui. De plus sur les jeunes éclos des œufs de l'espèce commune, quatre seuls furent purs, les dix-huit autres étant hybrides ; le mâle chinois paraît donc avoir eu des charmes prépondérants sur ceux du mâle de l'espèce ordinaire. Voici encore un dernier cas ; M. Hewitt rapporte qu'une Canne sauvage élevée en captivité, « ayant déjà

---

[18] Waterton, *Essays ou Nat. Hist.*, 2e ser., p. 42, 117. Pour les assertions suivantes, voir sur le Siffleur, Loudon, *Mag. of Nat. Hist.*, IX, 616. Lloyd, *Scandinavian Adventures*, I, 452, 1854. Dixon, *Ornamental and Domestic Poultry*, 137. Hewitt, *Journ. of Horticulture*, p. 40, 1863. Bechstein, *Stubenvögel*, 230, 1840.

reproduit pendant deux saisons avec son propre mâle,
le congédia aussitôt que j'eus introduit dans ses eaux
un mâle de Sarcelle. Ce fut évidemment un cas d'amour
subit, car la Canne vint nager d'une manière cares-
sante autour du nouveau venu, qui était évidemment
alarmé et peu disposé à recevoir ses avances bienveil-
lantes. Dès ce moment la Canne oublia son premier
compagnon. L'hiver passa, et le printemps suivant le
Sarcelle mâle parut avoir cédé aux attractions et aux
charmes dont il avait été entouré, car la paire fit un nid
et éleva sept ou huit petits. »

Nous ne pouvons pas même conjecturer quels ont
pu, dans ces divers cas, en dehors de la pure nouveauté,
avoir été les charmes qui ont exercé leur action. La
couleur entre quelquefois en jeu, car d'après Bechstein
pour obtenir des hybrides du *Fringilla spinus* (tarin) et
du Canari, le meilleur moyen est d'apparier des oiseaux
de même teinte. M. Jenner Weir ayant introduit dans sa
volière contenant des Linottes, Chardonnerets, Tarins,
Verdiers et autres oiseaux mâles, une femelle de Canari pour voir ce qu'elle choisirait ; or, comme cela était
indubitable, ce fut le Verdier. Ils s'apparièrent et pro-
duisirent des hybrides.

La préférence qu'une femelle peut montrer pour un
mâle plutôt qu'un autre, pourra être moins remarquée
entre individus de même espèce, que lorsqu'elle se ma-
nifestera entre espèces différentes. Ces cas s'observe-
ront surtout chez les oiseaux domestiques ou captifs,
qui sont souvent surabondamment nourris, et ont parfois leurs instincts viciés à un haut degré. Les Pigeons
et surtout les races gallines me fourniraient sur ce dernier point de nombreuses preuves, que je ne pourrais
détailler ici. Les instincts viciés peuvent expliquer quelques-unes des unions hybrides dont nous avons parlé

plus haut ; bien que dans les cas où les oiseaux ayant leurs allures libres sur de vastes étangs, il n'y a aucune raison pour admettre qu'ils aient été artificiellement stimulés par un excès de nourriture.

En ce qui concerne les oiseaux à l'état de nature, la première supposition qui se présentera à l'esprit comme la plus évidente est que, au moment voulu, la femelle acceptera le premier mâle qu'elle rencontrera ; mais comme elle sera presque invariablement poursuivie par un nombre plus ou moins considérable d'entre eux, elle aura au moins l'occasion d'exercer un choix. Audubon — qui a passé sa vie à parcourir les forêts des États-Unis pour observer les oiseaux — ne met pas en doute le fait que la femelle ne choisisse son mâle ; ainsi, parlant d'un pic, il dit que la femelle est suivie d'une demi-douzaine de prétendants qui ne cessent d'accomplir des tours bizarres jusqu'à ce que l'un d'eux devienne l'objet d'une préférence marquée. La femelle de l'étourneau à ailes rouges (*Agelæus phoeniceus*) est également poursuivie par plusieurs mâles, jusqu'à ce que « fatiguée, elle se pose, reçoit leurs hommages et fait son choix. » Il décrit encore comment plusieurs engoulevents mâles plongent dans l'air avec une étonnante rapidité, en se retournant brusquement et produisant ainsi un bruit singulier ; « mais aussitôt que la femelle a fait son choix, les autres mâles sont chassés. » Une espèce de vautour (*Cathartes aura*) des États-Unis, se réunit par bandes de huit à dix ou davantage de mâles et femelles sur des troncs d'arbres abattus « manifestant le plus vif désir de se plaire mutuellement, » et après bien des caresses, chaque mâle s'envole avec une compagne. Audubon a également observé les troupeaux sauvages de l'oie du Canada (*Anser Canadensis*), et donne une description graphique de leurs jeux amoureux ; il constate que les oiseaux précé-

demment appariés « renouvellaient leur cour dès le mois
de janvier, pendant que les autres restaient à se disputer
pendant des heures tous les jours, jusqu'à ce que tous
fussent satisfaits de leur choix, après lequel bien que
restant tous ensemble, on pouvait facilement reconnaître qu'ils restaient fidèles à leur appariage. J'ai observé
que les préliminaires de leur cour sont d'autant moins
longs que les oiseaux sont plus âgés. Les célibataires
des deux sexes, soit par regret, soit pour ne pas être dé-
rangés par le bruit, s'éloignent et vont se coucher à
quelque distance des autres[19]. » Bien des faits analogues sur d'autres oiseaux pourraient être empruntés au
même observateur.

Pour en venir aux oiseaux domestiques et captifs, je
donnerai d'abord le peu que j'ai appris sur la manière
dont les oiseaux des races gallines se font la cour. J'ai
reçu de longues lettres sur ce sujet de MM. Hewitt et
Tegetmeier, ainsi que presque un essai de feu M. Brent,
tous assez connus par leurs ouvrages pour que personne
ne puisse leur contester leur qualité d'observateurs consciencieux et expérimentés. Ils ne croient pas que les
femelles préfèrent certains mâles pour la beauté de leur
plumage ; mais qu'il faut tenir quelque compte de l'état
artificiel dans lequel ils ont longtemps été maintenus.
M. Tegetmeier est convaincu qu'un coq de combat, quoique défiguré par l'opération de la coupe de ses caroncules, serait accepté aussi volontiers qu'un qui aurait
conservé tous ses ornements naturels. M. Brent admet
toutefois que la beauté du mâle contribue probablement
à séduire la femelle, et que son adhésion est nécessaire.
M. Hewitt est convaincu que l'union n'est en aucune façon
abandonnée au hasard, car la femelle préfère presque

[19] Audubon, *Ornith. Biog.*, I, 191, 340, II, 42, 275, III, 2.

invariablement le mâle le plus vigoureux, hardi et fou-
gueux; il est donc inutile, selon sa remarque, « d'essayer
une reproduction vraie si un coq de combat en bon état
de santé et de constitution court la localité, car toutes
les poules iront au coq de combat, même sans qu'il
chasse les mâles de leur propre variété. »

Dans les circonstances ordinaires, les mâles et femelles
des races gallines semblent arriver à se comprendre par
certains gestes que M. Brent m'a décrits. Les poules évitent volontiers les attentions empressées des jeunes
mâles. Les vieilles poules et celles qui ont des dispositions belliqueuses n'aiment pas les mâles étrangers, et
ne cèdent que lorsqu'elles y sont forcées. Ferguson
décrit cependant un cas d'une poule querelleuse qui fut
subjuguée par la gentillesse de manières et les attentions d'un coq Shanghai[20].

Il y a des raisons pour croire que les pigeons des deux
sexes préfèrent s'apparier avec des oiseaux de la même
race; le pigeon de colombier a de l'aversion pour les
races très-améliorées[21]. M. Harrison Weir tient d'un
observateur consciencieux, qui élève des pigeons bleus,
que ceux-ci expulsent toutes les autres variétés d'une
couleur différente, telles que blanches, rouges et jaunes;
et d'un autre observateur, qu'une femelle brune de la
race des messagers ayant refusé d'une manière réitérée
de s'apparier avec un mâle noir, en accepta immédiatement un de sa couleur. La couleur seule paraît généralement n'avoir que peu d'influence sur l'appariage des
pigeons. M. Tegetmeier ayant, à ma demande, teint quelques-uns de ses oiseaux avec du magenta, les autres n'y
firent presque aucune attention.

Les pigeons femelles éprouvent à l'occasion, sans

[20] *Rare and Prize Poultry*, 1854, 27.
[21] *Variation des Animaux*, etc., vol. II, 110 (trad française).

cause assignable, une antipathie profonde pour certains
mâles. Ainsi MM. Boitard et Corbié dont l'expérience
s'est étendue sur quarante-cinq ans d'observation,
disent : « Quand une femelle éprouve de l'antipathie
pour un mâle avec lequel on veut l'accoupler, malgré
tous les feux de l'amour, malgré l'alpiste et le chenevis
dont on la nourrit pour augmenter son ardeur, malgré
un emprisonnement de six mois et même d'un an, elle
refuse constamment ses caresses; les avances empressées, les agaceries, les tournoiements, les tendres rou-
coulements, rien ne peut lui plaire ni l'émouvoir; gon-
flée, boudeuse, blottie dans un coin de sa prison, elle
n'en sort que pour boire et manger, ou pour repousser
avec une espèce de rage des caresses devenues trop
pressantes[22]. » D'autre part, M. Harrison Weir a observé
lui-même ce que d'autres éleveurs lui avaient signalé,
qu'une femelle de pigeon peut occasionnellement
s'éprendre fortement d'un mâle donné, et abandonner
l'ancien pour le nouveau. D'après Riedel[23], autre observateur expérimenté, quelques femelles ayant des
dispositions déréglées, préfèrent presque tout étranger
à leur propre mâle. Quelques mâles amoureux, que
nos éleveurs anglais appellent des « oiseaux gais »
rencontrent dans toutes leurs entreprises galantes un
succès tel, que, à ce que m'apprend M. Weir, on est
obligé de les enfermer à cause du dommage qu'ils
causent.

Dans les États-Unis, les dindons sauvages, d'après
Audubon, « viennent visiter quelquefois les femelles
en domesticité, qui les reçoivent avec plaisir. » Elles pa-

---

[22] Boitard et Corbié. Les Pigeons, 12, 1824. Prosper Lucas (Traité de
l'Hérédité nat., II, 296, 1850) a observé des faits à peu près semblables
chez les Pigeons.

[23] Die Taubenzucht, 1824, 86.

raissent donc préférer à leurs propres mâles ceux qui sont sauvages[24].

Voici un cas plus curieux. Pendant un grand nombre d'années, Sir R. Heron a fait un relevé des habitudes du paon qu'il a élevé en grandes quantités. Il constate « que les femelles ont fréquemment une préférence marquée pour un paon spécial. Elles étaient si affolées d'un vieux mâle pie, qu'une année où il était captif mais en vue, elles étaient constamment rassemblées contre le treillis formant la cloison de sa prison, et ne voulaient pas permettre à un paon à ailes noires de les approcher. Mis en liberté en automne, il fut l'objet des attentions de la paonne la plus vieille, qui réussit à le captiver. L'année suivante il fut enfermé dans une écurie, et alors toutes les paonnes se tournèrent vers son rival[25]; ce dernier était un paon à ailes noires, soit à nos yeux une variété beaucoup plus belle que la forme ordinaire.

Lichtenstein, bon observateur et qui eut au cap de Bonne-Espérance d'excellentes occasions d'étude, avait dit à Rudolphi que la *Phera progne* femelle répudie le mâle lorsqu'il a perdu les longues rectrices dont il est orné pendant la saison reproductrice. Je suppose que cette observation a été faite sur des oiseaux en captivité[26]. Voici un autre cas frappant ; le docteur Jaeger[27] directeur du jardin zoologique de Vienne, a vu un faisan argenté mâle qui, après avoir triomphé de tous les autres, et être devenu le préféré des femelles, ayant eu son plumage ornemental endommagé, fut aussitôt remplacé par un rival qui devint le chef de la bande.

[24] *Ornithological Biography*, I, p. 13.
[25] *Proc. Zool. Soc.*, 1835, p. 54. M. Sclater considère le Paon à épaules noires comme une espèce distincte qui a été nommée *Pavo nigripennis*.
[26] Rudolphi, *Beyträge zur Anthropologie*, 184, 1812.
[27] *Die Darwin'sche Theorie, und ihre Stellung zu Moral und Religion*, 59, 1869.

La femelle fait non-seulement un choix, mais, dans quelques cas, elle courtise le mâle, et se bat même pour sa possession. Sir R. Heron assure que pour le paon, c'est toujours la femelle qui fait les premières avances; et d'après Audubon, quelque chose de semblable a lieu chez les femelles âgées du dindon sauvage. Les femelles du grand tétras voltigent autour du mâle pendant qu'il parade sur le lieu de rassemblement, pour attirer son attention [28]. Nous avons vu une canne sauvage apprivoisée séduire, après une longue cour, une sarcelle mâle d'abord mal disposée en sa faveur. M. Bartlett croit que le *Lophophorus*, comme beaucoup d'autres gallinacés, est naturellement polygame, mais on ne peut placer deux femelles et un mâle dans la même cage sans qu'elles ne se battent constamment entre elles. Le cas suivant de rivalité est d'autant plus singulier qu'il concerne le bouvreuil qui s'apparie ordinairement pour la vie. M. J. Weir ayant introduit dans sa volière une femelle de vilaine apparence et terne de couleur, celle-ci attaqua avec une telle rage une autre femelle appariée qui s'y trouvait, qu'il fallut retirer cette dernière. La nouvelle femelle fit la cour au mâle et réussit enfin à s'apparier avec lui; mais elle en fut plus tard justement punie, car ayant perdu son caractère belliqueux, M. Weir remit dans la volière la première femelle à laquelle le mâle revint en abandonnant sa nouvelle compagne.

Dans les cas ordinaires, le mâle est assez ardent pour accepter toute femelle, et autant que nous en pouvons juger, ne montre pas de préférence ; mais comme nous le verrons plus loin, cette règle souffre des exceptions dans quelques groupes. Je ne connais chez les oiseaux

[28] Pour les Paons, voir Sir R. Heron, *Proc. Zool. Soc.*, p. 54, 1835, et rév. E. S. Dixon, *Ornamental Poultry*, p. 8, 1848. Pour le Dindon, Audubon, *o. c.*, 4. Pour le grand Tétras, Lloyd, *Game Birds of Sweden*, 25, 1867.

domestiques qu'un seul cas où les mâles témoignent d'une préférence pour des femelles spéciales ; c'est le coq domestique, qui, d'après l'autorité de M. Hewitt, aime mieux les jeunes poules que les vieilles. D'autre part, le même observateur est arrivé à la conviction que dans les croisements hybrides faits entre le faisan mâle et les poules ordinaires, le faisan préfère toujours les femelles plus âgées. Il ne paraît en aucune façon s'inquiéter de leur couleur, mais se montre des plus capricieux quant à ses affections [29]. « Il témoigne sans cause explicable à l'égard de certaines poules d'une aversion la plus complète, que l'éleveur ne peut surmonter. Quelques poules restent indifférentes aux mâles, même de leur propre race, et peuvent être gardées avec plusieurs coqs pendant toute une saison sans produire sur quarante ou cinquante œufs un seul qui soit fécond. » D'autre part, M. Ekström a remarqué au sujet du canard à longue queue (*Harelda glacialis*), « qu'il y a certaines femelles qui sont beaucoup plus courtisées que les autres ; et il n'est pas rare d'en voir qui sont entourées de six ou huit mâles. » Je ne sais si cette affirmation est croyable, mais les chasseurs indigènes tuent ces femelles et les empaillent pour en faire des leurres d'attraction [30].

Quant au fait de la préférence que les oiseaux femelles éprouvent pour des mâles particuliers, nous devons avoir présent à l'esprit que nous ne pouvons juger qu'elles exercent un choix qu'en nous plaçant en idée dans la même position. Si un habitant d'une autre planète contemplait une troupe de jeunes campagnards, courtisant à une foire une jolie fille et se disputant autour d'elle, comme des oiseaux dans leurs lieux de rassemblement, il pourrait conclure qu'elle a la possibilité de choisir,

[29] M. Hewitt, cité dans *Tegetmeier's Poultry Book*, 165, 1866.
[30] Cité dans Lloyd, *o. c.*, p. 345.

rien qu'en voyant l'ardeur des concurrents à lui plaire, et à se faire valoir à ses yeux. Or, pour les oiseaux, les preuves sont les suivantes; ils ont une puissance subtile d'observation et ne paraissent n'être pas dépourvus de quelque goût pour le beau dans la couleur et le son. Il est certain que les femelles manifestent par des causes inconnues, des antipathies ou des préférences des plus marquées pour certains mâles. Lorsque les sexes diffèrent par la coloration ou l'ornementation, à de rares exceptions près, les mâles sont les plus décorés, soit d'une manière permanente, soit pendant la saison de la reproduction seulement. Ils déploient avec persévérance leurs ornements divers, leur voix, et se livrent à des mouvements étranges dans la présence des femelles. Des mâles bien armés qui, à ce qu'on pourrait croire, devraient attendre tout leur succès de la loi du combat et de ses résultats, sont souvent très-richement ornés, circonstance qui n'a été acquise qu'aux dépens d'une perte de force, et dans d'autres cas, d'une augmentation des risques qu'ils peuvent courir de la part des oiseaux et autres animaux de proie. Dans beaucoup d'espèces, un grand nombre d'individus des deux sexes se rassemblent sur un même point, et s'y livrent aux assiduités d'une cour prolongée. Il y a même des raisons de croire que dans le même lieu, les mâles et femelles ne réussissent pas toujours à se convenir mutuellement et à s'apparier.

Que devons-nous donc conclure de ces faits et considérations? Le mâle fait-il sans motif parade de ses charmes avec autant de pompe et de cérémonie? Ne sommes-nous pas autorisés à croire que la femelle fait son choix et reçoit les hommages du mâle qui lui convient le plus? Il n'est pas probable qu'elle délibère d'une manière consciente; mais elle est plus excitée et entraînée

par le mâle le plus beau, le plus mélodieux ou le plus
empressé. Il n'est pas non plus nécessaire de supposer
que la femelle analyse chaque raie ou tache colorée ; que
la paonne par exemple admire chacun des détails de la
magnifique queue du paon — elle n'est probablement
frappée que de l'effet général. Cependant, lorsque nous
voyons avec quel soin le faisan Argus mâle étale ses
élégantes rectrices primaires, redresse ses plumes ocellées pour les mettre dans la position où elles produisent
leur maximum d'effet ; ou encore, comme le chardonneret mâle, déploie alternativement ses ailes pailletées d'or,
pouvons-nous être certains que la femelle ne fasse
aucune attention aux divers détails de beauté. Comme
nous l'avons dit, nous ne pouvons juger qu'il y a un choix
de fait, que par analogie avec notre propre esprit ; or, les
facultés mentales des oiseaux, la raison exceptée, ne
diffèrent pas fondamentalement des nôtres. Ces diverses
considérations nous permettent de conclure que l'appariage des oiseaux n'est pas abandonné à un pur hasard ;
mais que les mâles qui, par leurs charmes divers, sont
les plus aptes à plaire aux femelles et à les séduire sont,
dans les conditions ordinaires, acceptés. Ceci admis, il
n'est pas difficile de comprendre comment les oiseaux
mâles ont peu à peu acquis leurs caractères ornementa-
tifs. Tous les animaux offrent des différences individuelles et, de même que l'homme peut modifier ses
oiseaux domestiques en sélectant les individus qui pour
lui sont les plus beaux, de même la préférence habituelle ou occasionnelle qu'éprouvent les femelles pour
les mâles les plus attrayants entraînerait certainement
chez eux à des modifications, qui avec le temps, pourraient s'accroître dans toute étendue compatible avec
l'existence de l'espèce.

Variabilité des oiseaux, et surtout de leurs caractères sexuels secondaires. — La variabilité et l'hérédité sont les fondations du travail qu'effectue la sélection. Il est certain que les oiseaux domestiques ont beaucoup varié, leurs variations ayant été héréditaires. Personne ne conteste que les oiseaux à l'état naturel présentent des différences individuelles, et on admet généralement [31] qu'ils ont parfois été modifiés en races distinctes. Il y a deux sortes de variations qui passent insensiblement l'une dans l'autre, à savoir, de légères différences entre tous les membres de la même espèce, et des déviations plus prononcées qui ne se présentent qu'occasionnellement. Ces dernières sont rares chez les oiseaux à l'état de nature, et il est douteux qu'elles aient été souvent conservées par sélection et transmises aux générations suivantes [32]. Néanmoins, il vaut la peine de donner les quelques cas

[31] D'après le docteur Blasius (*Ibis*, II, 297, 1860) il y a 425 espèces incontestables d'oiseaux qui nichent en Europe, outre 60 formes qu'on regarde souvent comme des espèces distinctes. Blasius croit que 10 de ces dernières sont seules douteuses, les 50 autres devant être réunies à leurs voisines les plus proches ; ce qui montre qu'il y a dans quelques-uns de nos oiseaux d'Europe une étendue de variation considérable. Les naturalistes ne sont pas plus d'accord sur le fait de savoir si on doit considérer comme spécifiquement distinctes des espèces d'oiseaux Européens qui leur correspondent, plusieurs oiseaux de l'Amérique du Nord.

[32] *Origine des Espèces* (trad. française de la 5e édit anglaise, 1871, p. 96). J'avais bien toujours reconnu, que les déviations rares et fortement prononcées dans la conformation, méritant la qualification de monstruosités ne pouvaient que rarement être conservées par la sélection naturelle ; et que même la conservation de variations avantageuses à un haut degré, était jusqu'à un certain point chanceuse. J'avais aussi pleinement apprécié l'importance de différences purement individuelles, ce qui m'avait conduit à insister si fortement sur l'action de cette forme inconsciente de la sélection humaine, qui résulte de la conservation des individus les plus estimés de chaque race, sans aucune intention de sa part d'en modifier les caractères. Mais ce n'est qu'après lecture d'un article remarquable, dans la *North British Review* (mars, 1867, p. 280 et suivantes), Revue qui m'a rendu plus de services qu'aucune autre, que j'ai compris combien les chances étant contraires à la conservation des variations, tant faibles que fortement accusées, ne s'étaient manifestées que chez des individus isolés.

que j'ai pu recueillir qui (à l'exclusion des albinisme
et mélanisme simples) se rattachant à la coloration.

On sait que M. Gould n'admet que rarement l'existence des variétés, considérant de fort légères différences
comme étant spécifiques ; or il constate que près de
Bogota [55], certains Oiseaux-mouches du genre *Cynanthus*
sont divisés en deux ou trois races ou variétés, différant
entre elles par la coloration de la queue, — « les unes
ayant toutes les plumes bleues, tandis que les autres ont
les huit rectrices centrales colorées d'un beau vert à
leur extrémité. »

Dans ce cas et les suivants, on n'a pas observé de degrés
intermédiaires. Dans une espèce de perroquets australiens, les mâles seuls ont les cuisses « écarlates chez les
uns, d'un vert herbacé chez les autres. » Dans une autre
espèce du même pays, « quelques individus ont la
bande qui traverse les tectrices alaires d'un jaune vif,
pendant que, dans d'autres, elle est teintée de rouge [54]. »
Dans les États-Unis, quelques mâles du Tanagre écarlate (*Tanagra rubra*) ont « une magnifique bande transversale d'un rouge éclatant sur les plus petites tectrices
alaires [55] ; » mais cette variation étant rare, il faudrait
des circonstances exceptionnellement favorables pour
que la sélection naturelle en assurât la conservation.
Au Bengale, le busard à miel (*Pernis cristata*) peut avoir
une huppe rudimentaire sur sa tête, ou point ; une différence aussi légère n'eût pas valu la peine d'être signalée,
si cette même espèce ne possédait pas dans la partie
méridionale de l'Inde, « une huppe occipitale bien prononcée « formée de plusieurs plumes graduées [56]. »

[55] *Introd. to Trochilidæ*, p. 102.
[54] Gould, *Handbook to Birds of Australia*, II, 32, 68.
[55] Audubon, *Orn. Biog.*, IV, 389, 1858.
[56] Jerdon, *Birds of India*, I, 108. Blyth, dans *Land and Water*, p. 384
1868.

Le cas suivant est plus intéressant sous quelques rapports. Une variété pie du corbeau ayant la tête, la poitrine, l'abdomen et quelques parties des rémiges et rectrices blanches, est circonscrite dans les îles Feroë. Elle n'y est pas rare, car Graba en vit pendant sa visite huit à dix échantillons vivants. Quoique les caractères de cette variété ne soient pas constants, plusieurs ornithologistes distingués en ont fait une espèce distincte. Le fait que ces oiseaux pies étaient poursuivis et persécutés avec grand bruit par les autres corbeaux de l'île, fut le principal motif qui conduisit Brünnich à les considérer comme spécifiquement distincts ; on sait maintenant que c'est une erreur [37].

On trouve dans diverses parties des mers du Nord une variété remarquable du Guillemot commun (*Uria troile*), qui d'après l'estimation de Graba, se rencontre dans les Feroë dans la proportion de un sur cinq de ces oiseaux. Elle est caractérisée [38] par un anneau autour de l'œil qui est d'un blanc pur, de la partie postérieure duquel part une ligne blanche étroite et arquée, longue d'un pouce et demi. Ce caractère apparent a conduit quelques ornithologistes à faire de cet oiseau une espèce distincte sous le nom d'*Uria lacrymans*, maintenant reconnue comme n'étant qu'une variété. Elle s'apparie souvent avec l'espèce commune, et cependant on n'a jamais vu de formes intermédiaires ; ce qui n'a rien d'étonnant, car les variations qui apparaissent subitement, sont souvent, comme je l'ai montré ailleurs [39], transmises ou sans altération, ou pas du tout. Nous voyons ainsi que deux formes distinctes d'une même

---

[37] Graba, *Tagebuch einer Reise nach Färo*, 51-54, 1830. Macgillivray, *Hist. Brit. Birds*, III, 745. *Ibis*, V, 469, 1863.

[38] Graba, *o. c.*, 54. Macgillivray, *o. c.*, vol. V, 327.

[39] *Variation des Animaux*, etc., II, p. 99 (trad. française, 1868).

espèce peuvent coexister dans la même localité, et il n'est pas douteux que si l'une eût eu sur l'autre un avantage de quelque importance, elle ne se fût promptement multipliée à l'exclusion de celle-ci. Si par exemple, les corbeaux pies mâles, au lieu d'être persécutés et chassés par les autres, eussent eu des attraits particuliers pour les femelles noires ordinaires, comme le Paon pie dont nous avons parlé plus haut, leur nombre aurait augmenté rapidement. Ç'aurait été là un cas de sélection sexuelle.

Quant aux légères différences individuelles qui, à un degré plus ou moins grand, sont communes à tous les membres de la même espèce, nous avons toute raison de croire que ce sont les plus importantes pour le travail de la sélection. Les caractères sexuels secondaires sont éminemment sujets à varier, tant chez les animaux à l'état de nature que chez ceux qui sont domestiqués[40]. Il y a aussi des motifs pour croire, comme nous l'avons vu dans le huitième chapitre, que les variations sont plus sujettes à survenir chez les mâles que chez les femelles. Toutes ces circonstances favorisent la sélection sexuelle. J'espère montrer, dans le chapitre suivant, que le fait que la transmission des caractères ainsi acquis par un des sexes ou tous deux, dépend exclusivement, dans la plupart des cas, de la forme d'hérédité qui prévaut dans les groupes dont on s'occupe.

Il est quelquefois difficile d'émettre une opinion sur le fait de savoir si certaines légères différences entre les sexes des oiseaux sont simplement un résultat de variabilité avec hérédité sexuellement limitée, sans l'aide d'aucune sélection sexuelle, où si elles ont été augmentées par cette dernière. Je ne fais pas ici allu-

[40] Voir sur ces points *Variation des Animaux*, etc., I, p. 269 ; et II, p. 78, 80 (trad. française, 1868).

sion aux nombreux cas où le mâle est doué des magnifiques couleurs ou autres ornements, dont la femelle
n'a qu'une part très-légère ; et sont presque certainement dus à des caractères primitivement acquis par
le mâle, qui ont été transférés, à un degré plus ou moins
marqué, à l'autre sexe. Mais que devons-nous conclure
relativement à certains oiseaux chez lesquels, par exemple, les yeux diffèrent légèrement de couleur dans les
deux sexes [41] ? Dans quelques cas, la différence est très-
prononcée ; ainsi, chez les cigognes du genre *Xenorhyn-*
cus, ceux du mâle sont d'une couleur noisette noirâtre,
tandis que ceux des femelles sont d'un jaune gomme-
gutte ; chez beaucoup de calaos (*Buceros*) à ce que j'apprends de M. Blyth [42], les yeux des mâles sont d'un
rouge cramoisi, et blancs chez les femelles. Dans le *Bu-*
ceros bicornis le bord postérieur du casque et une raie
sur la crête du bec, sont noirs chez le mâle, mais pas
chez la femelle. Devons-nous supposer que ces marques
noires et la couleur cramoisie des yeux aient été conservées ou augmentées par sélection sexuelle chez les
mâles ? Ceci est fort douteux, car M. Bartlett m'ayant
fait voir, au Jardin zoologique, que l'intérieur de la bouche de ce Buceros étant noir chez le mâle, et couleur chair
chez la femelle, il n'y a rien qui soit de nature à affecter
ni la beauté ni l'aspect extérieurs. Au Chili [43] j'ai observé
que, chez le Condor âgé d'un an, l'iris est brun foncé, mais
à l'âge adulte devient d'un brun jaunâtre chez le mâle,
et d'un rouge vif chez la femelle. Le mâle a aussi une
petite crête charnue longitudinale de couleur plombée.
Chez beaucoup de Gallinacés, la crête est très-ornemen-

---

[41] Exemples des iris de *Podica* et *Gallicrex* dans *Ibis*, II, 206, 1860 ;
et vol. V, 426, 1863.
[42] Jerdon, *o. c.*, I, 243-245.
[43] Darwin, *Zoology of the Voyage of H. M. S. Beagle*, 6, 1841.

tale, et pendant que l'oiseau fait sa cour elle prend des
teintes fort vives ; mais que devons-nous penser de la
crête sombre et incolore du Condor qui n'a, à nos yeux,
rien de décoratif? On peut poser la même question au
sujet de divers autres caractères, comme la protubérance qui occupe la base du bec de l'Oie chinoise (*Anser
cygnoïdes*), qui est beaucoup plus grande dans le mâle que
dans la femelle. Nous ne pouvons donner à ces questions
aucune réponse certaine, mais ce n'est qu'avec réserve
que nous devons dire que des protubérances et divers
appendices charnus ne peuvent pas avoir de l'attrait
pour la femelle, car il ne faut pas oublier que des races
humaines sauvages admirent toutes comme ornementales diverses difformités hideuses, — telles que de profondes balafres pratiquées sur la figure avec la chair
relevée en saillies ; la cloison nasale traversée par des
pièces osseuses ou des baguettes ; des trous pratiqués
dans les oreilles et les lèvres, et aussi dilatés que possible.

Que les différences insignifiantes, telles que celles
que nous venons de signaler entre les sexes, aient été
ou non conservées par sélection sexuelle, elles ont dû,
comme toutes autres, dépendre primitivement des lois
de variation. D'après le principe de la corrélation du
développement, le plumage varie souvent sur différentes parties du corps, ou sur son ensemble de la
même manière. Nous voyons dans certaines races gallines de bons exemples de ce fait. Dans toutes, les plumes
occupant le cou et les lombes des mâles sont allongées
et en forme de soies ; ou lorsque les deux sexes acquièrent une huppe qui est un caractère nouveau dans le
genre, les plumes de la tête du mâle prennent la forme
précitée, évidemment par corrélation ; tandis que celles
de la tête de la femelle conservent la forme ordinaire.

La couleur de ces plumes formant la huppe du mâle est souvent en corrélation avec celle des soies du cou et des reins, comme on le voit en les comparant dans les poules polonaises pailletées d'or, celles pailletées d'argent, et les races Houdan et Crève-cœur. Dans quelques espèces naturelles on remarque la même corrélation dans les couleurs de ces mêmes plumes, par exemple dans les mâles splendides des faisans Amherst et Doré.

La structure de chaque plume individuelle entraîne généralement une disposition symétrique de tout changement de coloration ; nous voyons cela dans les diverses races gallines brodées, émaillées et pénicillées ; et en vertu du principe de la corrélation les plumes du corps entier, sont souvent modifiées de la même manière. Nous sommes ainsi à même de pouvoir sans grande peine élever des races dont les plumages sont aussi symétriquement marqués et colorés que les espèces naturelles. Dans les oiseaux de basse-cour brodés et pailletés, les bords colorés des plumes sont brusquement et nettement définis ; mais dans un Métis que j'ai obtenu d'un Coq espagnol noir à reflet vert, et une Poule de combat blanche, toutes les plumes furent d'un vert noirâtre, sauf leurs extrémités qui étaient d'un blanc jaunâtre ; mais entre ces extrémités blanchâtres et la partie basilaire noire de la plume, chacune d'elles avait une zone symétrique et incurvée de brun foncé. Dans quelques cas, c'est la tige de la plume qui détermine la distribution des tons ; ainsi dans les plumes du corps d'un Métis du même Coq espagnol noir, et d'une Poule polonaise pailletée d'argent, la tige avec un étroit espace de chaque côté, était d'un noir verdâtre, entourée d'une zone régulière de brun foncé, bordée de blanc brunâtre. Nous voyons dans ces cas des plumes qui devenaient symétriquement ombrées comme celles qui donnent tant d'élégance au plumage d'un grand nombre d'espèces naturelles. J'ai aussi remarqué une variété du Pigeon ordinaire dont les barres des ailes étaient symétriquement zonées de trois nuances brillantes, au lieu d'être simplement noires sur un fond bleu ardoisé, comme dans l'espèce parente.

Dans plusieurs grands groupes d'oiseaux, on peut observer que les plumages bien que différemment colorés dans chaque espèce, tous conservent cependant certaines taches, marques ou raies, également colorées d'une manière différente. Les races de pigeons présentent un cas analogue, car habituellement elles conservent les deux bandes des ailes, bien qu'elles puissent être rouges, jaunes, blanches, noires ou bleues, le reste du plumage possédant d'ailleurs une nuance toute autre. Voici un cas plus curieux de la conservation de certaines marques mais colorées d'une manière à peu près exactement l'inverse du cas ordinaire ; le Pigeon primitif a la queue bleue, avec les moitiés terminales des barbes externes des deux rectrices extérieures blanches ; il existe une sous-variété dont la queue est blanche au lieu d'être bleue, mais ayant précisément noire cette petite portion qui dans l'espèce parente est blanche [44].

Formation et variabilité des ocelles ou taches oculiformes sur le plumage des oiseaux. — Comme il n'y a pas d'ornements plus beaux que les ocelles qu'on trouve sur les plumes de divers oiseaux, les enveloppes velues de quelques mammifères, les écailles de reptiles et poissons, la peau d'amphibiens, les ailes des lépido-

[44] Bechstein, *Naturgesch. Deutschlands*, IV, 31, 1795; sur une sous-variété du pigeon Moine.

ptères et autres insectes, ils méritent une mention spéciale. Un ocelle consiste en une tache placée au centre
d'un anneau d'une autre couleur, comme la pupille
dans l'iris, mais dont le point central est souvent entouré de zones concentriques additionnelles. Les ocelles
des tectrices caudales du Paon en sont un exemple fa-
milier à chacun, ainsi que les ailes du Papillon paon
(*Vanessa*). M. Trimen m'a communiqué la description
d'une Phalène de l'Afrique méridionale (*Gynanisa Isis*)
voisine de notre grand Paon, dans laquelle un ocelle
magnifique occupe la surface presque entière de chaque
aile postérieure ; il consiste en un centre noir, renfermant une marque en forme de croissant, demi-transpa-
rente, entourée de zones successivement de couleur jaune
ocre, noire, jaune ocre, rose, blanche, rose, brune et
blanche. Bien que nous ne sachions pas par quelle marche
ces ornements si complexes et si magnifiques ont pu se
développer, il faut au moins chez les insectes, qu'elle
ait été simple ; car, ainsi que me l'écrit M. Trimen « il
n'y a pas de caractère de simple marque ou coloration
qui soit aussi instable chez les Lépidoptères que les
ocelles, tant en nombre qu'en grosseur. » M. Wallace
qui a le premier attiré mon attention sur ce sujet, m'a
montré une série d'échantillons de notre papillon commun (*Hipparchia Janira*) présentant de nombreux degrés
depuis un simple petit point noir jusqu'à un ocelle élégamment ombré. Dans un papillon de l'Afrique du Sud
(*Cyllo Leda*, Linn.) appartenant à la même famille, les
ocelles sont encore plus variables. Dans quelques exemplaires (A, *fig.* 52), de larges espaces de la surface externe
des ailes sont colorés en noir, et renferment des marques
blanches irrégulières ; et de cet état on peut retracer
une gradation complète conduisant à un ocelle assez
parfait (A¹), et qui provient de la contraction des taches

irrégulières de couleur. Dans une autre série d'échantillons on peut suivre une série graduée partant de petits points blancs entourés d'une ligne noire (B) à peine
visible, et finissant par des ocelles grands et parfaitement symétriques (B¹) [45]. Dans les cas comme ceux-ci,

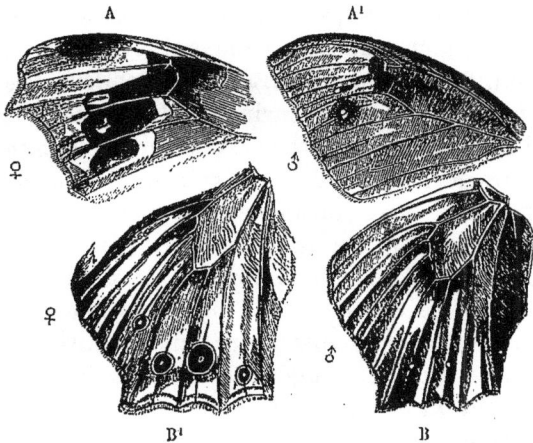

Fig. 52. — *Cyllo Leda*, Linn., dessin de M. Trimen, montrant l'extrême étendue
de variation dans les ocelles.

A. Spécimen de Maurice, surface supérieure de l'aile antérieure.
A¹. Spécimen de Natal, id.

B. Spécimen de Java, face supérieure
de l'aile postérieure.
B¹. Spécimen de Maurice, id.

le développement d'un ocelle parfait n'exige donc pas
un cours prolongé de variation et de sélection.

Il semble résulter de la comparaison des espèces voisines chez les Oiseaux et beaucoup d'autres animaux,
que les taches circulaires sont souvent le produit

[45] Ce dessin sur bois a été gravé d'après un magnifique dessin obli-
geamment exécuté pour moi par M. Trimen; dont il faut lire la description des étonnantes variations que peuvent offrir les ailes de ce papillon
dans leur coloration et leur forme, et que contient son « Rhopalocera
Africae Australis, » p. 186. Voir aussi un intéressant travail du rév. H.
H. Higgins, sur l'origine des ocelles chez les Lépidoptères, contenu dans
Quarterly Journal of Science, p. 325, July, 1868.

d'un fractionnement et d'une contraction des raies. Dans le faisan Tragopan, les magnifiques taches blanches du mâle [46], sont représentées, chez la femelle, par de faibles lignes de même couleur, et on remarque quelque chose d'analogue dans les deux sexes du faisan Argus. Quoi qu'il en soit, toutes les apparences favorisent l'idée que, d'une part, une tache foncée est souvent formée par la condensation, sur un point central, de la matière colorante répandue sur la zone environnante, laquelle devient ainsi plus claire. D'autre part, qu'une tache blanche peut être le résultat de la dissémination autour d'un point central de la substance colorante qui, en s'y répartissant, constitue une zone ambiante plus foncée. Dans les deux cas, il se forme un ocelle. La matière colorante paraît être en quantité à peu près constante, mais est susceptible de se distribuer dans des directions tant centripètes que centrifuges. Les plumes de la pintade présentent un bon exemple de taches blanches entourées de zones plus foncées, et partout où les marques blanches sont grandes et rapprochées, les zones foncées qui les environnent deviennent confluentes. On peut voir, sur une même rémige du faisan Argus, des taches foncées entourées d'une zone pâle, et des taches blanches d'une zone foncée. La formation d'un ocelle, dans son état le plus élémentaire, paraît donc être une chose fort simple. Mais je ne saurais prétendre dire quelle a pu être la marche suivie pour la formation d'ocelles plus compliqués, entourés de plusieurs zones successives de couleur. Cependant si on réfléchit aux plumes zonées de la descendance métis de races gallines diversement colorées, à la variabilité prodigieuse des ocelles dans les Lépidoptères, la formation des ornements de

---

[46] Jerdon, *Birds of India*, III, 517.

ce genre ne peut guère dépendre d'un procédé bien
compliqué, mais plus probablement de quelques changements graduels et légers dans la nature des tissus.

Gradation des caractères sexuels secondaires. — Les cas
de gradation ont une grande importance pour nous, en
ce qu'ils nous montrent la possibilité que des ornements
d'une haute complication puissent avoir été acquis successivement et à petits pas. Pour pouvoir découvrir les
degrés effectivement franchis par lesquels un oiseau
existant a acquis ses vives couleurs ou autres décorations, il faudrait contempler la longue lignée de ses ancêtres les plus reculés et éteints, ce qui est évidemment
impossible. Cependant nous pouvons, en général, trouver un fil conducteur en comparant toutes les espèces
d'un groupe, lorsqu'il est considérable ; car il est probable que quelques-unes d'entre elles auront, au moins
en partie, conservé quelques traces de leurs caractères
antérieurs. Je préfère ici, au lieu d'entrer dans d'innombrables détails sur divers groupes qui présentent des cas
frappants de gradation, prendre un ou deux exemples
fortement caractérisés, comme celui du paon, pour
voir si nous pouvons ainsi jeter quelque jour sur la
marche qu'a dû suivre le plumage de cet oiseau pour
atteindre le degré d'élégance et de splendeur que nous
lui reconnaissons. Le paon est surtout remarquable par
la longueur extraordinaire de ses plumes rectrices de la
queue, celle-ci n'étant par elle-même pas très allongée.
Les barbes qui occupent la presque totalité de la longueur de ces plumes sont séparées ou décomposées ;
mais le même fait se retrouve dans les plumes de beaucoup d'espèces et chez quelques variétés de races gallines
et du pigeon domestique. Les barbes se réunissent sur
l'extrémité de la tige pour former le disque ovale ou ocelle

qui est certainement un des objets les plus beaux qui existe. Il consiste en un centre dentelé, irisé, d'un bleu intense, entouré d'une zone d'un riche vert, elle-même bordée d'une large zone d'un brun cuivré, que circonscrivent à leur tour cinq autres zones étroites de nuances irisées un peu différentes. Le disque présente un caractère qui, malgré son peu d'importance, mérite d'être signalé ; les barbes étant, sur la surface d'une des zones concentriques, plus ou moins dépourvues de barbilles, une partie du disque se trouve ainsi entourée d'une zone presque transparente qui lui donne un aspect d'un haut fini. J'ai décrit ailleurs [47] une variation tout à fait analogue dans les barbes d'une sous-variété du coq de combat, dans lesquelles les pointes, douées d'un lustre métallique, « sont séparées de la partie inférieure de la plume par une zone de forme symétrique et transparente constituée par la partie nue des barbes. » Le bord inférieur ou la base du centre bleu foncé de l'ocelle est profondément dentelée sur la ligne de la tige. Les zones environnantes montrent également, comme on peut le voir dans le dessin (*fig. 53*), des traces d'indentation ou d'interruption. Ces indentations sont communes aux paons indien et japonais (*Pavo cristatus* et *P. muticus*), et elles m'ont paru mériter une attention particulière, comme étant probablement en rapport avec le développement de l'ocelle, mais sans que j'aie pu pendant longtemps m'expliquer leur signification.

Si nous admettons le principe de l'évolution graduelle, il doit y avoir existé autrefois un grand nombre d'espèces ayant présenté tous les degrés successifs entre les couvertures caudales allongées du paon et celles plus courtes des autres oiseaux ; et aussi entre les superbes

---

[47] *Variation*, etc., 1, p. 270 (trad. française, 1868).

ocelles du premier et ceux plus simples ou les taches
colorées des seconds ; et ainsi de tous les caractères du
paon. Voyons, dans les Gallinacés voisins, si nous trouvons des gradations encore existantes. Les espèces et
sous-espèces de *Polyplectron* habitent des pays voisins

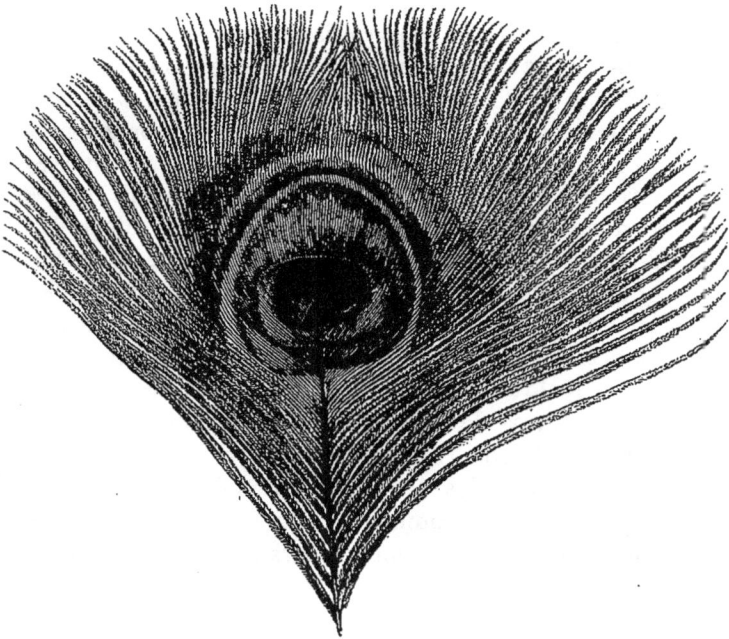

Fig. 55. — Plume de Paon, deux tiers de grandeur naturelle, dessinée par
M. Ford. — La zone transparente est représentée par la plus extérieure
blanche limitée à l'extrémité supérieure du disque.

du lieu natal du paon, et ils ressemblent assez à cet
oiseau pour qu'on les ait appelés faisans-paons. M. Bartlett m'apprend qu'ils ressemblent au paon par la
voix et quelques-unes de leurs habitudes. Pendant le
printemps, ainsi que nous l'avons décrit précédemment,
les mâles se pavanent devant leurs femelles relativement

beaucoup plus uniformes et simples de couleur, redressant et étalant leurs rémiges et rectrices, ornées de nombreux ocelles. Le lecteur peut recourir au dessin du Polyplectron (*fig.* 51, p. 93). Dans le *P. Napoleonis*, les ocelles sont limités à la queue, le dos est d'un riche bleu métallique, points qui rapprochent cette espèce du paon de Java. Le *P. Hardwickii* possède une huppe particulière assez semblable à celle du même paon. Les ocelles des ailes et de la queue des diverses espèces de Polyplectron sont ou circulaires ou ovales, et consistent en un magnifique disque irisé, bleu-verdâtre ou pourpreverdâtre, avec un bord noir. Dans le *P. chinquis*, ce bord se nuance de brun avec un liséré couleur de café au lait, de sorte que l'ocelle est ici entouré de zones concentriques de tons différents quoique peu brillants. La longueur inusitée des couvertures caudales est un autre caractère fort remarquable du genre Polyplectron ; car, dans quelques espèces, elles atteignent la moitié, et, dans d'autres, les deux tiers de la longueur des vraies rectrices. Les tectrices caudales sont ocellées comme chez le paon. Ainsi, les diverses espèces de Polyplectron se rapprochent évidemment d'une manière graduelle du paon, par l'allongement de leurs tectrices, le zonage de leurs ocelles et quelques autres caractères.

Malgré ce rapprochement, j'avais presque renoncé à mes recherches après l'examen de la première espèce de Polyplectron que j'eus à ma disposition ; car je trouvai non-seulement que les véritables rectrices, qui sont simples chez le paon, étaient ornées d'ocelles qui sur toutes les plumes différaient fondamentalement de ceux du paon, en ce qu'il y en avait deux sur la même plume (*fig.* 54), un de chaque côté de la tige. J'en conclus que les ancêtres primitifs du paon n'avaient pu, à aucun degré, ressembler au Polyplectron, Mais, en con-

tinuant mes recherches, je vis que, dans quelques
espèces, les deux ocelles
étaient fort rapprochés ; que,
dans les rectrices du *P.
Hardwickii*, ils se touchaient,
et finalement que, dans les
tectrices de la queue de la
même espèce ainsi que de
la *P. Malaccense* (*fig.* 55),
ils se confondaient. La soudure, n'intéressant que la
portion centrale, réservait
des dentelures aux bords
supérieurs et inférieurs de
l'ocelle, qui se traduisaient
également sur les zones colorées environnantes. Cha-

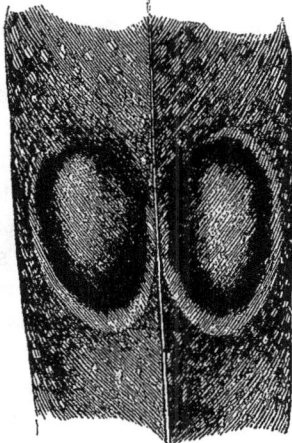

Fig. 54. — Portion d'une tectrice caudale du *Polyplectron chinquis*, avec
les deux ocelles (grandeur nat.).

que tectrice caudale porte
ainsi un ocelle unique, mais
dont la double origine est
encore nettement accusée.
Ces ocelles confluents diffèrent de ceux du paon qui
sont uniques, en ce qu'ils
ont une échancrure à cha-
que extrémité, au lieu de
n'en présenter qu'à l'inférieure ou basilaire seulement. L'explication de cette
différence est d'ailleurs facile, dans quelques espèces
de Polyplectron, les deux

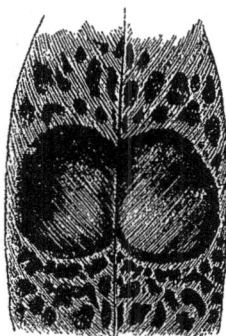

Fig. 55. — Portion d'une tectrice caudale du *Polyplectron malaccense*,
avec les deux ocelles partiellement
confluents (grandeur nat.).

ocelles ovales de la même plume sont parallèles ; dans
une autre (*P. chinquis*), ils convergent vers une des extré-

mités ; or, la soudure partielle de deux ocelles conver-
gents doit évidemment produire une dentelure plus
profonde à l'extrémité divergente qu'à celle qui est convergente. Il est aussi manifeste que si la convergence
était fortement prononcée et la fusion complète, l'échancrure tendrait à disparaître complétement sur la pointe
convergente.

Dans les deux espèces de paons, les rectrices sont entièrement privées d'ocelles, ce qui semble être en rapport avec le fait qu'elles sont cachées sous les longues
tectrices caudales qui les recouvrent. Elles diffèrent
sous ce point de vue très-notablement des pennes rectrices des Polyplectrons, qui, dans la plupart des espèces, sont ornées d'ocelles plus grands que ceux des plumes de couverture. Je fus ainsi conduit à examiner de
très-près les pennes caudales des diverses espèces de
Polyplectrons, afin de m'assurer si, chez quelqu'une
d'entre elles, les ocelles présentaient quelque tendance
à disparaître, ce que, à ma grande satisfaction, je réussis
à constater. Les rectrices centrales du *P. Napoleonis* ont
les deux ocelles complétement développés de chaque
côté de la tige ; mais l'ocelle interne devient de moins
en moins apparent sur les rectrices plus extérieures, et
il n'en subsiste plus qu'un vestige rudimentaire ou une
ombre sur le bord interne de la penne la plus extérieure. Dans le *P. Malaccense*, les ocelles des tectrices
caudales sont soudés comme nous l'avons vu, ces plumes ayant une longueur inusitée, les deux tiers de la
longueur des rectrices, et sous ces deux rapports ressemblant aux couvertures caudales du Paon. Or, dans
cette espèce, les deux rectrices centrales sont seules ornées de deux ocelles de couleur vive, ces marques ayant
complétement disparu des côtés internes de toutes les
autres. Par conséquent les pennes caudales de cette es-

pèce de Polyplectron, tant les tectrices que celles qu'elles recouvrent, se rapprochent beaucoup, par leur structure et leur ornementation, des plumes correspondantes du Paon.

Ainsi donc en raison du jour que le principe de la gradation jette sur la marche par laquelle la splendide queue du Paon a pu se produire, il ne nous en faut pas davantage. Nous pouvons nous représenter un ancêtre du Paon s'étant trouvé dans un état presque exactement intermédiaire entre le Paon actuel, avec ses tectrices si prodigieusement allongées, ornées d'ocelles uniques, et un oiseau gallinacé ordinaire à tectrices courtes, simplement tachetées. Nous nous figurerons ainsi un oiseau possédant des plumes tectrices, susceptibles de se redresser et de se déployer, ornées de deux ocelles partiellement confluents, assez longues pour recouvrir à peu près les rectrices elles-mêmes, — celles-ci ayant déjà perdu en partie leurs ocelles ; bref nous aurons sous les yeux un Polyplectron. Les échancrures du disque central et des zones qui entourent l'ocelle dans les deux espèces de paons, me paraissent militer fortement en faveur de cette manière de voir, car cette particularité est autrement inexplicable. Les mâles de Polyplectrons sont incontestablement de fort beaux oiseaux, mais leur beauté observée à quelque distance, ainsi que je l'ai autrefois vu au Zoological Gardens, ne saurait être comparée à celle du Paon. Un grand nombre d'ancêtres femelles de cet oiseau doivent pendant une longue ligne de descendance, avoir apprécié cette supériorité ; car, par leur préférence continue des plus beaux mâles, elles ont d'une manière inconsciente fait du Paon le plus splendide des oiseaux vivants.

Le Faisan Argus. — Un autre exemple excellent pour

nos recherches est fourni par les ocelles des rémiges
du Faisan Argus, qui sont ombrés de manière à ressembler tout à fait à des boules situées dans une cavité,
et diffèrent par là des autres ocelles ordinaires. Personne, je le pense, n'attribuera ces ombres délicates, si
bien graduées, qui ont fait l'admiration de tous les artistes qui les ont vues, au hasard — à un concours for-
tuit d'atomes de matière colorante. Que ces ornements
se fussent formés par une sélection de variations successives, dont pas une n'était originellement destinée à
produire l'illusion d'une boule dans un creux, serait
aussi incroyable qu'une des madones de Raphaël eût été
formée par la sélection de barbouillages de peinture
faits fortuitement par une longue succession de jeunes
peintres, dont pas un ne comptait d'abord dessiner une
figure humaine. Pour découvrir comment les ocelles
se sont développés, nous ne pouvons recourir à la longue
lignée d'ancêtres, ni à des formes voisines, qui n'existent actuellement plus. Mais heureusement les diverses
plumes de l'aile suffisent pour nous donner le fil du
problème, en prouvant jusqu'à l'évidence, qu'une gradation d'une simple tache à un ocelle produisant l'effet
complet d'une boule dans une cavité, est au moins possible.

Les rémiges portant les ocelles sont couvertes de
bandes ou de raies de taches foncées, qui chacune
se dirige obliquement depuis le côté extérieur de la
tige vers un ocelle. Les taches sont généralement
allongées transversalement à la rangée dont elles
font partie. Elles se réunissent souvent soit dans le
sens de la rangée — elles forment alors une bande
longitudinale — ou latéralement, c'est-à-dire avec les
taches des rangées voisines, et constituent alors des
bandes transversales. Une tache peut quelquefois se di-

viser en de plus petites, qui conservent leur situation propre.

Il convient d'abord de décrire un ocelle complet figurant parfaitement une boule dans une cavité. Il consiste en un anneau circulaire d'un noir intense, entourant un espace ombré de façon à produire exactement l'apparence d'une sphère. La figure que nous donnons ici a été admirablement dessinée et gravée par M. Ford, mais une gravure sur bois ne saurait rendre l'ombrage parfait et délicat de l'original. L'anneau est presque toujours un peu interrompu (*fig.* 56) sur un point de sa moitié supérieure, un peu à droite et au-dessus de la partie blanche (point éclairé) de la sphère qu'il entoure ; il est aussi quelquefois un peu rompu vers sa base à droite. Ces légères interruptions ont une signification importante. L'anneau est toujours très-épaissi avec ses bords mal définis vers l'angle gauche supérieur, lorsque la plume est vue redressée, dans la position où

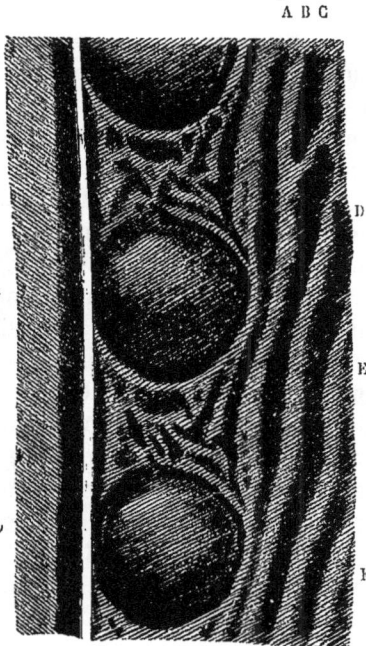

Fig. 56. — Portion de rémige secondaire du Faisan Argus, montrant deux ocelles complets. *a*, *b*. — A, B, C, etc., sont les rangées obliques, descendant chacune à un ocelle.

(Une grande partie de la barbe de la plume a été coupée, à gauche surtout.)

elle est ici dessinée. Sous cette partie épaissie, il y a à la surface de la sphère, une marque oblique d'un blanc presque pur qui passe graduellement par différentes nuances de gris plombé pâle, puis jaunâtres et brunâtres devenant insensiblement toujours plus foncées vers la partie inférieure. C'est cette graduation de teintes qui produit cet effet si parfait d'une lumière éclairant une surface convexe. Si on examine une de ces sphères, on remarquera que sa portion inférieure a une teinte plus brune, et est peu distinctement séparée par une ligne courbe oblique de la partie supérieure qui est plus jaune et d'une nuance plus plombée ; cette ligne oblique marche perpendiculairement à l'axe le plus long de la tache blanche (qui représente la partie éclairée), et même de toute la portion ombrée, mais ces différences de teintes, dont notre figure sur bois ne peut, cela va sans dire, donner aucune idée, n'altèrent en aucune façon la perfection de l'ombrage de la sphère[48]. Il faut surtout observer que chaque ocelle est en connexion évidente avec une raie ou une série de taches foncées, car les deux se rencontrent indifféremment sur la même plume. Ainsi dans la figure 56, la raie A marche vers l'ocelle a ; B vers l'ocelle b ; la raie C est interrompue dans sa partie supérieure, et se dirige sur l'ocelle suivant qui n'est pas représenté sur la figure ; il en est de même des bandes D, E et F. Enfin les divers

---

[48] Lorsque le Faisan Argus déploie ses rémiges en un grand éventail, celles qui sont les plus rapprochées du corps se tiennent plus droites que les extérieures, de sorte que pour produire leur effet complet, il faudrait que l'ombrage des ocelles représentant la boule dans sa cavité, fût différent sur les diverses plumes relativement à l'incidence de la lumière. M. T. W. Wood, qui possède l'œil exercé d'un artiste, affirme que c'est le cas (*Field Newspaper*, Mai 28, 1870, p. 457); mais en examinant avec soin deux échantillons montés (M. Gould m'ayant remis pour une meilleure comparaison les plumes de l'un d'eux), je ne puis apercevoir que cet apogée de perfection dans l'ombrage ait été atteint ; c'est aussi l'avis d'autres personnes auxquelles j'ai montré ces plumes.

ocelles sont séparés entre eux par une surface pâle
portant des marques noires irrégulières.

Je décrirai maintenant l'autre extrême de la série,
c'est-à-dire la première trace d'un ocelle. La rémige
secondaire courte, la plus
rapprochée du corps, est
marquée comme les au-
tres plumes (*fig.* 57) de
séries obliques de taches
un peu irrégulières et
longitudinales. Celle qui
est la plus inférieure ou
la plus rapprochée de la
tige, dans les cinq ran-
gées les plus basses (celle
de la base exceptée), est
un peu plus grande que
les autres taches de la
même série, et un peu
plus allongée dans le sens
transversal. Elle diffère
aussi des autres taches

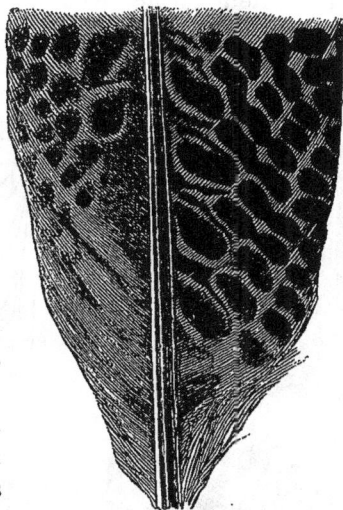

Fig. 57. — Base de la rémige secondaire
la plus rapprochée du corps.

en ce qu'elle est bordée en haut d'une ombre de couleur
fauve. Mais n'ayant rien de plus remarquable que celles
qu'on voit sur les plumages d'une foule d'oiseaux, cette
tache pourrait aisément passer inaperçue. La tache suivante en montant dans chaque rangée ne diffère pas du
tout de celles qui dans la même ligne sont au-dessus
d'elle, bien que, dans la série suivante, comme nous
allons le voir, elle se modifie beaucoup. Les grandes taches occupent exactement la même position relative,
dans cette plume, que celle où se trouvent placés dans
les rémiges plus allongées les ocelles parfaits.

En examinant les deux ou trois rémiges secondaires

suivantes, on peut retracer une gradation tout à fait in
sensible d'une des taches que nous venons de décrire,
jointe à celle qui la suit dans la même rangée, à un ornement curieux qu'on ne peut appeler un ocelle, que, faute
d'un meilleur terme, je nommerai un « ornement elliptique, » et qui est représenté dans la figure ci-jointe
(*fig.* 58). Nous y voyons plusieurs rangées obliques, A,

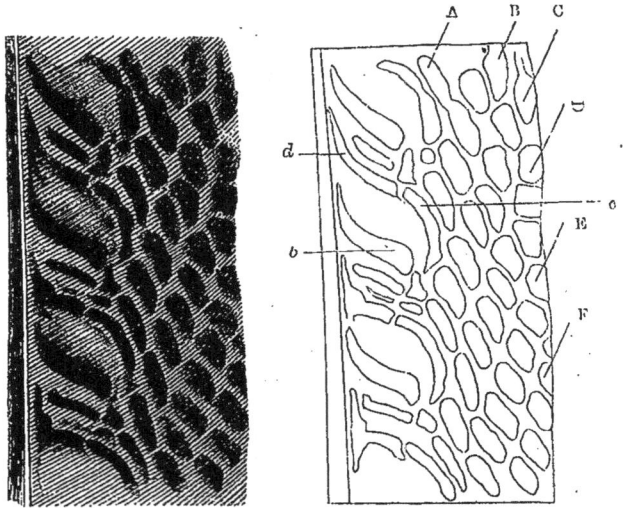

Fig. 58. — Portion d'une rémige secondaire montrant les ornements elliptiques.
La figure de droite n'est qu'un croquis indiquant les lettres de renvois.

A, B, C, etc., lignes de taches se dirigeant sur et formant les éléments elliptiques.
b. Tache inférieure de la rangée B.

c. Tache suivante de la même rangée.
d. Prolongement interrompu de la
tache c de la rangée B.

B, C, D, etc., de taches foncées ayant le caractère habi-
tuel. Chaque rangée de taches descend vers et se rattache à un des ornements elliptiques, exactement comme
chaque raie de la figure 56 est en connexion avec un des
ocelles à boule. Prenant une rangée, B, par exemple,
la tache la plus basse (*b*) est plus épaisse et beaucoup

plus longue que les supérieures ; elle a son extrémité gauche appointie et recourbée vers le haut. Cette marque noire est brusquement bordée sur son côté supérieur par un espace assez large de teintes richement ombrées, commençant par une étroite zone de brun, passant à l'orange et ensuite à une teinte plombée, pâlissant beaucoup à son extrémité amincie et côtoyant la tige. Cette marque correspond, sous tous les rapports, avec la grande tache ombrée décrite ci-dessus (*fig.* 57), mais elle est plus développée et plus vive de couleur. A droite et au-dessus de ce point (*b*), avec sa partie éclairée, il y a une marque noire (*c*) longue et étroite faisant partie de la même rangée, qui est un peu arquée en dessous, du côté tourné vers *b*, ou elle fait face à la convexité de celle-ci. Elle est bordée d'une étroite bande d'une teinte fauve. A gauche et au-dessus de *c*, dans la même direction oblique, mais en étant toujours plus ou moins distincte, se trouve une autre marque noire (*d*). Cette partie est ordinairement à peu près irrégulièrement triangulaire ; celle qui porte la lettre dans l'esquisse est exceptionnellement étroite, allongée et régulière. Elle paraît consister en un prolongement latéral et interrompu de la tache (*c*), ainsi que je crois pouvoir l'inférer de prolongements analogues qui s'observent sur les taches suivantes supérieures ; mais je n'en suis pas certain. Ces trois marques, *b*, *c* et *d*, avec les parties éclairées intermédiaires, forment ensemble les ornements elliptiques, ainsi que nous les appelons. Ceux-ci occupent une ligne parallèle à la tige et correspondent évidemment, par leur position, aux ocelles sphériques. Malheureusement l'élégance de leur aspect ne saurait être rendue par un dessin, les teintes orangées et plombées qui contrastent si heureusement avec les marques noires, ne pouvant être reproduites.

La gradation entre un de ces ornements elliptiques et un ocelle à sphère complet, est si parfaite, qu'il est presque impossible de décider quand cette dernière désignation doit être substituée à la première. Je regrette de n'avoir pas ajouté à la figure 58 un dessin représentant un état placé vers le milieu de la série commençant à la simple tache et se terminant à l'ocelle complet. Le passage de l'ornement elliptique à l'ocelle s'effectue par l'allongement et la plus grande courbure dans des directions opposées de la marque noire inférieure (*b*), et surtout de la supérieure (*c*), jointe à la contraction de la marque étroite et irrégulière (*d*) qui, se soudant toutes les trois ensemble, finissent par former un anneau elliptique peu régulier. Cet anneau le devient peu à peu davantage en prenant une forme circulaire tout en augmentant en même temps de diamètre. Les traces de la jonction des trois taches allongées, surtout des deux du haut, peuvent encore s'apercevoir dans un grand nombre des ocelles les plus parfaits. Nous avons signalé l'état interrompu du cercle noir au bord supérieur de l'ocelle de la figure 56. La marque irrégulièrement triangulaire ou étroite (*d*) forme évidemment, par sa contraction et son égalisation, la partie épaissie de l'anneau sur le côté supérieur gauche de l'ocelle complet. Sa partie inférieure est toujours un peu plus épaisse que les autres (*fig.* 56), ce qui résulte de ce que la marque noire inférieure de l'ornement elliptique (*b*) était, dans l'origine, plus épaisse que la supérieure (*c*). On peut suivre tous les pas qui se sont faits dans la marche des modifications et des soudures; et l'anneau noir qui entoure la sphère de l'ocelle est incontestablement formé par l'union et la modification des trois marques noires *b c d* de l'ornement elliptique. Les marques noires irrégulières et disposées en zigzag qui

sont placées entre les ocelles successifs (*fig.* 56) sont
dues simplement à l'interruption des quelques marques
semblables mais plus régulières qui se trouvent dans
les intervalles des ornements elliptiques.

Les pas successifs par lesquels les teintes ombrées tendent à reproduire chez les ocelles l'effet d'une sphère dans
une cavité, peuvent également être suivis avec la même
évidence. Les zones étroites, brunes, oranges et plombées
qui bordent la marque noire inférieure de l'ornement
elliptique, deviennent peu à peu plus douces et nuan-
cées dans leurs teintes, qui passent les unes aux autres,
la partie déjà peu colorée de la partie supérieure gauche
étant rendue encore plus claire, au point de paraître presque blanche. Mais même dans l'ocelle en boule le plus
parfait, une légère différence dans les teintes, quoique
pas dans les ombres, on peut apercevoir (ainsi que nous
l'avons noté plus haut), entre les portions supérieure et
inférieure de la sphère, la ligne de séparation oblique
et, suivant la même direction, des tons plus clairs des
ornements elliptiques. Ainsi chaque petit détail dans la
forme et la coloration de l'ocelle à sphère peut être
déduit de changements graduels apportés aux ornements elliptiques ; le développement de ces derniers
pouvant également se retracer par des degrés tout aussi
petits de l'union de deux taches presque simples, l'inférieure (*fig.* 57) étant pourvue d'une teinte ombrée de
fauve du côté supérieur.

Les extrémités des rémiges secondaires plus longues
qui portent les ocelles complets représentant la sphère
dans une cavité, sont le siège d'une ornementation particulière (*fig.* 59). Les raies longitudinales-obliques cessent
brusquement dans le haut et deviennent confuses ; au-
dessus de cette limite, toute l'extrémité supérieure de
la plume (*a*) est couverte de points blancs entourés par

de petits anneaux noirs placés sur un fond obscur. Même la raie oblique appartenant à l'ocelle supérieur (*b*) n'est représentée que par une courte marque noire, irrégulière, avec sa base ordinaire transversale et arquée. La séparation brusque de cette raie nous fait comprendre pourquoi la partie épaissie de l'anneau manque dans l'ocelle supérieur; car, comme nous l'avons constaté auparavant, cette partie épaissie est apparemment formée par un prolongement rompu de la tache qui, placée au-dessus, la suit dans la même raie. En suite de l'absence de la portion supérieure et épaissie de l'anneau, et quoique complet sous tous les autres rapports, l'ocelle supérieur paraît comme si on avait obliquement enlevé par section son sommet. Pour celui qui croirait que le plumage du Faisan Argus a été créé comme nous le voyons, il serait embarrassant d'expliquer l'état imparfait des ocelles supérieurs. J'ajouterai que, dans la rémige secondaire, la plus éloignée du corps, tous les ocelles sont plus petits et moins parfaits qu'ils ne le

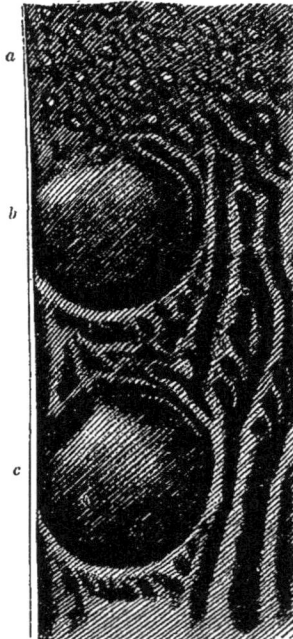

Fig. 59. — Portion près du sommet d'une des rémiges secondaires portant des ocelles complets.

a. Partie inférieure ornée.
b. Ocelle supérieur pas tout à fait complet. (L'ombre qui est au-dessus du point éclairé est trop sombre dans la figure.)
c. Ocelle parfait.

sont dans les autres, et présentent, comme dans le cas que nous venons de mentionner, un déficit à la partie supérieure de l'anneau noir externe. L'imperfection semble être ici en connexion avec le fait que les taches sur cette plume, montrent une tendance moindre à se réunir pour former des bandes ; elles sont, au contraire, souvent divisées en taches plus petites, qui constituent deux ou trois rangées se dirigeant vers chaque ocelle.

Nous avons maintenant vu qu'on peut suivre une série parfaite, depuis deux taches simples et d'abord tout à fait distinctes entre elles, à un ornement du genre de celui que nous présente l'étonnant ocelle en forme de boule. M. Gould, qui a eu l'obligeance de me transmettre quelques-unes de ces plumes, est tout à fait d'accord pour reconnaître combien la gradation est complète. Il est évident que les phases de développement qu'on observe sur les plumes d'un même oiseau ne montrent pas nécessairement les états par lesquels ont pu passer les ancêtres éteints de l'espèce ; mais elles nous fournissent probablement le fil conducteur aux états actuels, et au moins la preuve démonstrative de la possibilité d'une gradation. Si l'on réfléchit à l'importance que le Faisan Argus mâle met à étaler ses plumes aux regards de la femelle, ainsi que les innombrables faits qui semblent prouver que les oiseaux femelles témoignent d'une préférence pour les mâles les plus attrayants ; on ne peut contester, si on admet la sélection sexuelle, qu'une simple tache foncée ombrée de quelques teintes qui la bordent ne puisse, par le rapprochement et une modification des taches voisines, jointes à une augmentation de couleur, se transformer en ce que nous avons appelé des ornements elliptiques. Ces ornements ont été trouvés fort élégants par toutes les personnes qui les ont vus, et dont plusieurs les ont considérés comme étant même plus beaux que les ocelles complets représentant une sphère incluse dans une cavité. Les rémiges secondaires s'allongeant par sélection sexuelle, et les ornements elliptiques augmentant de diamètre, leur coloration a diminué de vivacité, et alors l'ornementation des plumes s'est faite aux dépens d'améliorations apportées au modèle et aux nuances ; et cette marche, poursuivie, a abouti au développement des merveilleux ocelles précités. Ce n'est qu'ainsi, — et à ce qu'il me semble d'aucune autre manière, — que nous pouvons comprendre l'état actuel et l'origine des ornements des rémiges du Faisan Argus.

La lumière que jette sur le sujet le principe de la gradation ; ce que nous savons des lois de la variation ; des changements qu'ont éprouvé un grand nombre de nos oiseaux domestiques ; et enfin les caractères (sur lesquels nous aurons à revenir) du plumage des oiseaux avant qu'ils soient adultes — nous permettent quelquefois d'indiquer, avec une certaine sûreté, la marche probable, ou suivant laquelle les mâles ont pu acquérir leur riche plumage et leurs divers ornements ; bien que dans beaucoup de cas, nous soyons encore à cet égard plongés dans une obscurité profonde. Il y a déjà quelques années que M. Gould m'a signalé un oiseau-mouche, le *Urosticte benjamini*, remarquable par les différences existant dans les deux sexes. Le mâle, joint à une collerette magnifique, des rectrices d'un vert noirâtre dont les quatre *centrales* sont terminées de blanc ; dans la femelle, comme dans la plupart des espèces voisines, les trois rectrices *extérieures* de chaque côté sont dans le même cas ; de sorte que le mâle a les quatre rectrices centrales et la femelle les six externes ornées d'extrémités blanches. Ce qui fait la curiosité du cas est que, bien que chez beaucoup d'oiseaux-mouches il y ait de grandes différences entre les sexes quant à la coloration de la queue, M. Gould n'en connaît pas une seule espèce en dehors de l'*Urosticte*, dont le mâle ait les quatre rectrices centrales terminées de blanc.

Commentant ce cas et passant sur la sélection sexuelle, le duc d'Argyll [49] demande « quelle explication la loi de sélection naturelle peut-elle donner de variétés spécifiques de ce genre? » Il répond à cette question : « Aucune quelconque, » ce que je lui accorde pleinement. Mais cela est-il exact pour la sélection sexuelle? En voyant de combien de manières les rectrices des oiseaux-mouches peuvent différer entre elles ; pourquoi les quatre centrales n'auraient-elles pas varié dans cette espèce seule, de façon à acquérir leurs pointes blanches ? Les variations ont pu être graduelles, ou subites comme dans le cas précédemment indiqué des oiseaux-mouches de Bogota, chez lesquels quelques individus seulement avaient les « rectrices centrales d'un vert éclatant à leur extrémité. » J'ai remarqué, dans la femelle de l'Urosticte, des extrémités blanches très-petites et presque rudimentaires sur les deux rectrices externes faisant partie des quatre centrales ; ce qui indique un changement de quelque nature dans le plumage de cette espèce. Si on accorde la possibilité que la quantité de blanc puisse varier dans les rectrices centrales du mâle, il n'y a rien d'étonnant à ce que de telles variations aient été soumises à une sélection sexuelle. Les extrémités blanches ainsi que les petites huppes auriculaires de même couleur ajoutent certainement à la beauté du mâle, et le duc d'Argyll l'admet ; et le blanc est apparemment appré-

[49] *The Reign of Law*, 247, 1867.

cié par d'autres oiseaux, comme on peut l'inférer de cas comme celui du mâle d'une espèce de Chasmorynchus, qui est d'une blancheur de neige. N'oublions pas le fait signalé par sir R. Heron que ses femelles de paon, auxquelles il avait interdit l'accès du mâle pie, refusèrent de s'apparier avec aucun autre et restèrent toute la saison sans produire. Il n'est pas étonnant non plus que les variations des rectrices de l'Urosticte aient été l'objet d'une sélection ayant spécialement l'ornementation pour but, car le genre qui le suit dans la famille a reçu le nom de *Metallura* en raison de la splendeur qu'ont atteinte chez lui ces mêmes plumes. Après avoir décrit le plumage particulier de l'Urosticte, M. Gould ajoute : « Je n'ai presque aucun doute que l'ornement et la variété ne soient le seul but [50]. » Ceci admis, nous pouvons reconnaître que les mâles, parés de la manière la plus élégante et la plus nouvelle, ont dû parvenir à être favorisés, non dans la lutte ordinaire pour l'existence, mais dans leur rivalité avec les autres mâles, et par conséquent ont dû laisser une descendance plus nombreuse pour hériter de leur beauté nouvellement acquise.

[50] *Introd. to Trochilidœ*, p. 110, 1861.

CHAPITRE XV

OISEAUX, SUITE.

Discussion sur la question de savoir pourquoi dans quelques espèces, les mâles seuls ont des couleurs éclatantes, le fait s'observant chez les deux sexes dans d'autres. — Sur l'hérédité sexuellement limitée, appliquée à diverses conformations et au plumage richement coloré. — Rapports de la nidification avec la couleur. — Perte pendant l'hiver du plumage nuptial.

Nous avons à examiner, dans ce chapitre, pourquoi, chez beaucoup d'oiseaux, la femelle n'a pas acquis les mêmes ornements que le mâle ; et pourquoi chez d'autres, en nombre aussi grand, les deux sexes sont ornés d'une manière égale, ou à peu près ? Dans le chapitre suivant nous aborderons les quelques cas rares où la femelle est plus remarquablement colorée que le mâle.

Dans mon *Origine des espèces*[1] j'avais brièvement avancé que, soit la longue queue du Paon, soit la couleur noire apparente du grand Tétras mâle, seraient l'une incommode, l'autre dangereuse pour les femelles pendant l'époque de l'incubation ; et, par conséquent, que la transmission de ces caractères de la descendance mâle à la femelle avait dû être empêchée par la sélection naturelle. Je crois encore que c'est ce qui a eu lieu dans quelques cas ; mais, après avoir mûrement réfléchi sur tous les faits que j'ai pu rassembler, je suis main-

---

[1] Quatrième édition, 1866, p. 241.

tenant disposé à croire que, lorsque les sexes diffèrent, c'est que les variations successives ont en général dès le commencement, été limitées dans leur transmission, au sexe chez lequel elles ont apparu d'abord. Depuis la publication de mes remarques, le sujet de la coloration sexuelle a été discuté par M. Wallace[2] dans plusieurs travaux d'un haut intérêt, où il admet que, dans presque tous les cas, les variations successives tendant bien d'abord à se transmettre également aux deux sexes, c'est la sélection naturelle qui a soustrait au danger qu'aurait couru pendant l'incubation la femelle revêtue des couleurs éclatantes du mâle, et a ainsi empêché les fâcheux résultats qui en auraient été la conséquence.

Cette manière de voir nécessite une laborieuse discussion sur le point difficile de savoir si la transmission d'un caractère, d'abord héréditaire chez les deux sexes, peut subséquemment être limitée dans sa transmission à un sexe seul, au moyen de la sélection. Ainsi que nous l'avons montré dans le chapitre préliminaire sur la sélection sexuelle, il faut avoir présent à l'esprit, que les caractères qui étant dans leur développement limités à un sexe seul, sont toujours latents dans l'autre. Un exemple imaginaire nous aidera à comprendre la difficulté du cas. Supposons qu'un éleveur désire créer une race de pigeons, dont les mâles seuls auraient une coloration d'un bleu pâle, pendant que les femelles conserveraient leur ancienne teinte ardoisée. Les caractères de toute espèce étant habituellement chez le pigeon transmis également aux deux sexes, l'éleveur aura à chercher à convertir cette forme d'hérédité en une transmission sexuellement limitée. Il ne pourrait que persévérer à choisir chaque pigeon mâle qui serait d'un

[2] *Westminster Review*, July 1867. *Journal of Travel*, I, p. 73, 1863.

bleu plus pâle à quelque degré que ce soit ; le résultat
nécessaire de cette marche suivie pendant longtemps,
si la variation pâle était fortement héréditaire et se pré-
sentait souvent, serait de donner à toute sa souche une
couleur bleue plus claire. L'éleveur serait alors obligé
d'apparier, génération après génération, ses mâles bleus
clairs avec des femelles de coloration ardoisée, puisqu'il tiendrait à ce qu'elles conservassent cette teinte.
Il en résulterait la production ou d'un ensemble métis
pie, ou plus probablement, la perte rapide et complète
de la couleur [bleu pâle, car c'est la teinte ardoisée
primitive qui tendrait à être transmise avec une force
prépondérante. Supposons toutefois que, dans chaque
génération successive, il se produisît quelques mâles
bleu clair et des femelles ardoisées, et qu'on les ap-
pariât toujours ensemble ; les femelles ardoisées auraient alors beaucoup de sang bleu dans les veines, si
j'ose me servir de cette expression, car leurs pères,
aïeux, etc., auraient tous été des oiseaux de sang bleu.
Dans ces conditions, il est concevable (bien que je ne
connaisse pas de faits positifs qui le rendent probable)
que les femelles pussent acquérir une tendance latente
à la coloration claire, assez forte pour ne pas la détruire chez leurs descendants mâles, ceux du sexe femelle continuant à hériter de la teinte ardoisée. Si cela
était, le but cherché de créer une race dont les deux sexes
différeraient d'une manière permanente par la couleur
pourrait être atteint.

L'importance extrême, ou plutôt la nécessité que le
caractère cherché dans la supposition qui précède, à
savoir que la coloration bleu pâle soit présente chez la
femelle à l'état latent, pour ne pas altérer la descendance mâle, sera plus appréciable par l'exemple suivant. Le mâle du faisan de Sœmmerring a une queue

longue de trente-sept pouces ($0^m,940$), celle de la femelle n'en ayant que huit ($0^m,20$), la queue du faisan mâle ordinaire est d'environ vingt pouces ($0^m,50$), et de douze ($0^m,304$) chez la femelle. Or, si on croisait une femelle du faisan de Sœmmerring à *courte* queue, avec un mâle de l'espèce commune, le descendant mâle hybride aurait sans aucun doute une queue beaucoup plus *longue* qu'un descendant pur du faisan commun. D'autre part, si la femelle du faisan commun, avec sa queue presque *deux fois aussi longue* que celle de la femelle de l'espèce de Sœmmerring, était croisée avec un mâle de cette dernière, l'hybride mâle produit aurait une queue beaucoup *plus courte* qu'un descendant pur de la même espèce[5].

Notre éleveur, pour donner aux mâles de sa race nouvelle une teinte bleu clair bien déterminée, sans modifier les femelles, aura à opérer sur les mâles une sélection continue pendant de nombreuses générations; chaque degré de pâleur de nuance devant être fixé chez les mâles et rendu latent chez les femelles. Ce serait une tache difficile, qui n'a pas été tentée, mais qui pourrait réussir. L'obstacle principal se rencontrerait dans la perte précoce et complète de la nuance bleu clair, résultant de la nécessité de croisements répétés avec la femelle ardoisée, celle-ci n'offre pas dans le commencement aucune tendance *latente* à produire des descendants bleu clair.

D'autre part, si quelques mâles venant à varier si peu que ce fût dans la pâleur de leur coloration, et que ces variations fussent d'emblée limitées dans leur

---

[5] Temminck (planches coloriées, vol. V, p. 487-88, 1838), dit que la queue du *Phasianus Sœmmerringii* femelle n'a que six pouces de longueur; c'est à M. Sclater que je dois les mesures que j'ai précédemment indiquées. Voir sur le faisan commun, Macgillivray, *Hist. Brit. Birds*, I, 118-121.

transmission au sexe mâle, la production de la race cherchée serait facile, car il suffirait simplement de choisir ces mâles et de les apparier avec des femelles ordinaires. Un cas analogue a été effectivement réalisé, car il existe en Belgique[4] des races de pigeons dans lesquelles les mâles sont seuls marqués de raies noires. Des variations de colorations limitées au sexe mâle dans leur transmission sont communes chez quelques races gallines. Même lorsque c'est cette forme d'hérédité qui prévaut, il peut arriver que quelques-uns des pas successivement faits dans le cours de la variation se transférant à la femelle, celle-ci en vienne alors à ressembler à un faible degré au mâle, ce qui se remarque dans quelques races gallines. Il se peut encore que la plupart, quoique pas tous, des pas successivement parcourus, s'étant transférés aux deux sexes, la femelle ressemble alors davantage au mâle. Il est à peu près hors de doute que c'est la cause pour laquelle le pigeon Grosse-gorge mâle a le jabot un peu plus gros, et le Messager mâle des soies plus fortes que ces parties ne le sont dans leurs femelles respectives ; car les éleveurs n'ont pas soumis à la sélection un sexe plus que l'autre, et n'ont jamais eu le désir que ces caractères fussent plus prononcés chez le mâle que la femelle ; bien que cela soit le cas dans les deux races.

La même marche serait à suivre, et les mêmes difficultés à surmonter, si on cherchait à créer une race où les femelles seules présenteraient une nouvelle couleur.

Enfin, l'éleveur peut désirer faire une race dont les deux sexes diffèrent l'un de l'autre, et tous deux de l'espèce parente. La difficulté serait ici extrême, à moins

4 Docteur Chapuis, *le Pigeon voyageur belge*, 87, 1865.

que les variations successives ne fussent dès l'abord, sexuellement limitées des deux côtés. Nous voyons cela dans les races de volailles ; ainsi les deux sexes de la race penicillée de Hambourg diffèrent beaucoup et l'un de l'autre, et des deux sexes de l'espèce originelle, le *Gallus bankiva* ; tous deux étant maintenant conservés constants à leur type de perfection, par une sélection continue qui serait impossible si leurs caractères distinctifs n'étaient pas limités dans leur transmission. La race espagnole offre un cas plus curieux encore ; le mâle porte une énorme crête, mais il paraît que quelques-unes des variations successives dont elle représente l'accumulation totale ont été transmises aux femelles, qui sont pourvues d'une crête beaucoup plus considérable que celle de la poule de l'espèce parente. Mais la crête de la femelle diffère sur un point de celle du mâle en ce qu'elle est sujette à devenir pendante ; et la fantaisie de la mode ayant récemment exigé qu'il en fût désormais ainsi, l'ordre a été suivi promptement avec succès. La chute de la crête doit être sexuellement limitée dans sa transmission, car, sans cela, elle serait un obstacle à ce que celle du coq fût parfaitement droite, ce qui serait un désastre pour l'éleveur. D'autre part, il faut que la rectitude de la crête chez le mâle soit de même un caractère limité à ce sexe, car autrement il s'opposerait à ce qu'elle prenne la position pendante chez la poule.

Les exemples précédents nous montrent que, avec un temps même non limité, il serait très-difficile et compliqué, quoique pas impossible peut-être, de changer par sélection une forme de transmission en l'autre. Par conséquent, sans preuves évidentes dans chaque cas, je serais peu disposé à admettre qu'elle ait souvent été réalisée dans les espèces naturelles. D'autre part, à l'aide de variations successives, dès leur commencement sexuellement limitées dans leur transmission, il n'y aurait pas la moindre difficulté à amener un oiseau mâle à différer complétement en couleur ou par tout autre caractère, de sa femelle, celle-ci restant intacte, ou peu altérée, ou modifiée spécialement en vue de sa protection.

Les vives couleurs étant utiles aux mâles dans leurs rivalités mutuelles, elles deviendront l'objet d'une sélection, qu'elles soient ou non transmises au même sexe exclusivement. Par conséquent on pourrait s'attendre à voir les femelles souvent participer, à un degré plus ou moins prononcé, à l'éclat des mâles; ce qui arrive à une foule d'espèces. Si toutes les variations successives étaient transmises également aux deux sexes, les femelles ne se distingueraient pas des mâles ; c'est aussi ce qui s'observe chez beaucoup d'oiseaux. Toutefois, si les couleurs sombres avaient de l'importance pour la sécurité de la femelle pendant l'incubation, comme chez plusieurs oiseaux terrestres, les femelles variant par l'éclat de leurs nuances, ou recevant par hérédité du mâle un accroissement marqué de brillant, ne tarderaient pas à être tôt ou tard détruites. Mais la tendance dans les mâles à continuer pour une période indéfinie à la descendance femelle leur propre éclat, aurait à être éliminée par un changement dans la forme de l'hérédité ; ce qui, comme le montre notre exemple précédent, serait fort difficile. Le résultat le plus probable de la destruction longtemps continuée des femelles plus vivement colorées, en supposant l'existence d'une égale transmission, serait un amoindrissement ou l'annulation des brillantes teintes des mâles, par suite de leurs croisements perpétuels avec les femelles plus sombres. Il serait fastidieux de vouloir chercher à déduire tous les autres résultats possibles ; mais je rappellerai au lecteur qu'ainsi que cela a été démontré au huitième chapitre, si les variations d'éclat limitées sexuellement se présentaient chez les femelles, même si elles ne leur étaient pas nuisibles, ét par conséquent non éliminées, ne seraient cependant pas favorisées et choisies, car le mâle accepte ordinairement la première femelle venue, et ne choisit pas les plus attrayantes. Par conséquent ces variations tendraient à se perdre et n'auraient que peu d'influence sur le caractère de la race ; ceci contribue à expliquer pourquoi les femelles ont généralement des couleurs moins brillantes que les mâles.

Dans le chapitre que nous venons de rappeler, nous avons donné des exemples auxquels nous aurions pu en ajouter beaucoup d'autres, de variations survenant à divers âges et héréditaires aux mêmes âges. Nous avons aussi montré que les variations apparaissant tardivement dans la vie sont ordinairement transmises au même sexe que celui où elles ont surgi en premier ; tandis que les variations précoces sont transmissibles aux deux sexes, sans cependant qu'on puisse ainsi expliquer tous les cas de transmission limitée sexuellement. Nous avons d'ailleurs vu que si un oiseau mâle variait en devenant plus brillant dans sa jeunesse, de pareilles variations ne pourraient lui être d'aucune utilité avant qu'il eût atteint l'âge de puberté, et ainsi appelé à lutter dans la concurrence réciproque des mâles rivaux. Mais, dans le cas d'oiseaux vivant à terre, et qui sont ordinairement protégés par des couleurs sombres, des teintes brillantes seraient bien plus dangereuses pour les jeunes individus inexpérimentés que pour les mâles adultes. Par conséquent, les mâles variant d'éclat dans le jeune âge, éprouveraient une forte destruction et seraient éliminés par sélection naturelle ; d'autre part, les mâles variant dans le même sens, mais près de l'époque de leur maturation, pourraient survivre, bien que toujours exposés à quelques dangers additionnels; et favorisés par la sélection sexuelle, à propager leur type. Les jeunes mâles brillants étant détruits et les adultes ayant ainsi seuls accès auprès des femelles, on peut expliquer, d'après le principe d'un rapport existant entre la période de la variation et la forme de la transmission, comment chez beaucoup d'oiseaux les mâles seuls ont acquis et transmis à leur seule descendance du même sexe leur belle coloration. Toutefois, je ne veux point par là affirmer que l'influence de l'âge sur la forme de transmission soit indirectement la seule cause de la grande différence d'éclat qui existe entre les sexes de beaucoup d'oiseaux.

Pour tous les oiseaux dont les sexes diffèrent de couleur, il serait intéressant de savoir si les mâles seuls ont été modifiés par sélection sexuelle, les femelles étant restées, en ce qui concerne ce moyen d'action, intactes ou peu changées; ou si les femelles ont été spécialement modifiées par sélection naturelle dans un but de protection. Aussi discuterai-je cette question plus longuement peut-être que ne le comporte sa valeur intrinsèque, comme se rattachant surtout à quelques points collatéraux curieux qui méritent d'être examinés.

Avant d'aborder le sujet de la couleur, plus particulièrement au point de vue des conclusions de M. Wallace, il peut être utile de discuter au même point de vue quelques autres différences entre les sexes. Il a existé autrefois en Allemagne[5] une race de volailles dont les poules étaient munies d'ergots; elles étaient bonnes pondeuses, mais bouleversaient tellement leurs nids avec ces appendices, qu'on était obligé de leur interdire

[5] Bechstein, *Naturg. Deutschlands*, III, 339, 1793.

l'incubation de leurs propres œufs. Il me sembla probable autrefois que, chez les femelles des Gallinacés sauvages, le développement des ergots avait été réprimé par sélection naturelle, en raison du tort qu'ils faisaient au nid. Cela paraissait d'autant plus probable que les ergots des ailes, qui ne peuvent nuire à l'incubation, sont souvent aussi bien développés chez la femelle que chez le mâle, quoiqu'ils soient généralement un peu plus forts chez ce dernier. Lorsque le mâle porte des ergots aux pattes, la femelle en présente presque toujours des traces rudimentaires qui peuvent quelquefois n'être qu'une simple écaille, comme dans les espèces de Gallus. On pourrait inférer de là que les femelles ont primitivement été armées d'ergots bien développés, qu'elles ont ultérieurement perdus par défaut d'usage ou par sélection naturelle. Mais si cette opinion est admise, il faudrait l'appliquer à une foule d'autres cas, et elle impliquerait que les ancêtres femelles des espèces actuellement armées d'ergots, étaient autrefois embarrassés d'un appendice nuisible.

Dans quelques genres et espèces, comme les *Galloperdix*, *Acomus*, le Paon de Java (*P. muticus*), les femelles ont, comme les mâles, des ergots bien développés. Devons-nous déduire de ce fait, qu'elles construisent des nids d'un genre différent de celui que les espèces voisines fabriquent, et de nature à n'être pas susceptibles d'être compromis par les ergots, la suppression de ceux-ci ait été inutile? Ou devons-nous supposer que ces femelles aient spécialement besoin d'ergots pour leur défense? La conclusion la plus probable est que, tant la présence que l'absence d'ergots chez les femelles, résultent de l'influence des différentes lois d'hérédité qui ont prévalu, en dehors de la sélection naturelle. Chez les nombreuses femelles où les ergots sont à l'état rudimentaire, nous devons conclure que quelques-unes des variations successives qu'elles ont subi dans leur développement chez les mâles, étant survenues de bonne heure dans la vie, ont, par conséquent, été transmises aux femelles. Dans les autres cas beaucoup plus rares, de femelles ayant des ergots bien développés, nous pouvons conclure que toutes les variations successives leur ont été transmises, et qu'elles ont graduellement acquis l'habitude héréditaire de ne pas en faire des instruments d'une perturbation de leurs nids.

Les organes vocaux et les plumes diversement modifiées dans le but de produire des sons, ainsi que l'instinct de s'en servir, diffèrent souvent dans les deux sexes, mais sont quelquefois les mêmes. Peut-on expliquer ces différences par le fait que, pendant que les mâles acquerraient ces organes et instincts, les femelles ont échappé à leur hérédité à cause des dangers qui en résultaient pour elles d'attirer l'attention des animaux de proie ? Ceci me paraît peu probable, si nous songeons à la foule d'oiseaux qui, pendant le printemps[6], font retentir l'espace de leurs joyeuses et bruyantes voix. Il est plus sûr de conclure que les organes vocaux et instrumentaux, n'ayant d'utilité spéciale que pour les mâles pendant l'époque des amours, ils ont été développés par sélection sexuelle et l'usage continu chez ce sexe seul, — les variations successives et les effets d'usage ayant été d'emblée limités dans leur transmission à un degré plus ou moins considérable à la descendance mâle.

On pourrait indiquer de nombreux cas analogues;

[6] Daines Barrington, a regardé comme probable (*Philos. Transactions*, 164, 1773) que peu d'oiseaux femelles chantent parce que ce talent aurait été dangereux pour elles pendant l'incubation. Il ajoute que la même opinion peut expliquer l'infériorité dans laquelle se trouve le plumage de la femelle comparé à celui du mâle.

ainsi, les plumes de la tête, qui sont généralement plus longues dans le mâle que la femelle, sont quelquefois égales dans les deux sexes, ou manquant chez les femelles, — ces divers états pouvant se rencontrer dans un même groupe d'oiseaux. Il serait difficile d'expliquer une différence de cette nature entre les sexes d'après le principe que la possession d'une crête plus petite que celle du mâle constituât un avantage pour la femelle, car la sélection naturelle aurait, par conséquent, déterminé dans ce sexe sa réduction ou sa suppression complète. Mais voici un cas plus favorable, la longueur de la queue. L'allongement que présente cet appendice chez le mâle du paon eût été, non-seulement très-gênant, mais dangereux pour la femelle pendant l'incubation ou la conduite de ses petits. Il n'y a donc pas *a priori* la moindre impossibilité à ce que le développement de sa queue ait été empêché par sélection naturelle. Mais les femelles de plusieurs faisans, qui, dans leurs nids ouverts, sont aussi exposées au danger que la paonne, ont des queues d'une longueur considérable. Les femelles et les mâles du *Menura superba* ont de longues queues et construisent un nid à dôme, ce qui est une anomalie pour un aussi grand oiseau. Les naturalistes se sont demandés avec étonnement comment la Menura femelle pouvait couver avec sa queue ; mais on sait maintenant [7] « qu'elle pénètre dans son nid la tête la première et s'y retourne avec la queue quelquefois relevée sur le dos, mais plus souvent courbée sur le côté. Aussi avec le temps la queue devient tout à fait oblique et indique assez approximativement le temps pendant lequel l'oiseau a couvé. » Les deux sexes d'un martin-pêcheur australien (*Tanysiptera sylvia*) ont les

---

[7] M. Ramsay, *Proc. Zool. Soc.*, 50, 1868.

rectrices médianes fort allongées ; et comme la femelle fait son nid dans un trou, ces plumes, ainsi que me l'apprend M. R.-B. Sharpe, deviennent toutes froissées pendant la nidification.

Dans ces deux cas, la grande longueur des rectrices doit être, à quelque degré, gênante pour la femelle ; et comme, dans les deux espèces, elles sont, chez cette dernière, un peu plus courtes que chez le mâle, on pourrait en déduire que c'est la sélection naturelle qui a empêché leur complet développement. A en juger par ces cas, si le développement de la queue de la paonne n'avait été arrêté que lorsqu'elle était devenue encombrante ou dangereuse par sa longueur, elle serait bien plus allongée qu'elle ne l'est effectivement ; car elle est loin d'avoir, relativement à la grosseur de son corps, la longueur qu'elle offre chez beaucoup de faisannes, et ne dépasse celle de la dinde. Il faut aussi songer qu'à ce point de vue, dès que la queue de la paonne serait devenue dangereuse par son allongement, et que celui-ci eût été en conséquence arrêté, elle aurait réagi d'une manière continue sur sa descendance mâle et empêché le paon d'acquérir l'ornement splendide qu'il possède actuellement. Nous pouvons donc en inférer que la longueur de la queue du paon et sa brièveté chez la paonne sont un résultat dû à ce que les variations propres au mâle se sont, dès l'origine, transmises à la seule descendance de ce sexe.

Nous sommes conduits à une conclusion à peu près semblable en ce qui concerne la longueur de la queue chez les diverses espèces de Faisans. Dans une d'elles (*Crossoptilon auritum*), la queue a la même longueur dans les deux sexes, soit seize ou dix-sept pouces ; dans le faisan commun, elle a vingt pouces chez le mâle et douze chez la femelle ; dans le faisan de Sœmmerring, trente-sept chez le mâle et huit chez la femelle ; enfin, dans le faisan de Reeve, elle atteint chez le mâle soixante-douze pouces, et seize chez la femelle. Ainsi, dans ces espèces différentes, la queue de la femelle varie beaucoup par la longueur, indépendamment de celle du mâle, et il me semble que cela peut, avec beaucoup plus de probabilité, s'expliquer par les lois de l'hérédité, c'est-à-dire par le fait que, dès l'origine, les variations successives ont été plus ou moins étroitement limitées dans leur transmission au sexe mâle, que par une action de sélection naturelle, en raison de ce qu'une longue queue devait être, à un plus ou moins haut degré, nuisible aux femelles des diverses espèces.

Nous pouvons maintenant examiner les arguments de M. Wallace relativement à la coloration sexuelle des Oiseaux. Cet auteur croit que toutes les teintes vives des mâles, acquises originellement par sélection sexuelle, auraient été transmises dans tous ou presque tous les cas aux femelles, à moins que le transfert n'eût été réprimé par sélection naturelle. Je rappelle ici au lecteur que nous avons déjà signalé divers faits relatifs à ce point de vue observés chez les Reptiles, Amphibiens, Poissons et Lépidoptères. M. Wallace appuie son idée surtout, mais, comme nous le verrons dans le prochain chapitre, non exclusivement, sur le fait suivant[8], que lorsque les deux sexes sont colorés d'une manière très-vive et apparente, le nid est conformé de façon à dissimuler l'oiseau qui couve; mais que, lorsqu'il y a un contraste marqué entre les sexes, le mâle étant brillant et la femelle de couleur terne, le nid est ouvert et laisse la couveuse en vue. Cette coïncidence, aussi loin qu'elle peut aller, appuie certainement l'opinion que

[8] *Journal of Travel*, 1, 78, 1868.

les femelles qui couvent à découvert ont été spécialement modifiées en vue de leur protection. M. Wallace admet, comme on pouvait s'y attendre, que ses deux règles souffrent quelques exceptions ; mais ces dernières sont-elles assez nombreuses pour les infirmer sérieusement, voilà la question.

Il y a beaucoup de vérité dans la remarque du duc d'Argyll[9] qu'un grand nid surmonté d'un dôme est plus visible pour un ennemi appartenant à la catégorie des animaux carnassiers, qui hantent les arbres, qu'un nid plus petit découvert. Nous ne devons pas non plus oublier que, chez beaucoup d'oiseaux construisant des nids ouverts, les mâles comme les femelles couvent les œufs et contribuent à la nourriture des jeunes ; c'est le cas, par exemple, du *Pyranga aestiva*[10], un des oiseaux les plus splendides des États-Unis, dont le mâle est couleur de vermillon et la femelle d'un vert clair légèrement brunâtre. Or, si les couleurs vives devaient être fort dangereuses pour les oiseaux posés sur leurs nids découverts, les mâles auraient dans ces cas eu fort à souffrir. Il pourrait se faire cependant qu'il fût d'une importance tellement majeure pour le mâle d'être brillamment orné pour pouvoir vaincre ses rivaux, que cette circonstance fût plus que suffisante pour compenser le danger auquel l'exposait sa plus grande beauté.

M. Wallace admet que chez les Dicrurus, Orioles et Pittidés, bien que colorées d'une manière brillante, les femelles construisent des nids découverts ; mais il insiste sur ce fait que les oiseaux du premier groupe sont très-belliqueux et capables de se défendre ; que ceux du second prennent grand soin de dissimuler leurs nids ou-

[9] *Journal of Travel*, I, 281, 1868.
[10] Audubon, *Ornith. Biography*, I, 233.

verts, mais ceci n'est pas toujours vrai [11]; enfin, que chez
ceux du troisième groupe, les femelles ont leurs couleurs
vives surtout sur leur face inférieure. Outre ces cas, il y
a celui de la grande famille des Pigeons, qui sont souvent
colorés très-brillamment, presque toujours d'une manière très-apparente, et d'ailleurs très-exposés aux attaques des oiseaux de proie, qui constitue une exception
sérieuse à la règle, car les pigeons construisent presque
toujours des nids ouverts et exposés. Dans une autre
grande famille, celle des Oiseaux-Mouches, toutes les espèces construisent des nids découverts, bien que, dans
quelques-unes des espèces les plus splendides, les sexes
soient pareils ; et que, dans la grande majorité, quoique
moins brillantes que leurs mâles, les femelles n'en sont
pas moins très-vivement colorées. On ne peut pas non
plus soutenir que tous les oiseaux-mouches femelles
ayant de belles couleurs échappent à la découverte parce
qu'elles ont des teintes vertes, car il y en a qui ont la
partie supérieure de leur plumage rouge, bleu et d'autres couleurs [12].

Ainsi que le fait observer M. Wallace, la construction
des nids d'oiseaux dans des cavités ou abrités par des
dômes, outre l'avantage de les cacher aux regards, en
offre d'autres, tels qu'un abri contre la pluie, plus de
chaleur, et, dans les pays tropicaux, protection contre
les rayons de soleil [13] ; aussi peut-on rejeter comme sans

---

[11] Jerdon, *Birds of India*, II, 108. Gould, *Handbook of Birds of Australia*, I, 463.

[12] Comme exemples, l'*Eupetomena macroura* femelle a la tête et la
queue d'un bleu foncé, avec les reins rougeâtres ; la femelle du *Lamporni
porphyrurus* est d'un vert noirâtre en dessus, avec les côtés de la
gorge écarlates ; l'*Eulampis jugularis* du même sexe a le sommet de la
tête et du dos verts, avec les reins et la queue cramoisis. On pourrait
encore citer beaucoup d'exemples de femelles très-apparentes par leur
coloration ; voir le magnifique ouvrage de M. Gould sur cette famille.

[13] *Au Guatemala*, M. Salvin (*Ibis*, p. 375, 1864) a remarqué que les

valeur l'objection à cette opinion basée sur ce que beaucoup d'oiseaux, dont les deux sexes n'ont que des couleurs obscures, construisent des nids cachés [14]. Les calaos
femelles (*Buceros*) d'Inde et d'Afrique sont, pendant l'incubation, protégées avec le plus grand soin par le mâle,
qui cimente l'ouverture extérieure de la cavité où la femelle repose sur ses œufs, en n'y ménageant qu'un petit orifice par lequel il lui transmet de la nourriture ;
elle est donc ainsi captive pendant toute la durée de l'incubation [15], et cependant les calaos femelles ne sont pas
colorées d'une manière plus apparente que beaucoup
d'autres oiseaux de même taille dont les nids sont à découvert. Une objection plus sérieuse à faire à M. Wallace
est celle d'un fait qu'il admet lui-même, que dans quelques groupes où les mâles sont brillants et les femelles
sombres, ces dernières couvent cependant dans des nids
à dômes. C'est le cas des Grallines d'Australie, des superbes Malurides du même pays, des Nectarinées et
chez plusieurs des Meliphagides australiens [16].

En considérant les oiseaux de l'Angleterre, nous
voyons qu'il n'y a aucune relation intime et générale
entre les couleurs de la femelle et le genre de nid qu'elle
construit. Il y en a environ une quarantaine (à part les
grandes espèces capables de se défendre) qui nichent
dans des cavités de terrasses, rochers, arbres, ou construisent des nids à dômes. Si nous prenons, comme ty-

oiseaux-mouches quittaient beaucoup moins volontiers leur nid pendant
un temps très-chaud, sous un soleil ardent, que pendant un temps frais,
nuageux ou pluvieux.

[14] J'indiquerai comme exemples d'oiseaux de couleurs sombres construisant des nids cachés, les espèces de huit genres Australiens décrites
par Gould, dans *Handbook of Birds of Australia*, I, 340, 362, 365, 383,
387, 389, 394, 414.

[15] Jerdon, *o. c.*, I, p. 244.

[16] Voir sur la nidification et les couleurs de ces dernières espèces,
Gould, *Handbook*, etc., I, 504, 527.

pes du degré d'apparence qui n'expose pas trop la femelle sur son nid, les couleurs des femelles de chardonneret, bouvreuil ou merle, sur les quarante oiseaux
précités, il n'y en aura pas douze qu'on pourra considérer comme apparents à un degré dangereux, les vingt-
huit autres l'étant fort peu[17]. Il n'y a pas non plus de
rapport intime entre une différence bien marquée de
couleur entre les deux sexes et le genre de nid construit. Ainsi le moineau ordinaire mâle (*Passer domesticus*) diffère beaucoup de la femelle; le mâle du moineau
des arbres (*P. montanus*) en diffère à peine, et cependant tous deux construisent des nids bien cachés. Les
deux sexes du gobe-mouche commun (*Muscicapa grisola*)
peuvent à peine être distingués, tandis que ceux du *M.
luctuosa* diffèrent beaucoup; or tous deux font leur
nid dans des trous. La femelle du merle (*Turdus merula*) diffère beaucoup, celle du merle à plastron (*T.
torquatus*) moins; et la femelle de la grive commune
(*T. musicus*) presque pas de leurs mâles respectifs, et
toutes construisent des nids ouverts. D'autre part, le
merle d'eau (*Cinclus aquaticus*), qui n'est pas d'une parenté très-éloignée, construit un nid à dôme, les sexes
différant à peu près autant que dans le *T. torquatus*.
Les grouses noir et rouge (*Tetrao tetrix* et *T. scoticus*, con-

----

[17] J'ai sur ce sujet consulté l'ouvrage de Macgillivray, *British Birds*,
et bien qu'on puisse dans quelques cas élever des doutes sur les rapports
entre le degré de la dissimulation du nid et celui de l'apparence de la
femelle, cependant les oiseaux suivants, tous pondant leurs œufs dans
des cavités ou des nids couverts, ne peuvent guère passer pour apparents d'après le type précité : ce sont, deux espèces de *Passer;* le *Sturnus* dont la femelle est considérablement moins brillante que le mâle;
le *Cincle; Motacilla boarula* (?) *Erithacus* (?); *Fruticola*, 2 espèces;
Saxicola; Ruticilla, 2 espèces; *Sylvia*, 3 espèces; *Parus*, 5 espèces;
Mecistura; Anorthura; Certhia; Sitta; Yunx; Muscicapa, 2 espèces;
Hirundo, 5 espèces; et *Cypselus*. Les femelles des 12 oiseaux suivants
peuvent d'après la même mesure être considérées comme apparentes;
Pastor, Motacilla alba, Parus major et *P. caeruleus; Upupa, Picus*,
4 espèces de *Coracias, Alcedo* et *Merops*.

struisent des nids ouverts sur des points également bien
cachés, mais les sexes diffèrent beaucoup dans une espèce et très-peu dans l'autre.

Malgré les objections qui précèdent, je ne puis, après
avoir lu l'excellent essai de M. Wallace, douter que, en
considérant les oiseaux du globe terrestre, il n'y ait une
forte majorité d'espèces dont les femelles, ayant des couleurs apparentes (cas dans lequel il en est, à de rares
exceptions près, de même chez les mâles), cachent le
nid qu'elles construisent pour être plus en sûreté.
M. Wallace donne[18] une longue liste de groupes où la
règle se confirme et parmi lesquels il nous suffit de citer
les suivants bien connus de Martins-Pêcheurs, Toucans,
Trogons, Capitonidés, Musophages, Pies et Perroquets.
M. Wallace admet que, dans ces groupes, les mâles
ayant graduellement acquis par sélection sexuelle leurs
vives couleurs, les ont transmises aux femelles, chez lesquelles la sélection naturelle ne les a pas éliminées,
par suite de la protection que leur assurait déjà leur
mode de nidification. D'après cette opinion, ce dernier a
dû être acquis avant l'apparition des couleurs actuelles.
Mais il me semble plus probable que, dans la plupart
des cas, les femelles devenant graduellement toujours
plus brillantes en participant aux belles couleurs de
leurs mâles, ont dû peu à peu modifier leurs instincts
(et en supposant qu'elles aient originellement construit
des nids ouverts), ont été conduites à mieux assurer
leur protection en les couvrant d'un dôme ou en les ca-
chant. Qui a étudié, par exemple, les récits d'Audubon
sur les différences qu'on remarque chez les nids d'une
même espèce dans les États-Unis du Nord et du Midi[19],

[18] *Journal of Travel*, 1, 78.
[19] Voy. des faits nombreux dans l'*Ornithol. Biography*. Voir aussi
quelques observations curieuses sur les nids des oiseaux italiens, par
Eug. Bettoni, dans *Atti della Società italiana*, XI, 487, 1869.

n'éprouvera aucune difficulté à admettre que, soit par un changement (dans le sens rigoureux du mot) de leurs habitudes, soit par la sélection naturelle de ce qu'on nomme les variations spontanées de l'instinct, les oiseaux ne puissent avoir été facilement conduits à modifier leur mode de nidification.

Cette opinion sur les rapports entre la coloration des oiseaux femelles et leur mode de nidification, trouve un appui dans certains cas analogues qui s'observent dans le désert du Sahara. Ici, comme dans la plupart des déserts, divers oiseaux et beaucoup d'autres animaux ont eu leur coloration admirablement adaptée aux teintes de la surface environnante. Il y a cependant, d'après le rév. Tristram, quelques exceptions curieuses à la règle; ainsi le mâle de *Monticola cyanea* est très-visible par sa vive coloration bleue, et la femelle l'est presque autant avec son plumage pommelé de brun et de blanc; les deux sexes d'autant d'espèces de *Dromolœa* sont d'un noir brillant. Ces trois oiseaux sont donc loin d'être protégés par leurs couleurs; ils survivent cependant parce qu'ils ont l'habitude, lorsqu'il y a danger, de se réfugier dans des trous ou des crevasses de rochers.

En ce qui concerne les groupes d'oiseaux que nous venons de mentionner, dans lesquels les femelles sont colorées d'une manière très-apparente et construisent des nids cachés, il n'est pas nécessaire de supposer que chaque espèce distincte ait eu son instinct nidificateur spécialement modifié; mais seulement que les premiers ancêtres de chaque groupe ayant été peu à peu conduits à construire des nids cachés ou abrités par un dôme, ont ensuite transmis cet instinct avec leurs vives couleurs à leurs descendants modifiés. Il y a là une conclusion qui, autant qu'on puisse s'y fier, est intéressante, à savoir que la sélection sexuelle, jointe à une hérédité

égale ou presque égale chez les deux sexes, a indirectement déterminé le mode de nidification de groupes entiers d'oiseaux.

Même dans les groupes où, d'après M. Wallace, les femelles n'ont pas eu leurs vives couleurs éliminées par sélection naturelle, parce qu'elles étaient protégées pendant
l'incubation, les mâles diffèrent des femelles à un degré
qui, souvent très-faible, devient occasionnellement beaucoup plus considérable. Ce fait est significatif, car nous
ne pouvons attribuer ces différences de couleur qu'au
principe que quelques-unes des variations des mâles
aient été d'emblée limitées dans leur transmission à ce
sexe ; car on ne pourrait affirmer que ces différences,
surtout lorsqu'elles sont légères, puissent constituer
une protection pour les femelles. Ainsi toutes les espèces du groupe splendide des Trogons construisent dans
des trous ; et dans les figures [20] des deux sexes de vingt-
cinq espèces données par M. Gould, chez toutes, sauf
une exception, les sexes diffèrent quelquefois peu, mais
quelquefois beaucoup, dans leur coloration, — les mâles
étant toujours plus beaux que les femelles, elles-mêmes
déjà fort élégantes. Toutes les espèces de martins-pêcheurs construisent dans des trous, et, dans la plupart
des espèces, les sexes sont également beaux, ce qui s'accorde avec la règle de M. Wallace ; mais dans quelques
espèces d'Australie, les couleurs des femelles sont plutôt moins vives que celles des mâles, et dans une espèce
à magnifiques couleurs, les sexes diffèrent au point
qu'on les a d'abord crus spécifiquement distincts [21].
M. R. B. Sharpe, qui a étudié ce groupe d'une manière
spéciale, m'a montré quelques espèces américaines (*Ce-
ryle*) dans lesquelles la poitrine du mâle est rayée de

---

[20] *Monograph. of Trogonidæ*, 1re édition.
[21] A savoir, *Cyanalcyon*. Gould, *Handbook*, etc., I, 130, 135, 136.

noir. Encore, dans le *Carcineutes*, la différence entre les sexes est remarquable, le mâle ayant la surface supérieure d'un bleu terne rayé de noir, la face inférieure en partie fauve, et portant beaucoup de rouge sur la tête ; dans la femelle, la surface supérieure d'un bleu terne rayé de noir et l'inférieure blanche avec des marques noires. Un fait intéressant, en ce qu'il montre comme le même style spécial de coloration sexuelle caractérise souvent des formes voisines, est celui de trois espèces de *Dacelo* dont le mâle ne diffère de la femelle que par sa queue d'un bleu terne rayée de noir, tandis que celle de la femelle est brune avec des barres noirâtres, de sorte que, dans ce cas, la queue diffère de couleur dans les deux sexes de la même manière que la face supérieure entière du corps chez les *Carcineutes*.

Nous trouvons des cas analogues chez les Perroquets, qui construisent également dans des trous ; dans la plupart des espèces, les deux sexes sont très-vivement colorés et ne pouvant, à ce point de vue, se distinguer ; mais il en est où les mâles ont des tons plus intenses que les femelles et sont même autrement colorés qu'elles. Ainsi, outre d'autres différences très-fortement accusées, toute la surface inférieure du mâle de l'*Aprosmictus scapulatus* est écarlate, la gorge et le poitrail de la femelle étant verts teintés de rouge ; dans l'*Euphema splendida*, il y a une différence semblable, la face et les rémiges tectrices étant, en outre, d'un bleu plus pâle que chez le mâle [22]. Dans la famille des mésanges (*Parinæ*), qui construisent des nids cachés, la femelle de notre espèce commune bleue (*Parus cœruleus*) est « beaucoup moins vivement coloré que le mâle, » et la différence est encore plus

---

[22] On peut suivre chez les perroquets d'Australie tous les degrés de différences entre les sexes. Gould, *o. c.*, II, 14-102.

grande dans la superbe mésange jaune sultane de l'Inde [23].

Dans le grand groupe des Pics [24], les sexes sont généralement presque semblables ; mais, dans le *Megapicus validus*, toutes les parties de la tête, du cou et du poitrail, qui sont écarlates chez le mâle, sont d'un brun pâle chez la femelle. Comme la tête des mâles est d'un vif écarlate chez plusieurs Pics, celle de la femelle restant uniforme et simple, j'ai pensé que cette couleur si apparente, devant être trop dangereuse pour elle lorsqu'elle mettait la tête hors du trou renfermant son nid, avait, par conséquent, conformément à l'avis de M. Wallace, été éliminée. Cette idée est confirmée par ce que Malherbe constate relativement à l'*Indopicus carlotta*, à savoir que les jeunes femelles ayant, comme les jeunes mâles, de l'écarlate sur la tête, cette couleur, qui disparaît chez la femelle adulte, se renforce dans le mâle à ce même état. Les considérations suivantes rendent néanmoins cette idée fort douteuse : le mâle prenant une bonne part à l'incubation [25], serait donc jusque-là, aussi exposé au danger ; les deux sexes de beaucoup d'espèces ont les têtes colorées également d'un vif écarlate ; dans d'autres, la différence de teinte entre les sexes est tellement insensible, qu'il n'en peut résulter aucune différence appréciable quant au danger couru ; et enfin la coloration de la tête dans les deux sexes peut fréquemment, sous d'autres rapports, un peu différer.

Les cas donnés jusqu'ici de légères différences de couleurs graduées entre mâles et femelles chez les groupes dans lesquels, en règle générale, les sexes se ressem-

---

[23] Macgillivray, *Brit. Birds*, II, 435. Jerdon, *Birds of India*, II, 282.
[24] Tous les faits suivants sont empruntés à la belle *Monographie des Picidées*, 1861, de M. Malherbe.
[25] Audubon, *Ornith. Biog.*, II, 75. Voir l'*Ibis*, I, 268.

blent, se rattachent tous à des espèces construisant des
nids cachés ou recouverts d'un dôme. Mais on peut observer des gradations semblables dans des groupes où
les sexes se ressemblent en général, mais construisent
des nids ouverts. De même que j'ai cité ci-dessus les
perroquets australiens, je peux signaler, sans entrer
dans des détails, les pigeons australiens [26]. Il faut noter
que, dans tous ces cas, les légères différences dans le
plumage des sexes sont de la même nature générale que
celles qui sont occasionnellement plus fortes. Un bon
exemple du fait a été fourni par les martins-pêcheurs
dont la queue seule ou toute la surface supérieure du
plumage diffère de la même manière dans les deux
sexes. On observe des cas semblables chez les perroquets
et les pigeons. Les différences entre les couleurs des
sexes de la même espèce sont aussi de la même nature
générale que les différences de couleur existant entre
les espèces distinctes du même groupe. En effet, lorsque
dans un groupe dont les sexes sont ordinairement semblables, le mâle diffère beaucoup de la femelle, son
style ou type de coloration n'est pas entièrement nouveau. Nous pouvons donc en inférer que, dans un groupe
donné, les couleurs spéciales des deux sexes, quand
elles sont semblables, ainsi que celles du mâle, quand il
diffère peu ou beaucoup de la femelle, ont été détermi-
nées, dans la plupart des cas, par la même cause générale : la sélection sexuelle.

Ainsi que nous en avons déjà fait la remarque, il n'est
pas probable que de légères différences de coloration
entre les sexes puissent être d'aucune utilité comme
protection pour la femelle. Admettant toutefois qu'elles
le soient, on pourrait les regarder comme des cas de

[26] Gould, *Handb. Birds of Australia*, II, 109-149.

transition ; mais nous n'avons pas de raison pour croire qu'un grand nombre d'espèces soient, à un moment donné, en voie de changement. Nous ne pouvons donc guère admettre que les nombreuses femelles qui diffèrent très-peu du mâle par leur coloration soient actuellement toutes en voie de devenir plus sombres dans un but de protection. Même si nous considérons des différences sexuelles plus prononcées, est-il probable que, par exemple, chez les femelles des oiseaux suivants, la tête du pinson, l'écarlate du poitrail du bouvreuil — la coloration verte du verdier — la huppe du roitelet huppé, toutes ces parties soient devenues moins apparentes par la lente action de la sélection naturelle, dans un but de protection ? Je ne puis le croire, et je l'admets encore moins pour les légères différences existant entre les sexes des oiseaux qui construisent des nids cachés. D'autre part, les différences de couleur entre les sexes, qu'elles soient grandes ou petites, peuvent s'expliquer, dans une large mesure, par le principe que des variations successives provoquées par la sélection sexuelle chez les mâles, ont dès l'origine été plus ou moins limitées dans leur transmission aux femelles. Personne, ayant étudié les lois de l'hérédité, ne sera étonné de voir le degré de limitation différer dans les diverses espèces du même groupe, car ces lois sont d'une complexité telle, que, dans notre ignorance, elles nous paraissent capricieuses dans leurs manifestations[27].

Autant que j'ai pu m'en assurer, il n'y a que fort peu de groupes d'oiseaux, contenant un nombre considérable d'espèces, celles-ci ayant toutes les deux sexes brillamment colorés et semblables ; mais d'après M. Sclater, cela paraît être le cas pour les Musophages. Je ne

[27] Voir les remarques dans mon ouvrage *de la Variation des Animaux*, etc., II, chap. xII.

crois pas non plus qu'il existe aucun vaste groupe dans
lequel les sexes de toutes les espèces soient très-dissemblables par la couleur : M. Wallace m'apprend que les
Cotingidés de l'Amérique du Sud en offrent un des meilleurs exemples ; car dans quelques espèces où le mâle
à une gorge d'un rouge éclatant, celle de la femelle
présente aussi un peu de rouge ; et les femelles des autres espèces portent des traces du vert et autres couleurs
des mâles. Néanmoins nous trouvons dans divers groupes un rapprochement vers une similarité ou une dissemblance sexuelles assez prononcées ; ce qui est un
peu étonnant d'après ce que nous venons de dire sur la
nature flottante de l'hérédité. Mais il n'y a rien de surprenant à ce que les mêmes lois puissent largement
prévaloir chez des animaux voisins. La volaille domes-
que a produit de nombreuses races et sous-races, où les
sexes diffèrent généralement par leur plumage, au point
qu'on a regardé comme un fait remarquable les cas où,
dans certaines sous-races, ils étaient semblables. D'autre part, le pigeon domestique a aussi produit un nombre très-considérable de races et sous-races, mais dans
lesquelles, à de rares exceptions près, les deux sexes
sont toujours identiquement semblables. Si donc on
venait à domestiquer et à faire varier d'autres espèces
de Gallus et de Columba, il ne serait pas téméraire de
prédire que les mêmes règles générales de similitude et
de dissemblance sexuelles, dépendant de la forme de la
transmission, se représenteraient dans les deux cas. De
la même manière, une forme donnée de transmission a
généralement prévalu chez les mêmes groupes naturels,
bien qu'on rencontre des exceptions bien marquées à
cette règle. Dans une même famille ou genre, les sexes
peuvent être identiques ou fort différents par la couleur. Nous en avons déjà donné des exemples se rappor-

tant aux mêmes genres, comme les moineaux, gobe-
mouches, grives et tétras. Dans la famille des faisans,
les mâles et femelles de presque toutes les espèces sont
étonnamment dissemblables, mais se ressemblent entièrement dans le *Crossoptilon auritum*. Dans deux espèces de *Chlœphaga*, un genre d'oies, les mâles ne peuvent être distingués des femelles que par leur taille ;
tandis que, dans deux autres, les sexes sont assez dissemblables pour être facilement pris pour des espèces
distinctes [28].

Les lois de l'hérédité peuvent seules expliquer les
cas suivants, dans lesquels, la femelle acquérant, à une
époque tardive de sa vie, certains caractères qui sont
propres au mâle, arrive ultérieurement à lui ressembler
d'une manière plus ou moins complète. Ici, on ne peut
guère admettre qu'un but protecteur ait joué un rôle.
J'apprends de M. Blyth que les femelles d'*Oriolus mela-
nocephalus* et de quelques espèces voisines, arrivées à
l'âge de la reproduction, diffèrent beaucoup par leur
plumage des mâles adultes ; mais que ces différences
après la seconde ou troisième mues, se réduisent à une
légère teinte verdâtre de leur bec. Dans les Butors
nains (*Ardetta*) d'après le même auteur, « le mâle revêt
sa livrée finale à la première mue, la femelle à la troisième ou quatrième seulement ; elle a dans l'intervalle
un plumage intermédiaire, qu'elle échange ultérieurement pour la même livrée que celle du mâle. » Ainsi
encore la femelle du *Falco peregrinus* revêt son plumage
bleu plus lentement que le mâle. M. Swinhoe assure que
chez une espèce de Drongo (*Dicrurus macrocercus*) le
mâle ayant à peine quitté le nid, perd son plumage
brun moelleux et devient d'un noir verdâtre uniformé-

[28] *Ibis*, VI, 122, 1864.

ment lustré ; tandis que la femelle retenant encore pendant longtemps des taches et stries blanches de ses plumes axillaires, ne revêt complétement la couleur noire et uniforme du mâle, qu'après trois ans. Le même observateur remarque que la femelle de la Spatule (*Platalea*) de la Chine ressemble au printemps de sa seconde année au mâle de la première, et qu'elle paraît ne revêtir qu'au troisième printemps, le plumage adulte que le mâle possède déjà à un âge beaucoup plus précoce. La femelle du *Bombycilla carolinensis* diffère fort peu du mâle, mais les appendices qui ornent ses rémiges et ressemblent à des grains de cire à cacheter rouge, ne se développent pas aussi précocement que chez le mâle. La mandibule supérieure du mâle d'un perroquet indien (*Palæornis Javanicus*) est dès sa première jeunesse d'un rouge corail, mais, chez la femelle, ainsi que M. Blyth l'a observé chez des oiseaux sauvages et en captivité, il est d'abord noir, et ne devient pas rouge avant un an, âge auquel les deux sexes se ressemblent sous tous les rapports. Chez le Dindon sauvage, les deux sexes sont finalement pourvus d'une touffe de soies sur la poitrine, qui chez les mâles âgés de deux ans a déjà une longueur d'environ quatre pouces, et se voit à peine chez la femelle ; mais elle se développe chez cette dernière et atteint de quatre à cinq pouces de long, lorsqu'elle entre dans sa quatrième année[29].

Dans ces cas, les femelles suivent un cours normal de développement en devenant définitivement sembla-

---

[29] Sur l'*Ardetta*, traduction anglaise de M. Blyth, du *Règne Animal*, de Cuvier, p. 159, note. Sur le Faucon pèlerin, M. Blyth dans Charlesworth's *Mag. of Nat. Hist.*, I, 304, 1837. Sur le *Dicrurus*, *Ibis*, 44, 1863. Sur le *Platalea*, *Ibis*, VI, 366, 1864. Sur le *Bombycilla*, Audubon's, *Ornith. Biog.*, I, 229. Sur le *Palæornis*, Jerdon, *Birds of India*, I, 263. Sur le Dindon sauvage, Audubon, *o. c.*, I, 15. J'apprends de Judge Caton que la femelle acquiert rarement une houppe dans l'Illinois.

bles aux mâles ; et il ne faut pas les confondre avec ceux
où des femelles malades ou vieillies revêtent des caractères masculins, ou les cas de femelles qui, tout à fait
fertiles d'ailleurs, acquièrent étant jeunes, par variation ou quelque cause inconnue, les caractères du
mâle[50]. Mais tous ces cas ont ceci de commun qu'ils
dépendent, selon l'hypothèse de la pangenèse, de la présence de gemmules dérivés de toutes les parties du
mâle, à l'état latent chez la femelle ; leur développement étant le résultat de quelque léger changement
apporté aux affinités électives de ses tissus constituants.

Ajoutons quelques mots sur les rapports existants
entre la saison de l'année et les changements de plumage. D'après des raisons que nous avons déjà indiquées, il ne peut y avoir que peu de doute que les plumes élégantes, les pennes longues et pendantes, huppes
et aigrettes de hérons, et beaucoup d'autres oiseaux,
qui ne se développent et ne se conservent que pendant
l'été, ne servent exclusivement qu'à des usages décoratifs et nuptiaux, bien que communs aux deux sexes. La
femelle est ainsi rendue plus remarquable pendant l'é-
poque de l'incubation que pendant l'hiver ; mais des
oiseaux comme les hérons et les aigrettes sont capables
de se défendre. Comme toutefois ces plumes deviennent
probablement gênantes, et certainement sans utilité
pour l'hiver, il est possible que la mue bisannuelle ait
été acquise par sélection naturelle dans le but de les
débarrasser d'ornements incommodes dans la saison.
Mais cette manière de voir ne peut s'étendre aux nom-

[50] M. Blyth (traduction du *Règne Animal* de Cuvier, en anglais, p. 158)
rapporte divers exemples chez les *Lanius*, *Ruticilla*, *Linaria* et *Anas*.
Audubon cite aussi un cas semblable (*Ornith. Biog.*, V, p. 519) relatif à
un *Tyranga æstiva*.

breux échassiers dont les plumages d'été et d'hiver diffèrent fort peu par la couleur. Chez les espèces sans défense, ou les deux sexes ou les mâles seuls deviennent très-apparents pendant la saison de la reproduction, — ou lorsque les mâles acquièrent à cette occasion des rectrices ou rémiges de nature par leur longueur à empêcher ou retarder leur vol, comme chez les Cosmetornis et Vidua, — il paraît au premier abord fort probable que la seconde mue a été acquise dans le but spécial de dépouiller ces ornements. Nous devons toutefois nous rappeler que beaucoup d'oiseaux, tels que les oiseaux du Paradis, le faisan Argus et le Paon, ne dépouillent pas leurs pennes pendant l'hiver ; et il n'est guère possible d'admettre qu'il y ait dans la constitution de ces oiseaux, au moins chez les gallinacés, quelque chose qui rende une double mue impossible, car le Ptarmigan en subit trois dans l'année[51]. Nous devons donc considérer comme douteuse la question de savoir si les espèces nombreuses qui perdent en muant leurs plumes d'ornement et leurs belles couleurs pendant l'hiver, ont acquis cette habitude en raison de l'incommodité ou du danger qui autrement aurait pu en résulter pour elles.

Je conclus par conséquent, que l'habitude de la mue bisannuelle a été d'abord acquise dans la plupart des cas ou dans tous, dans un but déterminé, peut-être pour revêtir une toison d'hiver plus chaude ; et que, les variations survenant pendant l'été, accumulées par sélection sexuelle, ont été transmises à la descendance à la même saison de l'année. Ces variations ont été héritées par les deux sexes ou les mâles seuls, suivant la forme prépondérante de l'hérédité. Ceci paraît plus probable

---

[51] Gould, *Birds of Great Britain.*

que l'opinion que dans tous les cas, ces espèces tendant
originellement à conserver pendant l'hiver leur plumage
ornemental, ont échappé, aux dangers et inconvénients
qui pouvaient résulter pour elles, de l'action d'une
sélection naturelle.

J'ai cherché dans ce chapitre à montrer qu'on ne peut
se fier aux arguments avancés en faveur de l'idée que
les défenses, couleurs éclatantes et ornements de diverses natures, soient actuellement circonscrits aux mâles,
par suite d'une conversion opérée au moyen de la sélection naturelle, d'une tendance à l'égale transmission
des caractères aux deux sexes, en une bornée au sexe
mâle seul. Il est douteux aussi que les couleurs de beaucoup d'oiseaux femelles soient dues à la conservation,
dans un but protecteur, de variations ayant dès l'abord
été limitées dans leur transmission, aux individus de ce
sexe. Je crois qu'il convient de renvoyer toute discussion ultérieure sur ce sujet, jusqu'à ce que j'aie traité
dans le chapitre suivant, des différences de plumage
existant entre celui des jeunes oiseaux et des adultes;

CHAPITRE XVI

OISEAUX, FIN.

Relations entre le plumage des jeunes et les caractères qu'il a dans les deux sexes adultes. — Six classes de cas. — Différences sexuelles entre les mâles d'espèces très-voisines ou représentatives. — Acquisition de caractères mâles chez la femelle. — Plumage des jeunes dans ses rapports avec ceux d'été et d'hiver des adultes. — Accroissement de beauté dans les Oiseaux sur la terre. — Colorations protectrices. — Oiseaux colorés d'une manière très-apparente. — La nouveauté appréciée. — Résumé des quatre chapitres sur les Oiseaux.

Nous avons maintenant à considérer la transmission des caractères dans ses rapports avec la sélection sexuelle limitée par l'âge. Nous ne discuterons pas ici la vérité ni l'importance du principe de l'hérédité aux âges correspondants; c'est un sujet sur lequel nous avons déjà assez insisté. Avant d'exposer les diverses règles assez compliquées. ou catégories de cas sous lesquelles, autant que je le comprends, on peut faire rentrer toutes les différences qui existent entre le plumage des jeunes et des adultes, je crois devoir faire quelques remarques préliminaires.

Lorsque, chez des animaux quelconques, les jeunes ont une coloration différente de celle des adultes, coloration qui, autant que nous pouvons le voir, n'a pour eux aucune utilité spéciale, on peut généralement l'attribuer, comme diverses conformations embryonnaires, à ce que le jeune animal a conservé le caractère d'un ancêtre primitif. Mais on ne peut soutenir cette manière

de voir avec confiance, que lorsque les jeunes de plusieurs espèces se ressemblant de près, ressemblent également à d'autres espèces adultes du même groupe, lesquelles sont la preuve vivante qu'un pareil état de choses était autrefois possible. Les jeunes lions et pumas
sont marqués de raies ou de rangées de taches faible-
ment indiquées, et beaucoup d'espèces voisines jeunes
ou adultes, présentant des marques semblables, aucun
naturaliste croyant à l'évolution graduelle des espèces
ne mettra en doute que l'ancêtre du lion et du puma ne
fût un animal rayé, les jeunes ayant, comme les petits
des chats noirs, conservé des vestiges des raies dont les
adultes ont perdu toute trace. Beaucoup d'espèces de
cerfs, qui ne sont pas tachetées à l'état adulte, sont,
dans leur jeunesse, couvertes de taches blanches; cela
a lieu également chez les adultes de quelques espèces. De
même dans la famille des porcs (Suidés) et quelques
autres animaux qui en sont assez éloignés, tels que le
tapir, les jeunes sont marqués de bandes longitudinales
foncées, caractère qui doit, selon toute apparence, être
dérivé de quelque ancêtre éteint, et conservé chez les
jeunes seulement. Dans tous ces cas, les adultes ont eu
leur coloration modifiée dans le cours des temps, les
jeunes n'ayant été que peu changés, en vertu du principe de l'hérédité aux âges correspondants.

Ce même principe s'applique à beaucoup d'oiseaux
appartenant à divers groupes dans lesquels les jeunes,
se ressemblant de près entre eux, diffèrent considérablement de leurs parents adultes respectifs. Les jeunes
de presque tous les Gallinacés et de quelques oiseaux
ayant avec eux une parenté éloignée, comme les Autruches, sont striés longitudinalement lorsqu'ils sont
couverts de duvet; mais ce caractère rappelle un état
de choses assez reculé pour qu'il ne nous regarde pres-

que pas. Les jeunes becs croisés (*Loxia*) ont d'abord des
becs droits comme les autres pinsons et ressemblent,
par leur jeune plumage strié, à la linotte adulte et au
tarin femelle, ainsi que les jeunes chardonnerets, verdiers et autres espèces voisines. Les jeunes de plusieurs
bruants (*Emberiza*) se ressemblent, ainsi qu'à l'état
adulte de l'espèce commune, *E. militaria*. Dans tout le
groupe des grives, les jeunes ont la poitrine tachetée, —
caractère qui, conservé pour la vie par beaucoup d'espèces, se perd chez d'autres, comme le *Turdus migrato-
rius*. De même plusieurs grives ont les plumes dorsales
pommelées avant la première mue, caractère qui est permanent chez certaines espèces orientales. Les jeunes de
beaucoup d'espèces de pies-grièches (*Lanius*), de quelques pics et d'un pigeon indien (*Chalcophaps indicus*), sont
striés transversalement sur leur face inférieure, marques qu'on retrouve dans certaines espèces et genres voisins à l'état adulte. Dans quelques coucous indiens voisins
et resplendissants (*Chrysococcyx*), bien que les espèces
adultes diffèrent considérablement entre elles par la couleur, on ne peut distinguer les jeunes. Ceux d'une oie
indienne (*Sarkidiornis melanonotus*) ressemblent de près,
par le plumage, à un genre voisin lorsqu'il est adulte, celui des *Dendrocygna*[1]. Nous donnerons plus loin des faits
analogues relatifs à certains hérons. Les jeunes tétras
noirs (*Tetrao tetrix*) ressemblent aux jeunes et aux
adultes d'autres espèces, par exemple au grouse rouge
(*T. scoticus*). Finalement, ainsi que l'a remarqué
M. Blyth, qui s'est beaucoup occupé du sujet, les affi-

---

[1] Pour les Grives, Laniers et Pics, voir Blyth dans Charlesworth, *Mag.
of Nat. Hist.*, I, 304, 1837; et dans une note de sa traduction du *Règne
animal* de Cuvier, p. 159. Je donne d'après M. Blyth le cas du *Loxia*.
Voir Audubon, sur les Grives, *Ornith. Biog.*, II, 195. Sur les *Chrysococcyx* et *Chalcophaps*, Blyth cité dans Jerdon, *Birds of India*; III, 485.
Sur *Sarkidiornis*, Blyth, *Ibis*, 175, 1867.

nités naturelles de beaucoup d'espèces se manifestent
le plus clairement dans leur jeune plumage ; et les affinités vraies de tous les êtres organisés dépendant de
leur descendance d'un ancêtre commun, cette remarque
appuie fortement l'idée que le plumage du jeune âge
nous montre approximativement l'état ancien de l'espèce.

Si nous retrouvons ainsi, chez un grand nombre de
jeunes oiseaux de divers ordres, l'occasion d'entrevoir
le plumage de leurs ancêtres reculés, il y en a cependant beaucoup d'autres, tant riches que pauvres en coloration, où les jeunes ressemblent de près aux parents.
Dans ces cas, les jeunes des diverses espèces ne peuvent
ni se ressembler entre eux plus que ne le font les parents, ni offrir de fortes ressemblances avec des formes
voisines adultes. Ils nous renseignent peu sur le plumage de leurs ancêtres, excepté lorsque les jeunes et
les adultes présentant dans un groupe entier d'espèces
une coloration semblable, il y a toute probabilité que
c'était aussi celle de leurs ancêtres.

Nous pouvons maintenant aborder les classes de cas
ou de règles sous lesquelles nous pouvons grouper les
différences et les ressemblances entre le plumage des
jeunes et des vieux oiseaux, des deux sexes ou d'un
seul. Cuvier est le premier qui ait formulé des règles de
ce genre, mais elles réclament par suite des progrès de
nos connaissances, quelques modifications et amplifica-
tions. C'est, autant que l'extrême complication du sujet
peut le permettre, ce que j'ai cherché à faire d'après des
documents puisés à des sources diverses ; mais un essai
complet sur le sujet fait par un ornithologiste compétent serait fort nécessaire. Pour vérifier jusqu'à quel
point chaque règle prévaut, j'ai relevé en tableau les
faits donnés dans quatre grands ouvrages : Macgillivray

sur les Oiseaux d'Angleterre ; Audubon sur ceux de
l'Amérique du Nord, Jerdon sur ceux de l'Inde, et
Gould sur ceux d'Australie. Je puis déjà indiquer que,
premièrement, les différents cas ou règles graduent de
l'un à l'autre ; et, secondement, que, lorsque les jeunes
sont dits ressembler à leurs parents, on n'entend pas
par là une similitude identique, car leurs couleurs sont
presque toujours moins vives, leurs plumes plus douces
et souvent affectant une forme différente.

CLASSES DE CAS.

I. Lorsque le mâle adulte est plus beau et plus apparent que la femelle adulte, les jeunes des deux sexes,
par leur premier plumage, ressemblent de près à la femelle adulte, comme chez la volaille ou le paon ; et, ce
qui arrive quelquefois, ils lui ressemblent davantage
qu'au mâle adulte.

II. Lorsque la femelle adulte est plus remarquable que
le mâle adulte, ce qui, quoique rarement, arrive quelquefois, les jeunes des deux sexes ressemblent à ce
dernier.

III. Lorsque le mâle adulte ressemble à la femelle
adulte, les jeunes des deux sexes ont un premier plumage spécial qui leur est propre, comme dans le rouge-
gorge.

IV. Lorsque le mâle adulte ressemble à la femelle
adulte, les jeunes des deux sexes ressemblent, par leur
premier plumage, aux adultes ; le martin-pêcheur,
beaucoup de perroquets, corbeau, les becs fins.

V. Lorsque les adultes des deux sexes ont des plumages distincts d'hiver et d'été, que le mâle diffère de
la femelle ou non, les jeunes ressemblent aux adultes

des deux sexes dans leur costume d'hiver, rarement dans celui d'été; ou aux femelles seules; ou ils peuvent avoir un caractère intermédiaire; ou encore diffèrent considérablement des adultes dans leurs deux plumages de saison.

VI. Dans quelques rares cas, les jeunes diffèrent, suivant le sexe, par leur premier plumage; les jeunes mâles ressemblant plus ou moins aux mâles adultes, les jeunes femelles ressemblant, de leur côté, plus ou moins aux femelles adultes.

CLASSE I. — Dans cette classe, les jeunes des deux sexes ressemblent, de plus ou moins près, à la femelle adulte, tandis que le mâle adulte diffère de celle-ci souvent de la manière la plus apparente. Nous pourrions en donner d'innombrables exemples tirés de tous les Ordres; il suffira de rappeler le faisan commun, le canard et le moineau. Les cas de cette classe peuvent graduer vers les autres. Ainsi les deux sexes adultes peuvent différer si peu entre eux et les jeunes si peu des adultes, qu'on est dans le doute si ces cas doivent rentrer dans la présente classe ou être mis dans la troisième ou la quatrième. Les jeunes des deux sexes peuvent aussi, au lieu d'être tout à fait semblables, différer légèrement entre eux, comme dans la sixième classe. Les cas de transition sont toutefois peu nombreux, et du moins ne sont pas aussi prononcés que ceux qui appartiennent rigoureusement à la présente classe.

La force de la présente loi se manifeste bien dans ces groupes où, en règle générale, les deux sexes et les jeunes sont tous pareils; car lorsque le mâle diffère de la femelle, comme dans quelques perroquets, martins-pêcheurs, pigeons, etc., les jeunes des deux sexes res-

semblent à la femelle adulte[2]. Le même fait est encore
plus évident dans certains cas anormaux ; ainsi le mâle
d'un oiseau-mouche, *Heliothrix auriculata*, diffère nota-
blement de la femelle par une splendide collerette et de
belles huppes auriculaires ; mais la femelle est remarquable par sa queue beaucoup plus longue que celle du
mâle ; or les jeunes des deux sexes ressemblent, sous
tous les rapports (la poitrine tachetée de bronze exceptée), y compris la longueur de la queue, à la femelle
adulte ; il en résulte la circonstance inusitée[3] qu'à mesure que le mâle s'approche de l'âge adulte, sa queue
se raccourcit. Le plumage du grand Harle mâle (*Mergus
merganser*) est plus brillamment coloré que celui de la
femelle, et ses rémiges scapulaires et secondaires sont
plus longues que chez cette dernière ; mais, contrairement à tout ce qui se passe à ma connaissance chez d'autres oiseaux, la huppe du mâle adulte, quoique plus élargie que celle de la femelle, est beaucoup plus courte, car
elle n'a qu'un peu plus d'un pouce de longueur, celle
de la femelle en ayant deux et demi. Les jeunes des
deux sexes ressemblent, sous tous les rapports, à la femelle adulte, de sorte que leurs huppes sont réellement
plus longues, mais plus étroites que dans le mâle
adulte[4].

[2] Voir par exemple ce que dit Gould (*Handb. of the Birds of Australia*,
I, 133) du *Cyanalcyon* (un martin-pêcheur) dont le mâle jeune, bien que
ressemblant à la femelle adulte, est moins brillant qu'elle. Dans quelques espèces de *Dacelo*, les mâles ont les queues bleues, et les femelles
brunes ; et M[r]. R. B. Sharpe m'apprend que la queue du jeune *D. Gaudi-
chaudi* est primitivement brune. M. Gould (*o. c.*. II, 14, 20, 37) décrit
les sexes et jeunes de certains Cacatois noirs et du Roi Lory, chez lesquels la même règle s'observe. Jerdon aussi (*Birds of India*, I, 260) l'a
constatée chez le *Palæornis rosa*, où les jeunes ressemblent plus à la
femelle qu'au mâle. Sur les deux sexes et les jeunes de la *Columba pas-
serina*, voir Audubon (*Ornith. Biog.*, II, 475).

[3] Je dois ces renseignements à M. Gould, qui m'a montré ses exemplaires. Voir son *Introd. to Trochilidæ*, 120, 1861.

[4] Macgillivray, *Hist. Brit. Birds*, V, 207-214.

Lorsque les jeunes et les femelles se ressemblent entièrement et diffèrent tous deux du mâle, la conclusion
évidente est que le mâle seul a été modifié. Même dans
les cas anormaux de l'*Heliothrix* et du *Mergus*, il est probable que les deux sexes adultes étaient primitivement
pourvus, dans la première espèce, d'une queue allongée,
et, dans la seconde, d'une huppe également grande, caractères que quelque cause inconnue a fait partiellement
perdre aux mâles adultes, mais qu'ils transmettent,
dans leur état amoindri, à leur descendance mâle seulement, lorsqu'elle atteint l'âge de maturité correspondant. L'opinion que, dans la classe qui nous occupe, le
mâle seul ait subi les modifications concernant les différences entre le mâle et la femelle et ses jeunes, est
fortement appuyée par quelques faits remarquables
donnés par M. Blyth [5], relatifs aux espèces voisines qui
se représentent les unes les autres dans des pays différents. En effet, dans plusieurs de ces espèces représentatives, les mâles adultes ayant éprouvé quelques changements se laissent distinguer ; tandis que les femelles
et les jeunes ne pouvant l'être sont, par conséquent,
restés inaltérés. C'est le cas de quelques Traquets indiens (*Thamnobia*), de quelques Nectarinidés, de pies-
grièches (*Tephrodornis*), certains martins-pêcheurs
(*Tanysiptera*), faisans Kallij (*Gallophasis*) et les perdrix
des arbres (*Arboricola*).

Dans quelques cas analogues, d'oiseaux ayant des
plumages d'été et d'hiver, mais dont les sexes sont à
peu près semblables, certaines espèces très-voisines peuvent aisément être distinguées dans leur plumage nup-

[5] Voir son remarquable travail dans *Journal of the Asiatic Soc. of
Bengal*, xix, 223, 1850 : Jerdon, *Birds of India*, I, *Introduction*, p. xxix.
Quant au *Tanysiptera*, M. Blyth tient du prof. Schlegel qu'on peut y dis-
tinguer plusieurs races, simplement en comparant les mâles adultes.

tial ou d'été, sans que cela soit possible dans celui qu'elles ont l'hiver, ou leur premier plumage. Ceci est le cas de quelques hoches-queues indiennes (*Motacilla*) très-voisines. M. Swinhoe[6] m'informe que trois espèces de *Ardeola*, genre de hérons, qui se représentent sur des continents séparés, sont « d'une différence frappante, » lorsqu'elles portent leurs plumes d'été, mais peuvent à peine ou pas du tout être distinguées en hiver. Les jeunes de ces trois espèces, par leur premier plumage, ressemblent de près aux adultes dans celui que ceux-ci revêtent pour l'hiver. Le cas est d'autant plus intéressant, qu'il y a deux autres espèces d'Ardeola dont les deux sexes conservent hiver et été à peu près le même plumage que celui que les trois espèces précédentes ont pendant l'hiver et le jeune âge ; et ce plumage, qui se trouve commun à plusieurs espèces distinctes dans différents âges et saisons, nous indique probablement quelle était la coloration de l'ancêtre du genre. Dans tous ces cas, le plumage nuptial, que nous pouvons supposer avoir été dans l'origine acquis par les mâles pendant la saison de la reproduction, et transmis à la saison correspondante aux adultes des deux sexes, est celui qui a subi des modifications, tandis que les plumages d'hiver et du jeune âge sont restés inaltérés.

Ici se pose naturellement la question : comment se fait-il que dans ces derniers cas le plumage hibernal des deux sexes, et dans les cas précédents celui des femelles adultes, ainsi que le premier plumage des jeunes, n'aient été aucunement affectés ? Les espèces qui se représentent dans divers pays auront presque toujours été exposées à des conditions un peu différentes ; mais nous pouvons à peine attribuer la modification du plumage

---

[6] Swinhoe, *Ibis*, July 1865, 151 ; et un article antérieur contenant un extrait d'une note de M. Blyth, dans *Ibis*, January 1861, p. 52.

des mâles seuls à leur action, qui n'a en aucune manière affecté celui des jeunes et des femelles, bien que tous deux y fussent également exposés. Peu de faits dans la nature nous démontrent plus clairement le peu d'importance de l'action directe des conditions vitales comparée à celle que peut effectuer l'accumulation indéfinie de variations triées par sélection, que la différence étonnante qui existe entre les sexes de beaucoup d'oiseaux ; car tous deux doivent avoir consommé la même nourriture et avoir été exposés au même climat. Néanmoins, cela ne doit pas nous interdire de croire qu'avec le temps, de nouvelles conditions ne puissent produire quelque effet direct ; nous voyons seulement que ce dernier reste, comme importance, subordonné aux résultats accumulés de la sélection. Lorsque cependant une espèce aura émigré dans un pays nouveau, fait qui doit précéder la formation des espèces représentatives, le changement des conditions auxquelles elles auront presque toujours dû être exposées déterminera chez elles, comme on peut en juger par des analogies très-répandues, une certaine dose de variabilité flottante. Dans ce cas, la sélection sexuelle, dépendant d'un élément éminemment susceptible de changement, — le goût et l'admiration de la femelle — aura pu agir en accumulant de nouvelles teintes de coloration et autres différences. Or la sélection sexuelle étant toujours à l'œuvre (à en juger par des résultats que produit chez les animaux domestiques la sélection non intentionnelle de l'homme), ce serait un fait surprenant que des animaux habitant des régions séparées, ne pouvant donc jamais se croiser et mélanger ainsi leurs caractères nouvellement acquis, ne fussent pas, au bout d'un laps de temps suffisant, différemment modifiés. Ces remarques s'appliquent également au plumage d'été ou nuptial, qu'il soit limité aux mâles, ou commun aux deux sexes.

Bien que les femelles des espèces très-voisines précitées et leurs jeunes diffèrent à peine les uns des autres, de sorte qu'on ne peut distinguer que les mâles, les femelles des espèces d'un même genre, dans la plupart des cas, diffèrent cependant évidemment entre elles. Les différences sont toutefois rarement aussi fortes que chez les mâles. C'est ce que nous voyons clairement dans la famille entière des Gallinacés : par exemple, les femelles du faisan commun et de celui du Japon, surtout celles du faisan doré, et du faisan d'Amherst — du faisan argenté et de la volaille sauvage, — se ressemblent de très-près par la couleur, tandis que les mâles diffèrent à un degré extraordinaire. Il en est de même des femelles de la plupart des Cotingides, Fringillides et beaucoup d'autres familles. Il ne peut y avoir de doute que, en règle générale, les femelles ont été moins modifiées que les mâles. Quelques oiseaux cependant offrent une exception singulière et inexplicable ; ainsi les femelles de *Paradisea apoda* et *P. papuana* diffèrent plus l'une de l'autre que ne le font leurs mâles respectifs [7]; la femelle de cette dernière espèce ayant la surface inférieure d'un blanc pur, tandis qu'elle est d'un brun foncé chez la femelle de *P. apoda*. Ainsi encore, j'apprends du professeur Newton que les mâles de deux espèces d'*Oxynotus* (pie-grièche), qui se représentent dans les îles Maurice et Bourbon [8], diffèrent peu de couleur, tandis que les femelles sont très-dissemblables. La femelle de l'espèce de l'île Bourbon paraît avoir conservé partiellement une apparence de plumage non

---

[7] Wallace, *the Malay Archipelago*, II, 394, 1869.

[8] Ces espèces sont décrites avec figures en couleur, par M. F. Pollen, *Ibis*, 1866, p. 275.

arrivé à maturité; car, à première vue, on pourrait la prendre « pour un jeune individu de l'espèce mauricienne. » Ces différences sont comparables à celles qui surgissent, en dehors de toute sélection humaine, et qui restent inexplicables dans certaines sous-races du coq de combat, où les femelles sont très-différentes, pendant qu'on peut à peine distinguer les mâles[9].

Comme j'accorde une si large part à la sélection sexuelle pour rendre compte des différences entre les mâles d'espèces voisines, comment peut-on expliquer dans tous les cas ordinaires, les différences entre les femelles? Nous n'avons pas besoin ici de considérer les espèces de genres distincts, chez lesquelles l'adaptation à des habitudes différentes de vie et d'autres influences ont dû jouer un rôle. Relativement aux différences entre les femelles d'un même genre, après avoir examiné divers grands groupes, il me semble certain que l'agent principal de leur production a été le transfert à la femelle à un degré plus ou moins prononcé, des caractères acquis chez les mâles par sélection sexuelle. Dans les divers pinsons de l'Angleterre, les deux sexes diffèrent ou très-peu ou considérablement, et si nous comparons les femelles des verdiers, pinsons, chardonnerets, bouvreuils, becs-croisés, moineaux, etc., nous remarquerons qu'elles diffèrent entre elles, surtout par les points sur lesquels elles ressemblent partiellement à leurs mâles respectifs, dont les couleurs peuvent, avec sûreté, être attribuées à une sélection sexuelle. Dans beaucoup d'espèces de gallinacés, les sexes diffèrent à un degré extrême, comme dans le paon, le faisan, l'espèce galline; tandis que, dans d'autres, il y a eu transfert partiel ou complet des caractères du mâle à la femelle. Celles des

---

[9] *Variation*, etc., I, 267 (trad. française).

diverses espèces de *Polyplectron* laissent entrevoir d'une manière obscure, surtout sur la queue, les magnifiques ocelles de leurs mâles. La perdrix femelle ne diffère du mâle que par la grosseur moindre de sa marque rouge du poitrail ; la dinde sauvage du dindon par ses couleurs plus ternes. Dans la pintade, les deux sexes sont identiques. Il n'y a aucune improbabilité que le plumage uniforme, quoique singulièrement tacheté de ce dernier oiseau, ait été acquis chez les mâles par sélection sexuelle et transmis aux deux sexes ; car il n'est pas essentiellement différent du plumage, bien plus magnifiquement tacheté, qui caractérise les mâles seuls chez les faisans Tragopans.

Il faut observer que, dans quelques cas, le transfert des caractères du mâle à la femelle s'est effectué à une époque très-reculée, depuis laquelle le mâle a subséquemment subi de grands changements, sans transmettre à la femelle aucun de ses caractères ultérieurement acquis. Par exemple, la femelle et les jeunes du tétras noir (*Tetrao tetrix*) ressemblent d'assez près aux deux sexes et aux jeunes du tétras rouge (*T. scoticus*) ; nous pouvons, par conséquent, en conclure que le tétras noir descend de quelque espèce ancienne dont les deux sexes avaient une coloration analogue à celle de l'espèce rouge. Les deux sexes de cette dernière étant beaucoup plus distinctement barrés pendant la saison reproductrice qu'à toute autre époque, et le mâle différant légèrement de la femelle par la plus grande intensité de ses teintes rouges et brunes [10], nous pouvons conclure que son plumage a été, au moins jusqu'à un certain point, influencé par la sélection sexuelle. S'il en est ainsi, nous pouvons encore en inférer que le plumage presque sem-

[10] Macgillivray, *Hist. Brit. Birds*, I, 172-174.

blable du tétras noir femelle a été produit d'une manière
semblable dans une période passée. Mais depuis, le
mâle du tétras noir a acquis son beau plumage de cette
couleur, avec ses rectrices frisées en dehors et disposées
en fourchette ; caractères qui n'ont pas été transmis à
la femelle, à l'exception d'une faible indication de la
fourchette recourbée qu'on aperçoit sur sa queue.

Nous pouvons donc conclure que les femelles d'espèces distinctes, quoique voisines, ont souvent eu leur
plumage rendu plus ou moins différent par le transfert
à des degrés divers, de caractères acquis autrefois ou
plus récemment par les mâles, sous l'influence de la
sélection sexuelle. Mais, il faut observer avec soin que
les couleurs brillantes ont été beaucoup plus rarement
transmises que les autres teintes. Par exemple, le mâle
du *Cyanecula suecica* à gorge rouge a la poitrine d'un
bleu somptueux, portant une marque rouge à peu près
triangulaire ; or des marques ayant approximativement
la même forme ont été transmises aux femelles, mais
le point central est fauve au lieu d'être rouge, et est entouré de plumes pommelées et non bleues. Les Gallinacés offrent de nombreux cas analogues ; car aucune
des espèces, telles que les perdrix, cailles, pintades, etc.,
chez lesquelles le transfert des couleurs du plumage du
mâle à la femelle s'est largement effectué, n'offre de
coloration brillante. Les faisans en sont un bon exemple,
les mâles étant généralement beaucoup plus éclatants
que les femelles ; cependant, il y a deux espèces, les
Crossoptilon auritum et *Phasianus Wallichii*, dont les deux
sexes se ressemblent de fort près et ont une coloration
terne. Nous pouvons aller jusqu'à croire que s'il y avait
eu une partie quelconque du plumage des mâles de ces
deux faisans qui eût été brillamment colorée, elle n'aurait pas été transmise aux femelles. Ces faits appuient

fortement l'opinion de M. Wallace, que pour les oiseaux
qui courent de sérieux dangers pendant l'incubation,
le transfert des couleurs vives du mâle à la femelle a été
empêché par la sélection naturelle. N'oublions toutefois
pas qu'une autre explication, déjà donnée, est possible;
à savoir que les mâles ayant varié et étant devenus
apparents ont dû, pendant qu'ils étaient jeunes et inexpérimentés, courir des dangers et être en général détruits; les mâles plus âgés et plus prudents, d'autre
part, ayant varié de la même manière, auraient non-
seulement pu survivre, mais être aussi favorisés dans
leur rivalité avec les autres mâles. Or les variations
tardives dans la vie tendent à se transférer exclusivement au même sexe, de sorte que, dans ce cas, des
teintes extrêmement vives ne se seraient pas transmises
aux femelles. D'autre part, des ornements d'un genre
moins apparent, comme ceux que possèdent les faisans
précités, n'auraient pas été de nature bien dangereuse,
et, apparaissant dans la jeunesse, auraient été transmis
aux deux sexes.

Outre les effets du transfert partiel de caractères des
mâles aux femelles, on peut attribuer quelques-unes
des différences qu'on remarque entre les femelles d'espèces très-voisines à l'action définie ou directe des conditions de la vie [11]. Toute action de cette nature pourra
être masquée par les vives couleurs acquises par sélection sexuelle, chez les mâles, mais pas chez les femelles.
Chacune des différences innombrables dans le plumage
de nos oiseaux domestiques est, cela va sans dire, le
résultat de quelque cause définie ; et dans des conditions
naturelles et plus uniformes, en supposant qu'une teinte
ne soit en aucune manière nuisible, il est certain qu'elle
finirait tôt ou tard par prévaloir. Le libre entrecroise-

---

[11] Voir sur ce sujet, le chap. xxiii de *la Variation dans les Animaux*, etc.

ment des nombreux individus appartenant à la même espèce tendrait ultérieurement à rendre uniforme tout changement de couleur ainsi produit.

Il n'y a aucun doute que les deux sexes de beaucoup d'oiseaux n'aient eu leurs couleurs adaptées en vue de leur protection; et il est possible que, dans quelques espèces, les femelles seules aient éprouvé des modifications propres à réaliser le but. Bien qu'il fût difficile peut-être, comme nous l'avons montré dans le chapitre précédent, impossible de convertir par sélection une forme de transmission en une autre, il n'y aurait pas la moindre difficulté à adapter les couleurs de la femelle, indépendamment de celles du mâle, aux objets environnants, par l'accumulation de variations, dès le commencement à une transmission circonscrite au sexe femelle. Si ces variations n'étaient pas ainsi limitées, les teintes vives du mâle seraient altérées ou détruites. Mais il est jusqu'à présent douteux que les femelles seules d'un grand nombre d'espèces aient été ainsi modifiées. Je voudrais pouvoir suivre M. Wallace jusqu'au bout, car cette admission écarterait quelques difficultés. Toutes variations inutiles pour la protection de la femelle seraient aussitôt effacées, au lieu de se perdre par défaut de sélection, ou par libre entrecroisement, ou par élimination pour être nuisibles aux mâles si elles lui sont transmises. Le plumage de la femelle conserverait ainsi un caractère constant. Ce serait aussi un grand soulagement que de pouvoir admettre que les teintes sombres de beaucoup d'oiseaux des deux sexes ont été acquises et conservées pour cause de protection, — par exemple, la fauvette des bois (*Accentor modularis*) et le roitelet, *Troglodytes vulgaris*, chez lesquels nous n'avons pas de preuves suffisantes de l'action d'une sélection sexuelle. Nous devons cependant être prudents

à conclure que des couleurs, qui nous paraissent sombres, n'aient pas de l'attrait pour les femelles de quelques espèces, et nous rappeler les cas comme celui du
moineau domestique, dont le mâle, sans avoir aucune
teinte vive, diffère beaucoup de la femelle. Personne
ne contestera que plusieurs gallinacés vivant en plein
champ ont acquis au moins en partie pour protection
leurs couleurs actuelles. Nous savons comme ils se dis-
simulent bien, grâce à cette circonstance; et combien
les ptarmigans souffrent des oiseaux de proie pendant
qu'ils changent leur plumage d'hiver contre celui d'été,
tous deux protecteurs. Mais pouvons-nous croire que
les différences fort légères dans les teintes et les marques, existant, par exemple, entre les grouses femelles
noires et les rouges, puissent servir à la protection? Les
perdrix, avec leurs couleurs actuelles, sont-elles plus à
l'abri que si elles ressemblaient aux cailles? Les légères
différences entre les femelles du faisan commun, des
faisans dorés et du Japon, servent-elles de protection,
ou leurs plumages n'auraient-ils pas pu être impuné-
ment intervertis? M. Wallace admet l'utilité et l'avantage
de légères différences de ce genre, d'après ce qu'il a pu
observer des mœurs et habitudes de certains Gallinacés
en Orient. Quant à moi, je me borne à dire que je ne
suis pas convaincu.

Lorsque autrefois j'étais disposé à attribuer une grande
importance au principe de la protection, comme expli-
quant les couleurs moins brillantes des oiseaux femelles,
il me vint à l'idée qu'il était possible que les deux sexes
et les jeunes eussent originellement été également pourvus de vives couleurs; mais que ultérieurement le danger que risquaient les femelles pendant l'incubation, et
les jeunes encore inexpérimentés, avait déterminé l'assombrissement de leur plumage à titre de protection.

Mais aucune preuve ne vient appuyer cette manière de voir, qui n'est pas probable ; car nous exposons en imagination, pendant les temps passés, les femelles et les jeunes à des dangers contre lesquels il a fallu subséquemment protéger leurs descendants modifiés. Nous avons aussi à réduire, par une marche graduelle de sélection, les femelles et les jeunes presque aux mêmes marques et teintes, et à transmettre celles-ci au sexe et à l'époque de la vie correspondants. Ce serait aussi un fait étrange de supposer que les femelles et les jeunes, ayant à chaque phase de la marche de la modification, participé à une tendance à être aussi brillamment colorés que les mâles, les femelles n'aient jamais acquis leur sombre plumage sans que les jeunes aient éprouvé le même changement. En effet, autant que j'ai pu le trouver, il n'y a pas d'exemple d'espèce dont la femelle étant de couleurs sombres, les jeunes en.aient de brillantes. Une exception partielle est fournie par les jeunes de quelques pics, ayant « toute la partie supérieure de la tête teintée de rouge, » qui ensuite diminue et devient ou une simple ligne rouge circulaire chez les adultes des deux sexes, ou disparaît entièrement chez les femelles adultes [12].

Finalement, en ce qui concerne la classe de cas qui nous occupe, l'opinion la plus probable paraît être celle-ci, que les variations successives en éclat ou relatives à d'autres caractères d'ornementation, qui ont surgi chez les mâles à une période plutôt tardive de leur vie, ont été seules conservées ; et, pour ce motif, toutes ou la plupart n'ont été transmises qu'à la descendance mâle adulte. Toute variation en éclat surgissant chez les femelles et les jeunes, n'ayant aucune utilité pour eux, aurait échappé à la sélection ; et de plus aurait été éli-

---

[12] Audubon, o. c., I, 193. Macgillivray, o. c., III, 85. Voir aussi le cas donné précédemment de l'*Indopicus carlotta*.

minée par cette dernière si elle était dangereuse. Ainsi
les femelles et les jeunes seront restés sans modification, ou, ce qui a été plus fréquent, n'auront été que
partiellement modifiés par transmission de quelques variations successives des mâles. Les conditions de vie
auxquelles les deux sexes ont été exposés ont peut-être
exercé sur eux quelque action directe, et c'est surtout
chez les femelles, qui n'en sont d'ailleurs que peu modifiées, que leur effet se fera le mieux sentir. Le libre
entrecroisement des individus aura donné de l'uniformité à ces changements comme à tous les autres. Dans
quelques cas, surtout chez les oiseaux terricoles, les
femelles et les jeunes peuvent, indépendamment des
mâles, avoir été modifiés dans un but de protection,
dans le sens d'un semblable assombrissement de leur
plumage.

CLASSE II. *Lorsque la femelle adulte est plus remarquable
que le mâle adulte, c'est à ce dernier que les jeunes des
deux sexes ressemblent par leur premier plumage.* — Cette
classe présente le cas inverse de la précédente, les femelles étant ici pourvues de vives couleurs et plus apparentes que les mâles; les jeunes, d'après ceux qu'on
connaît, ressemblant aux mâles et non aux femelles
adultes. Mais la différence entre les sexes n'est jamais,
à beaucoup près, aussi grande que celle qu'on rencontre
dans la première classe, et les cas en sont comparativement rares. M. Wallace, qui a le premier attiré l'attention sur le singulier rapport qui existe entre la coloration atténuée des mâles et le fait qu'ils prennent
part à l'incubation, insisté fortement sur ce point[15],
comme un témoignage irrécusable que les couleurs
ternes servent à la protection de l'oiseau pendant l'é-

---

[15] *Westminster Review*, July 1867; et A. Murray, *Journal of Travel*,
1868, 83.

poque de la nidification. Une autre opinion me paraît
plus probable, et les cas étant curieux et peu nombreux,
je vais brièvement signaler tout ce que j'ai pu recueillir
sur ce sujet.

Dans une section du genre *Turnix*, oiseaux ressemblant à la caille, la femelle est invariablement plus
grosse que le mâle (elle l'est presque deux fois chez une
espèce australienne), fait qui n'est pas usuel chez les
Gallinacés. Dans la plupart des espèces la femelle est
colorée d'une manière plus distincte et plus vive que le
mâle [14], mais il en est quelques-unes où les deux sexes
sont semblables. Dans le *Turnix taigoor* de l'Inde, « le
mâle est dépourvu du noir sur la gorge et le cou, et tout
son plumage est d'une nuance plus claire et moins
prononcée que chez la femelle. » Celle-ci paraît être
plus criarde et beaucoup plus belliqueuse que le mâle :
aussi les indigènes se servent-ils pour les combats des
femelles et non des mâles. De même que les chasseurs
d'oiseaux exposent en Angleterre près de leurs trappes
des mâles pour en attirer d'autres en excitant leur rivalité, de même dans l'Inde on fait le même emploi de
la femelle du Turnix. Ainsi exposées, les femelles commencent bientôt à faire « un bruit de rouet très-sonore
qui s'entend de fort loin, et amène rapidement sur les
lieux, pour se battre avec l'oiseau captif, toute femelle
qui se trouve à portée de l'entendre. » On peut ainsi
dans un seul jour prendre de douze à vingt oiseaux,
toutes femelles prêtes à pondre. Les indigènes assurent
qu'après avoir pondu leurs œufs, les femelles se réunissent en troupeaux et laissent aux mâles le soin de

---

[14] Pour les espèces australiennes, voir Gould (*Handbook*, etc., vol II,
178, 180, 186, 188). On voit au British Museum des exemplaires du *Pe-
dionomus torquatus* australien, manifestant des différences sexuelles
semblables.

les couver. Il n'y a pas de raison pour douter de cette assertion, qu'appuient quelques observations faites en Chine par M. Swinhoe[15]. M. Blyth croit que les jeunes des deux sexes ressemblent au mâle adulte.

Les femelles des trois espèces de Bécasses peintes (*Rhynchæa*) (*fig.* 60), « ne sont pas seulement plus grandes, mais beaucoup plus richement colorées que les mâles[16]. » Dans tous les autres oiseaux où la trachée diffère de conformation dans les deux sexes, elle est plus développée et compliquée dans le mâle que dans la femelle; mais dans le *Rhynchæa Australis* elle est simple chez le mâle, tandis que, dans la femelle, avant d'entrer dans les poumons, elle décrit quatre circonvolutions distinctes[17]. La femelle de cette espèce a donc acquis un caractère éminemment masculin. M. Blyth a vérifié par l'examen d'un grand nombre d'échantillons que la trachée n'est enroulée dans aucun des sexes de la *R. Bengalensis*, espèce qui ressemble tellement à la *R. Australis* qu'on ne peut l'en distinguer que par la moindre longueur de ses doigts. Ce fait est encore un exemple frappant de la loi que les caractères sexuels secondaires sont souvent fort différents dans des formes très-voisines ; bien qu'il soit fort rare de trouver ces conditions de différences dans le sexe femelle. Les jeunes des deux sexes de la *R. Bengalensis*, dans leur premier plumage, sont dits ressembler au mâle adulte[18]. Il y a aussi des raisons de croire que le mâle se livre aussi à l'incubation, car avant la fin de l'été, M. Swinhoe[19] a trouvé les femelles associées en troupeaux, comme le font les femelles de Turnix.

---

[15] Jerdon, *Birds of India*, III, 596. Swinhoe, *Ibis*, 1865, p. 542 ; 1866, p. 131, 405.
[16] Jerdon, *Birds of India*, III, 677.
[17] Gould, *Handbook of Birds of Australia*, vol. II, 275.
[18] *The Indian Field*, Sept. 1858, 3.
[19] *Ibis*, 1866, 208.

Les femelles de *Phalaropus fulicarius* et *P. hyperboreus*
sont plus grandes, et, dans leur plumage d'été, « plus

Fig. 60. — *Rhynchæa capensis* (d'après Brehm, édition française).

gaiement attifées que les mâles, » sans que la différence
entre les couleurs des sexes soit bien remarquable ; seul
le mâle du *P. fulicarius*, d'après le professeur Steen-

strup, accomplit les devoirs de l'incubation, ce que
montre d'ailleurs l'état de ses plumes pectorales pendant la saison de la reproduction. La femelle du plu-
vier (*Eudromias morinellus*) est plus grande que le
mâle, et a plus fortement prononcées que ce dernier les
teintes rouges et noires du dessous du corps, le croissant blanc sur la poitrine, et les raies sus-oculaires. Le
mâle prend au moins aussi une part à l'incubation, la
femelle s'occupant également de sa couvée[20]. Je n'ai pu
découvrir si dans ces espèces les jeunes ressemblent
davantage aux mâles qu'aux femelles adultes ; la comparaison est rendue difficile en raison de la double
mue.

Passons maintenant à l'ordre des Autruches : le
mâle du Casoar commun (*Casuarius galeatus*) serait pris
par qui que ce soit pour la femelle, en raison de sa
moindre taille, et de la coloration moins intense des
appendices et de la peau dénudée de sa tête. Je tiens de
M. Bartlett qu'au Zoological Garden, c'est le mâle qui
couve les œufs et prend soin des jeunes[21]. D'après M. T.
W. Wood[22], la femelle manifeste pendant l'époque de la
reproduction des dispositions des plus belliqueuses ;
ses barbes devenant plus grandes et d'une couleur plus
éclatante. De même, la femelle d'un Ému (*Dromœus*

[20] Pour ces diverses assertions, voir Gould, *Birds of Great Britain.*
Le prof. Newton m'informe que, autant ses propres observations que celles
d'autrui l'ont convaincu que les mâles des espèces nommées ci-dessus
prennent toute ou une grande part de la charge des soins que nécessite
l'incubation, et qu'ils temoignent beaucoup plus de dévouement lorsque
les jeunes sont en danger que les femelles. Il en est de même du *Limosa
lapponica* et de quelques autres échassiers, dont les femelles sont plus
grandes que les mâles, et ont des couleurs plus apparentes, faisant plus
de contraste que dans l'autre sexe.

[21] Les naturels de Ceram (Wallace, *Malay Archipelago*, II, 150) assurent que le mâle et la femelle se posent alternativement sur le nid ; mais
M. Bartlett croit qu'il faut expliquer cette assertion par le fait que la
femelle se rend au nid pour y pondre ses œufs.

[22] *The Student*, April 1870, 124.

irroratus) est beaucoup plus grande que le mâle, mais à
part une légère huppe céphalique, ne se distingue pas
autrement par son plumage. Lorsqu'elle est irritée ou
autrement excitée, « elle paraît pouvoir plus fortement
redresser, comme le dindon, les plumes de son cou et
son poitrail. C'est ordinairement la plus courageuse et
la plus belliqueuse. Elle émet un boum guttural et profond, résonnant comme un petit gong, surtout la nuit.
Le mâle a une tenue plus frêle et est plus docile ; il est
sans autre voix qu'un sifflement contenu ou un croas-
sement lorsqu'il est en colère. » Non-seulement il fait
toute l'incubation, mais il a à protéger les petits contre
leur mère, « car dès qu'elle aperçoit sa progéniture,
elle s'agite avec violence et cherche à faire tous ses efforts pour la détruire, malgré la résistance du père. Il
est imprudent de remettre ensemble les parents encore
plusieurs mois après, car il en résulte de violentes
querelles dont la femelle sort en général victorieuse [25]. »
Cet Ému nous offre donc un exemple d'un renverse-
ment complet, non-seulement des instincts de la parenté
et de l'incubation, mais des qualités morales habituelles
des deux sexes ; les femelles étant sauvages, querelleuses et bruyantes, les mâles doux et tranquilles. Le
cas est tout différent chez l'Autruche d'Afrique, dont le
mâle, un peu plus grand que la femelle, a des plumes
plus élégantes, avec des couleurs plus fortement prononcées ; néanmoins c'est lui qui entreprend toute
l'œuvre de l'incubation [24].

Je signalerai encore les quelques autres cas dont j'ai
eu connaissance, dans lesquels la femelle est plus ri-

[25] Voir l'excellente description des mœurs de cet oiseau en captivité,
par A. W. Bennett, *Land and Water*, Mai 1868, 233.
[24] M. Sclater, sur l'incubation des Struthiones, *Proc. Zool. Soc.*, June 9,
1863.

chement colorée que le mâle ; bien que nous n'ayons aucun renseignement sur leur mode d'incubation. Dans un oiseau des îles Falkland (*Milvago leucurus*), je fus fort surpris de trouver, en les disséquant, que les individus dont les teintes étaient les mieux accusées et les cirres et les pattes de couleur orange, étaient des femelles adultes ; tandis que ceux à plumage plus terne et à pattes grises étaient des mâles ou des jeunes. Dans le *Climacteris erythrops* d'Australie, la femelle diffère du mâle en ce qu'elle est ornée de magnifiques marques « rougeâtres, rayonnantes sur la gorge, celle-ci restant uniforme de couleur chez l'autre sexe. » Enfin dans un engoulevent (*Eurostopode*) australien, « les femelles sont toujours plus grosses et plus vivement colorées que les mâles, qui, d'autre part, ont sur leurs rémiges primaires deux taches blanches plus marquées que les femelles [25]. »

Les cas de coloration plus intense chez les femelles que les mâles, ainsi les jeunes ressemblant par leur plumage plus à ceux-ci qu'aux femelles adultes, comme dans la première classe, ne sont donc pas nombreux, bien que se répartissant dans des ordres variés. L'étendue des différences entre les sexes étant ainsi incomparablement moindre, quelle que puisse en avoir

---

[25] Sur le *Milvago*, voir *Zoology of the Voyage of the Beagle, Birds*, 16, 1841. Pour le *Climacteris* et l'*Eurostopodus*, voir Gould, *Handbook of the Birds of Australia*, I, 602 et 97. La *Tadorna variegata* de la Nouvelle-Zélande offre un cas tout à fait anormal ; la tête de la femelle est d'un blanc pur, et son dos plus rouge que celui du mâle ; la tête de celui-ci a une riche teinte bronzée et foncée, et son dos est revêtu de plumes de couleur ardoisée finement striées, de sorte qu'il peut être considéré comme le plus beau des deux. Il est plus grand et plus belliqueux que la femelle, et ne couve pas les œufs. Sous tous ces rapports, l'espèce rentre dans notre première classe de cas ; mais M. Sclater (*Proc. Zool. Soc.*, 1866, 150) à son grand étonnement, a vu que les jeunes des deux sexes âgés de trois mois environ ressemblaient aux mâles adultes par leurs têtes et cous foncés, et non aux femelles adultes ; ce qui semblerait dans ce cas indiquer que les femelles ont été modifiées, tandis que les mâles et les jeunes ont conservé un état antérieur de plumage.

été la cause, elle a dû agir chez les femelles de la
seconde classe avec moins d'énergie ou de persistance
que chez les mâles de la première. M. Wallace voit un
but de protection pendant la saison d'incubation dans
cet amoindrissement de la coloration de ces mâles ;
mais il ne semble pas que les différences entre les
sexes, dans les exemples que nous venons de citer,
soient assez prononcées pour justifier cette opinion d'une
manière suffisante. Dans quelques-uns des cas, les
teintes brillantes de la femelle sont restreintes à la surface inférieure, et les mâles, s'ils eussent été colorés
de même, n'auraient pas couru de danger pendant qu'ils
couvaient les œufs. Il faut aussi remarquer que les
mâles, tout en n'étant qu'à un faible degré moins colorés
que les femelles, ont une taille moindre et sont moins
forts. Ils ont de plus, non-seulement acquis l'instinct
maternel de l'incubation, mais encore ils sont moins
belliqueux et criards que les femelles, et dans un cas
ont des organes vocaux plus simples. Il s'est donc
effectué ici, entre les deux sexes, une transposition
presque complète des instincts, mœurs, dispositions,
couleur, taille, et de quelques points de la conformation.

Si nous supposons maintenant que, dans la classe
dont nous nous occupons, les mâles aient perdu de
l'ardeur qui est habituelle à leur sexe, et ne recher-
chent plus les femelles avec autant d'empressement,
ou, si nous pouvons admettre que les femelles sont
beaucoup plus nombreuses que les mâles,—cas constaté
pour une espèce indienne de Turnix « dont on rencontre
beaucoup plus ordinairement des femelles que des
mâles [26], » — il n'est pas improbable qu'elles aient été
ainsi amenées à rechercher les mâles, au lieu d'être

---

[26] Jerdon, *Birds of India*, III, 598.

courtisées par eux. C'est en fait, jusqu'à un certain point, le cas chez quelques oiseaux, comme nous l'avons vu chez les paonnes, les dindes sauvages et quelques Tétras. Si nous nous guidons d'après les mœurs de la plupart des oiseaux mâles, la taille plus considérable, la force et les dispositions extraordinairement belliqueuses des Émus et Turnix femelles doit signifier qu'elles cherchent à se débarrasser de leurs rivales pour posséder les mâles. Cette manière de voir explique tous les faits, car les mâles seront probablement séduits par les femelles qui auront, par leur coloration plus vive, autres ornements, et facultés vocales, le plus d'attraits pour eux. La sélection sexuelle, entrant alors en jeu, tendrait constamment à augmenter ces attraits chez les femelles, les mâles et les jeunes demeurant peu, ou pas du tout modifiés.

CLASSE III. *Lorsque le mâle adulte ressemble à la femelle adulte, les jeunes des deux sexes ont un premier plumage qui leur est propre.* — Dans cette classe, les deux sexes adultes se ressemblent et diffèrent des jeunes. Ceci s'observe chez beaucoup d'oiseaux divers. Le rouge-gorge mâle se distingue à peine de la femelle, mais les jeunes, avec leur plumage pommelé d'olive obscur et de brun, sont fort différents de leurs parents. Le mâle et la femelle de la magnifique Ibis écarlate sont pareils, tandis que les petits sont bruns ; et la couleur écarlate, bien que commune aux deux sexes, est apparemment un caractère sexuel, car elle ne se développe qu'imparfaitement chez les oiseaux en captivité, comme cela arrive fréquemment aussi à ceux du sexe mâle lorsqu'ils sont très-brillamment colorés. Dans beaucoup d'espèces de hérons, les jeunes diffèrent fortement des adultes, dont le plumage d'été, bien que commun aux deux sexes, à un caractère nuptial évident. Les jeunes

cygnes sont ardoisés, les adultes d'un blanc pur ; et
une foule d'autres cas qu'il serait superflu d'ajouter
ici. Ces différences entre les jeunes et les adultes
dépendent, selon toute apparence, comme dans les
deux autres classes, de ce que les jeunes ont conservé un état antérieur et ancien de plumage que
les adultes des deux sexes ont échangé contre un nouveau. Lorsque les adultes ont de vives couleurs, nous
pouvons conclure des remarques faites au sujet de
l'Ibis écarlate et de beaucoup de hérons, ainsi que
de l'analogie des espèces de la première classe, que
les mâles presque adultes ont acquis ces couleurs par
sélection sexuelle, mais que, contrairement à ce qui
arrive dans les deux premières classes, la transmission, bien que limitée au même âge, ne l'a pas été au
même sexe. Il en résulte par conséquent que, une fois
adultes, les deux sexes se ressemblent et diffèrent des
jeunes.

CLASSE IV. *Lorsque le mâle adulte ressemble à la femelle
adulte, les jeunes des deux sexes leur ressemblent dans
leur premier plumage.* — Les jeunes et les adultes des
deux sexes, qu'ils soient colorés richement ou non, se ressemblent dans cette classe ; cas qui est, à ce que je crois,
beaucoup plus commun que les précédents. Nous en
trouvons des exemples chez le martin-pêcheur, quelques pics, le geai, la pie, le corbeau, et un grand
nombre de petits oiseaux ternes de couleur, comme
les fauvettes et les roitelets. Mais la similitude du plumage entre les jeunes et les adultes n'est jamais absolument complète et passe graduellement à une dissemblance. Ainsi les jeunes de quelques membres de la
famille des martins-pêcheurs sont, non-seulement moins
vivement colorés que les adultes, mais ont beaucoup
de plumes de la surface inférieure qui sont bordées de

brun[27], — probablement un vestige d'un ancien état du plumage. Il arrive souvent dans un groupe d'oiseaux ou même d'un genre, le genre australien (des *Platycercus*) de perruches par exemple, que les jeunes de quelques espèces ressemblent de près à leurs parents des deux sexes, tandis que ceux d'autres espèces diffèrent considérablement de leurs parents d'ailleurs semblables[28]. Les deux sexes et les jeunes du geai commun sont très-ressemblants, mais dans le geai du Canada (*Perisoreus canadensis*), la différence entre les jeunes et leurs parents est assez grande pour qu'on les ait autrefois décrits comme représentant une espèce distincte[29].

Avant de continuer, je dois faire observer que les faits compris dans la présente classe et les deux suivantes sont si complexes et les conclusions si douteuses, que j'invite le lecteur qui n'éprouve pas un intérêt tout spécial pour ce sujet à les franchir.

Les couleurs brillantes ou apparentes, qui caractérisent beaucoup d'oiseaux de la présente classe, ne peuvent que rarement ou jamais avoir pour eux de l'utilité comme protection; elles ont donc probablement été acquises chez les mâles par sélection sexuelle, et ensuite transmises aux femelles et aux jeunes. Il est toutefois possible que les mâles aient pu choisir les femelles les plus attrayantes; si ces dernières ont transmis à leurs descendants des deux sexes leurs caractères, il en sera résulté les mêmes conséquences que celles qu'entraîne la sélection par les femelles des mâles les plus séduisants. Mais il y a quelques preuves que cette éventualité, si elle s'est jamais présentée, a dû être fort rare dans les groupes d'oiseaux où les sexes sont

---

[27] Jerdon (o. c., I, 222, 228). Gould, *Handbook*, etc., I, 124, 130.
[28] Gould, *id.*, II, 37, 46, 56.
[29] Audubon, *Ornith. Biog.*, II, 55.

ordinairement semblables ; car, si seulement quelques
variations successives n'eussent pas été transmises aux
deux sexes, les femelles auraient un peu excédé les
mâles en beauté. C'est précisément le contraire qui a
lieu dans la nature ; car dans presque tous les groupes
considérables dans lesquels les sexes se ressemblent
d'une manière générale, il y a quelques espèces où les
mâles ont une coloration légèrement plus vive que les
femelles. Il est possible encore que les femelles aient
fait choix des plus beaux mâles, ceux-ci ayant réciproquement choisi les plus belles femelles ; mais il est
douteux que cette double marche de sélection ait pu
avec probabilité se réaliser, par suite de l'ardeur plus
grande dont fait preuve l'un des sexes ; et d'ailleurs
qu'elle eût été plus efficace qu'une sélection unilatérale
seule. L'idée la plus probable est donc que, dans la
classe que nous traitons, en ce qui se rattache aux caractères d'ornementation, la sélection sexuelle, conformément à la règle générale dans le règne animal, a
exercé son action sur les mâles, lesquels ont transmis
leurs couleurs graduellement acquises, soit également
ou à peu près à leur descendance des deux sexes.

Un autre point encore plus douteux est celui de savoir
si les variations successives ont surgi d'abord chez les
mâles venant d'atteindre l'âge adulte, ou dans leur
jeune âge, mais, en tous cas, la sélection sexuelle ne
peut avoir agi sur le mâle que lorsqu'il avait à lutter
contre des rivaux pour la possession de la femelle ; et
les caractères ainsi acquis ont été transmis aux deux sexes
et à tout âge. Mais, acquis par les mâles à l'état adulte, et
d'abord transmis aux adultes seulement, ces caractères
ont pu, à une époque ultérieure, l'être aussi aux jeunes
individus. On sait, en effet, que lorsque la loi d'hérédité aux âges correspondants fait défaut, une descen-

dance hérite souvent de certains caractères à un âge plus précoce que celui auquel ils sont d'abord survenus chez les parents [30]. On a observé chez des oiseaux à l'état naturel des cas de ce genre. Par exemple, M. Blyth a vu des exemplaires de *Lanius rufus* et de *Colymbus glacialis* qui, pendant leur jeunesse, avaient très-anormalement revêtu le plumage adulte de leurs parents [31]. Les jeunes du cygne commun (*Cygnus olor*) ne dépouillent leurs plumes foncées et ne deviennent blancs qu'à dix-huit mois ou deux ans ; mais le docteur Forel a décrit le cas de trois jeunes oiseaux vigoureux, qui, sur une couvée de quatre, étaient nés d'un blanc pur. Ces jeunes cygnes n'étaient pas albinos, car leur bec et leurs pattes ressemblaient entièrement par la couleur aux mêmes parties des adultes [32].

Pour expliquer et rendre compréhensible les trois modes précités de la classe en question qui ont pu produire la ressemblance entre les deux sexes et les jeunes, je citerai le curieux cas du genre Passer [33]. Dans le moineau domestique (*P. domesticus*), le mâle diffère beaucoup de la femelle et des jeunes. Ceux-ci se ressemblent entre eux, et également beaucoup aux deux sexes ; aux jeunes du moineau de Palestine (*P. brachydactylus*) et quelques espèces voisines. Nous pouvons donc admettre que la femelle et les jeunes du moineau domestique nous montrent approximativement le plumage de l'ancêtre du genre. Or, dans le *P. montanus*, les deux sexes et les jeunes ressemblant de près au mâle du moi-

---

[30] *Variation*, etc., II, 84 (trad. française).

[31] Charlesworth, *Mag. of Nat. Hist.*, I, 305, 306, 1857.

[32] *Bulletin de la Soc. vaudoise des sc. nat.*, X, 132, 1869. Les jeunes du cygne polonais, *Cygnus immutabilis* de Yarrell, sont toujours blancs; mais, à ce que me dit M. Sclater, on croit que ce n'est qu'une variété du cygne domestique (*C. olor*).

[33] Je dois à M. Blyth les renseignements sur ce genre. Le moineau de Palestine appartient au sous-genre *Petronia*.

neau domestique; ils ont donc tous été modifiés de la même manière, partant tous de la coloration typique de leur ancêtre primitif. Ceci peut être le résultat de ce qu'un ancêtre mâle du *P. montanus* a varié : premièrement, étant presque adulte; ou secondement, tout jeune, et ayant dans l'un et l'autre cas transmis son plumage modifié aux femelles et aux jeunes; ou, troisièmement, il peut avoir varié à l'état adulte, transmis son plumage aux deux sexes adultes, et, par défaut de la loi de l'hérédité aux âges correspondants, à quelque époque subséquente, aux jeunes oiseaux.

Il est impossible de déterminer quel est celui de ces trois modes qui a pu prévaloir d'une manière générale dans la présente classe de cas ; l'opinion la plus probable est celle qui admet que les mâles ont varié dans leur jeunesse et transmis leurs variations à leur descendants des deux sexes. J'ajouterai ici que j'ai tenté avec peu de succès d'apprécier, à l'aide de la consultation de divers ouvrages, jusqu'à quel point la période de la variation a pu déterminer chez les oiseaux en général la transmission des caractères à un des sexes ou aux deux. Les deux règles auxquelles nous avons souvent fait allusion (à savoir que les variations tardives sont transmises à un même sexe, tandis que celles qui surgissent à une époque précoce de la vie se transmettent aux deux) paraissent vraies pour la première[34], la seconde et la quatrième classe de cas; mais elles sont en défaut dans la troisième, souvent la cinquième[35] et la sixième classe.

[34] Par exemple, les mâles de *Tanagra æstiva* et *Fringilla cyanea* exigent trois ans, et celui du *Fringilla ciris*, quatre pour compléter leur beau plumage. (Audubon, *Ornith. Biog.*, I, 233, 280, 378.) Le Canard arlequin prend trois ans. (*Id.*, III, 614.) Selon M. J. Jenner Weir, le mâle du Faisan doré peut déjà se distinguer de la femelle à l'âge de trois mois, mais il n'atteint sa complète splendeur qu'à la fin de septembre de l'année suivante.

[35] Ainsi les *Ibis tantalus* et *Grus Americanus* exigent quatre ans, le

Elles s'appliquent pourtant, autant que je puis en juger, à une majorité considérable d'espèces d'oiseaux. Quoi qu'il en soit, nous pouvons conclure des faits donnés dans le huitième chapitre que l'époque de la variation a constitué un élément important dans la détermination de la forme de transmission.

Il est difficile de décider quelle est la mesure qui doit nous servir à apprécier la précocité ou le retard de l'époque de variation, si c'est l'âge par rapport à la durée de la vie, ou à la période de l'aptitude à la reproduction, ou au nombre de mues que l'espèce a eu à subir. Les mues des oiseaux, même dans une famille donnée, diffèrent beaucoup sans cause assignable. Il en est qui muent de si bonne heure, que presque toutes les plumes du corps tombent avant que les premières rémiges aient pris leur accroissement complet, ce que nous ne pouvons admettre comme ayant dû être dans l'ordre primordial des choses. Lorsque l'époque de mue aura été accélérée, l'âge auquel les couleurs du plumage adulte, se développant ensuite, nous paraîtrait à tort plus précoce qu'il ne l'est réellement. Ceci peut se comprendre par l'usage que pratiquent certains éleveurs d'oiseaux, qui arrachent quelques plumes du poitrail à des pivoines dans le nid, ou de la tête et du cou de quelques jeunes faisans dorés, pour déterminer leur sexe; car, dans les mâles, ces plumes enlevées sont immédiatement remplacées par d'autres colorées [56]. Comme la durée exacte de la vie n'est connue que pour peu d'oiseaux, nous ne pouvons tirer aucune donnée certaine basée sur l'époque de la mue. Quant à ce qui est relatif

---

Flamant plusieurs, et l'*Ardea Ludoviciana* deux pour acquérir leur plumage parfait. Audubon, *o. c.*, I, 224; III, 133. 139, 211.

[56] M. Blyth, dans *Charlesworth's Mag. of Nat. Hist.*, I, 300, 1837. Les indications sur le Faisan doré sont dues à M. Bartlett.

à l'époque où la faculté propagatrice apparaît, il est assez remarquable que divers oiseaux peuvent occasionnellement reproduire, pendant qu'ils ont encore leur plumage de jeunesse[37].

Ce fait d'oiseaux reproduisant sous leur jeune plumage semble contraire à l'idée que la sélection sexuelle ait joué le rôle important que je lui suppose, en produisant des couleurs d'ornementation, panaches, etc., aux mâles, et par égale transmission aux femelles de beaucoup d'espèces. L'objection aurait de la valeur si les mâles plus jeunes et moins ornés réussissaient, aussi bien que les mâles plus âgés et plus beaux, à captiver les femelles et à se reproduire. Mais nous n'avons aucune raison pour supposer que ce soit le cas. Audubon parle de la reproduction des mâles de l'*Ibis tantalus* avant qu'ils soient adultes comme d'un fait rare; M. Swinhoe en dit autant des mâles non adultes d'*Oriolus*[38]. Si les jeunes d'une espèce quelconque dans leur plumage primitif réussissaient mieux que les adultes à trouver des compagnes, le plumage adulte se perdrait probablement bientôt, car les mâles conservant

---

[37] J'ai remarqué les cas suivants dans l'*Ornithological Biography* d'Audubon. Le Gobe-mouche américain (*Muscicapa ruticilla*, I, p.203). L'*Ibis tantalus* met quatre ans pour arriver à maturation complète, mais s'apparie quelquefois dans la seconde année (III, p. 133). Le *Grus americanus* prend le même temps et reproduit avant d'avoir revêtu son plumage parfait (III, 211). Les adultes d'*Ardea cærulea* sont bleus et les jeunes blancs; et on peut voir appariés ensemble des oiseaux blancs, bleus, pommelés et des oiseaux bleus adultes (vol. IV. 58); mais M. Blyth m'informe que certains hérons sont apparemment dimorphes, car on observe les individus du même âge étant les uns blancs, les autres colorés. Le Canard arlequin (*Anas histrionica*) ne revêt son plumage complet qu'au bout de trois ans, quoiqu'un grand nombre reproduisent dès la seconde année (III, 614). L'aigle à tête blanche (*Falco leucocephalus*, III, 210) reproduit également avant d'être adulte. Quelques espèces d'*Oriolus* (selon MM. Blyth et Swinhoe, *Ibis*, Juillet 1863, p. 68) font de même.

[38] Voir la note précédente.

le plus longtemps leur vêtement de jeunesse prévaudraient, ce qui modifierait ultérieurement ainsi les caractères de l'espèce[39]. Si, d'autre part, les jeunes mâles ne parvenaient pas à avoir de femelles, l'habitude d'une reproduction précoce disparaîtrait tôt ou tard complétement, comme superflue et entraînant à une perte de force.

Le plumage de certains oiseaux va croissant en beauté pendant plusieurs années après qu'ils ont atteint l'état adulte; c'est le cas de la queue du paon, et des aigrettes et plumets de quelques hérons, l'*Ardea Ludoviciana* par exemple[40]; mais on peut hésiter à attribuer le développement continu de ces plumes à un résultat d'une sélection de variations successives avantageuses, ou simplement à un fait de croissance prolongée. La plupart des poissons continuent à augmenter de taille tant qu'ils sont en bonne santé et ont à leur disposition une quantité suffisante de nourriture; et il se peut qu'une loi semblable régisse la croissance des plumes des oiseaux.

CLASSE V. *Lorsque les adultes des deux sexes ont un plu-*

---

[39] D'autres animaux faisant partie de classes fort distinctes sont ou habituellement ou occasionnellement capables de reproduire avant qu'ils aient acquis leurs caractères adultes complets. C'est le cas des jeunes mâles de saumons. On a reconnu que plusieurs Amphibiens ont reproduit ayant encore leur conformation larvaire. Fritz Müller a montré (*Für Darwin*, etc., 1869), que les mâles de plusieurs crustacés amphipodes mûrissent sexuellement pendant qu'ils sont jeunes; et je conclus que c'est là un cas de reproduction prématurée, parce qu'ils n'ont pas encore acquis leurs appendices de fixation complets. Tous ces faits sont intéressants au plus haut point en ce qu'ils portent sur un moyen qui peut provoquer de grandes modifications dans l'espèce, conformément aux idées de M. Cope, qu'il exprime par les termes de « retard et accélération des caractères génériques; » bien que je ne puisse pousser à toute l'extension qu'elle comporte les vues de ce naturaliste éminent. Voir Cope, *On the Origin of Genera*, *Proc. of Acad. Nat. Sc. of Philadelphia*, Oct. 1868.

[40] Jerdon, *Birds of India*, III, 507, sur le Paon. Audubon, o. c., III, 139, sur l'*Ardea*.

*mage d'hiver et un d'été distincts, que le mâle diffère ou
non de la femelle, les jeunes ressemblent aux adultes des
deux sexes dans leur tenue d'hiver, beaucoup plus rarement
dans celle d'été; ou ressemblent aux femelles seules; ou
ils peuvent présenter un caractère intermédiaire; ou encore différer considérablement des adultes dans leurs deux
plumages de saison.* — Les cas de cette classe sont fort
compliqués, ce qui n'est pas étonnant, car ils dépendent
de l'hérédité limitée à un plus ou moins haut degré de
trois côtés différents, le sexe, l'âge et la saison. Il y a
des cas d'individus de la même espèce qui passent par
au moins cinq états distincts de plumage. Dans les
espèces où les mâles ne diffèrent de la femelle que pendant l'été, ou, ce qui est plus rare, pendant les deux
saisons [41], les jeunes ressemblent en général aux femelles, — comme chez le chardonneret de l'Amérique
du Nord, et selon toute apparence chez le beau Maluri
d'Australie [42]. Dans les espèces où les sexes se ressemblent été et hiver, les jeunes peuvent premièrement
ressembler aux adultes dans leur tenue d'hiver; secondement, ce qui est plus rare, aux adultes dans celle
d'été; troisièmement, ils peuvent être intermédiaires
entre les deux états; et quatrièmement, ils peuvent
différer des adultes à toute saison. Le *Buphus coromandus* de l'Inde nous fournit un exemple du premier de
ces quatre cas, en ce que les jeunes et adultes des deux
sexes sont blancs pendant l'hiver, ces derniers revêtant
l'été une teinte buffle dorée. Chez l'*Anastomus oscitans*
de l'Inde, nous avons un cas semblable avec renverse-
ment des couleurs; car les jeunes et adultes des deux

---

[41] Pour exemples, voir Macgillivray, *Hist. Brit. Birds*, vol. IV; sur
Tringa, etc., 229, 271; sur le *Machetes*, p. 172; sur le *Charadrius hia-
ticula*, p. 118; sur le *Charadrius pluvialis*, p. 94.

[42] Sur le Chardonneret de l'Amérique du Nord, *Fringilla tristis*, Audubon, *Orn. Biog.*, I, 172. Pour le Maluri, Gould, *Handbook*, etc., I, 318.

sexes sont gris et noirs l'hiver, les adultes devenant
blancs pendant l'été [45]. Comme exemple du second cas,
les jeunes pingouins (*Alca torda*, Linn.), dans le premier
état de leur plumage, sont colorés comme les adultes en
été ; et les jeunes du moineau à couronne blanche de
l'Amérique du Nord (*Fringilla leucophrys*) ont dès qu'ils
sont emplumés d'élégantes raies blanches sur la tête,
qu'ils perdent ainsi que les adultes pendant l'hiver [44].
Quant au troisième cas, celui où les jeunes ont un plumage intermédiaire entre ceux d'hiver et d'été chez les
adultes, Yarrell [45] assure qu'il s'observe chez beaucoup
d'Échassiers. Enfin, pour le dernier cas, où les jeunes
diffèrent considérablement des adultes des deux sexes
dans leurs plumages d'été et d'hiver, on observe le fait
chez quelques hérons de l'Amérique du Nord et de
l'Inde, — les jeunes seuls étant blancs.

Quelques remarques seulement sur ces cas compliqués. Lorsque les jeunes ressemblent à la femelle dans
son plumage d'été, ou aux adultes des deux sexes dans
leur tenue d'hiver, ils ne diffèrent de ceux groupés
dans les classes I et III qu'en ce que les caractères, originellement acquis par les mâles pendant la saison de
la reproduction, ont été limités dans leur transmission,
à la saison correspondante. Lorsque les adultes ont deux
plumages distincts pour l'été et l'hiver, et que celui des
jeunes diffère de l'un et de l'autre, le cas est plus difficile à comprendre. Nous pouvons admettre comme probable que les jeunes ont conservé un ancien état de
plumage ; expliquer le plumage d'été ou nuptial des

[45] Je dois à M. Blyth les renseignements sur le *Buphus*; Jerdon, *o. c.*,
III, 740. Sur l'*Anastomus*, Blyth, *Ibis*, 173, 18-7.
[44] Sur l'*Alca*, Macgillivray, *o. c.*, V, 347. Sur la *Fringilla leucophrys*,
Audubon, *o. c.*, II, 89. J'aurai plus tard à rappeler le fait que les jeunes de certains hérons et aigrettes sont blancs.
[45] *History of British Birds*, I, 159, 1839.

adultes par la sélection sexuelle, mais comment expliquer leur plumage d'hiver distinct ? S'il nous était possible d'admettre que, dans tous les cas, ce plumage constitue une protection, son acquisition serait un fait assez simple, mais je ne vois pas de bonnes raisons pour cette supposition. On peut avancer que les conditions vitales si différentes entre l'été et l'hiver ont agi directement sur le plumage ; cela peut, en effet, avoir produit quelque résultat, mais je ne crois pas qu'on puisse leur attribuer la cause de différences aussi considérables que celles que nous observons quelquefois entre les deux plumages. L'explication la plus probable est celle d'une conservation pendant l'hiver chez les adultes, d'un ancien type de plumage, partiellement modifié par une transmission de quelques caractères propres au plumage d'été. Finalement, tous les cas de la classe qui nous occupe dépendent, selon toute apparence, de caractères acquis par les mâles adultes, ayant été diversement limités dans leur transmission suivant l'âge, la saison, ou le sexe ; mais il serait inutile et oiseux d'essayer de suivre plus loin des rapports aussi complexes.

CLASSE VI. *Les jeunes diffèrent entre eux suivant le sexe par leur premier plumage, les mâles ressemblant de plus ou moins près aux mâles adultes ; comme les jeunes femelles aux adultes du même sexe.* — Les cas de cette classe, bien que se présentant dans des groupes divers, ne sont pas nombreux ; et cependant si l'expérience ne nous avait enseigné le contraire, il nous eût semblé que c'était la chose la plus naturelle que les jeunes dussent d'abord, jusqu'à un certain point, ressembler, et devenir ensuite de plus en plus identiques aux adultes du même sexe. Le mâle adulte de la fauvette à tête noire (*Sylvia atricapilla*) a, comme l'indique son nom, la tête de cette couleur ; elle est brun rouge chez la femelle ; et je tiens de

M. Blyth qu'on peut même distinguer par ce caractère les jeunes des deux sexes étant encore dans le nid. On a constaté un nombre inusité de cas analogues dans la famille des Merles; le mâle du merle commun (*Turdus merula*) peut être distingué de la femelle dans le nid, parce que les rémiges principales qui ne muent pas aussitôt que les plumes du corps conservent, jusqu'à la seconde mue générale, une teinte brunâtre [46]. Les deux sexes du moqueur (*T. polyglottus*) diffèrent fort peu; cependant on peut facilement distinguer, dès un âge très-précoce, les mâles des femelles, en ce que les premiers offrent plus de blanc [47]. Les mâles d'une espèce habitant les forêts (*Orocetes erythrogastra*) et du merle bleu (*Petrocincla cyanea*) ont une grande partie de leur plumage d'un beau bleu, les femelles étant brunes; et les mâles des deux espèces encore dans le nid ont les rémiges et rectrices principales bordées de bleu, tandis que celles de la femelle le sont de brun [48]. De sorte que les mêmes plumes qui, chez le jeune merle, prennent leur caractère adulte et deviennent noires après les autres, revêtent le même caractère dans ces deux espèces et deviennent bleues avant les autres. Ce qu'on peut dire de plus probable sur ces cas est que les mâles, différant en cela de ceux de la classe I, ont transmis leurs couleurs à leur descendance mâle à un âge plus précoce que celui auquel ils les avaient eux-mêmes acquises; car, s'ils eussent varié très-jeunes, ils auraient probablement transféré tous leurs caractères à leurs descendants des deux sexes [49].

[46] Blyth, Charlesworth's *Mag. of Nat. Hist.*, I, 362, 1837, et d'après des renseignements fournis par lui.

[47] Audubon, *o. c.*, I, 113.

[48] M. C. A. Wright, *Ibis*, VI, 65, 1864. Jerdon, *Birds of India*, I, 515.

[49] On peut ajouter les cas suivants; les jeunes mâles du *Tanagra rubra* peuvent se distinguer des jeunes femelles (Audubon, *o. c.*, IV,

Dans l'*Aïthurus polytmus* (oiseau-mouche), le mâle
est magnifiquement coloré de noir et de vert, et porte
deux rectrices qui sont énormément allongées; la femelle a une queue ordinaire et des couleurs peu apparentes; or, au lieu de ressembler à la femelle adulte,
conformément à la règle habituelle, les jeunes mâles
commencent d'emblée à revêtir les couleurs propres à
leur sexe et leurs rectrices ne tardent pas à s'allonger.
Je dois ces renseignements à M. Gould, qui m'a communiqué le cas encore plus frappant que voici, et qui est
encore inédit. Deux oiseaux-mouches appartenant au
genre *Eustephanus*, habitant la petite île de Juan Fer-
nandez, et magnifiques de coloration, ont toujours été
considérés comme spécifiquement distincts. Mais on
s'est récemment assuré que l'un, d'une couleur brun
marron fort riche, avec la tête rouge dorée, est le mâle,
tandis que l'autre, qui est élégamment panaché de vert
et de blanc et a la tête d'un vert métallique, est la femelle. Or, tout d'abord, les jeunes présentent, jusqu'à
un certain point, avec les adultes du sexe correspondant,
une ressemblance qui augmente peu à peu et finit par
devenir complète.

Si nous considérons ce dernier cas, en nous guidant
comme nous l'avons fait jusqu'à présent sur le plumage
des jeunes, il semblerait que les deux sexes ont été rendus beaux d'une manière indépendante, et non par
transmission partielle de la beauté d'un des sexes à
l'autre. Le mâle aurait, selon toute apparence, acquis
ses vives couleurs par sélection sexuelle. comme le
paon ou le faisan dans notre première classe de cas; et

---

p. 302), il en est de même des jeunes d'une Sitelle bleue *Dendrophila*
frontalis de l'Inde (Jerdon, *Birds of India*, I, 389). M. Blyth m'informe
aussi que les sexes du Traquet, *Saxicola rubicola*, peuvent être distingués de très-bonne heure.

la femelle comme celles de Rhynchæa ou Turnix dans
la seconde classe. Mais il est fort difficile de comprendre .
comment cela a pu se faire en même temps chez les
deux sexes de la même espèce. Comme nous l'avons vu
dans le huitième chapitre, M. Salvin constate que chez
certains oiseaux-mouches, les mâles excèdent de beaucoup les femelles, tandis que dans d'autres espèces du
même pays, ce sont les femelles qui excèdent largement les mâles en nombre. Si nous supposons donc
que, pendant une longue période antérieure, les mâles
des espèces de l'île Juan-Fernandez aient de beaucoup
excédé les femelles, et que, pendant une autre période
d'une durée prolongée, ce soient les femelles qui aient
été plus abondantes que les mâles, nous pourrions
comprendre comment les mâles à un moment, et les femelles à un autre, auraient pu s'embellir par la sélection des individus les plus vivement colorés de chaque
sexe; les deux transmettant leurs caractères à leurs
jeunes, à un âge un peu plus précoce qu'à l'ordinaire.
Je n'ai nullement la prétention de donner cette explication comme la véritable, mais le cas était trop remarquable pour n'être pas signalé.

Nous avons maintenant pu voir, d'après de nombreux
exemples compris sous les six classes, qu'il existe d'intimes rapports entre le plumage des jeunes et celui des
adultes, tant d'un sexe que des deux. Ces rapports s'expliquent bien d'après le principe qu'un sexe — qui, dans
la grande majorité des cas, est le mâle — ayant d'abord
acquis par variation et sélection sexuelle de vives couleurs et diverses autres décorations, les ait, d'après les
lois reconnues de l'hérédité, transmises de diverses manières. Nous ne savons pas pourquoi des variations ont
surgi à différentes périodes de la vie, même dans les

espèces d'un groupe donné; mais une des causes déter-
minantes essentielles relatives à la forme de la transmission, paraît avoir été l'âge à laquelle les variations
ont apparu en premier.

En vertu du principe de l'hérédité aux âges correspondants, et du fait que les variations de couleur chez
les mâles très-jeunes, n'étant pas alors soumises à l'influence de la sélection, mais, au contraire, éliminées
comme dangereuses ; tandis que des variations semblables surgissant à l'époque de la reproduction sont conservées, il résulte l'absence complète, ou à peu près, de
modifications dans le plumage des jeunes ; fait, par
conséquent, qui nous permet ainsi d'entrevoir quelle a
dû être la coloration des ancêtres de nos espèces actuelles. Dans cinq de nos six classes, un nombre considérable d'espèces ont les adultes d'un ou des deux
sexes vivement colorés, au moins à l'époque de la reproduction, tandis que les jeunes le sont invariablement
moins, au point même d'être tout à fait obscurs; je n'ai,
en effet, pas pu trouver un cas où les jeunes d'espèces
à couleurs sombres offrent une coloration plus vive, ou
de jeunes espèces de cette catégorie se trouvant plus
brillants que leurs parents. Toutefois, dans la quatrième
classe, où jeunes et adultes se ressemblent, il y a beaucoup d'espèces (quoique pas toutes) qui sont brillantes
et constituent des groupes entiers, ce dont on peut inférer que leurs ancêtres primitifs devaient également
posséder un plumage analogue. A cette exception près,
il semble que si nous considérons les oiseaux dans leur
ensemble, leur beauté a été fort augmentée depuis cette
époque reculée où elle devait être dans des conditions
dont le plumage du jeune âge nous a conservé les
traces.

*Rapports entre la coloration du plumage et la protec-
tion.* — On a vu que je ne peux suivre M. Wallace dans
sa croyance que, dans la plupart des cas, les couleurs
ternes limitées aux femelles ont été acquises spécialement dans un but de protection.

Toutefois, il ne peut y avoir de doute que, chez beaucoup d'oiseaux, les deux sexes n'aient subi de modifications de couleur dans le but d'échapper aux regards de
leurs ennemis ; ou dans quelques cas, de manière à pouvoir s'approcher de leur proie sans être aperçus, comme
les hiboux dont le plumage a été modifié pour que leur
vol ne produise aucun bruit. M. Wallace[50] remarque
que « ce n'est que sous les tropiques, au milieu de forêts qui ne sont jamais dépouillées de leur feuillage,
que nous rencontrons des groupes entiers d'oiseaux
dont le vert constitue la couleur principale. » Toute
personne qui a eu l'occasion de l'essayer, reconnaîtra
combien il est difficile de distinguer des perroquets sur
un arbre feuillé ; bien que beaucoup d'entre eux soient
ornés de teintes écarlates, bleues et orangées qui ne doivent guère être protectrices. Les pics sont essentiellement des oiseaux vivant sur les arbres, mais à côté des
espèces vertes, il y en a des noires et des noires et
blanches, toutes les espèces étant en apparence exposées aux mêmes dangers. Il est donc probable que les
couleurs marquantes des oiseaux arboricoles ont été
acquises par sélection sexuelle, mais que les teintes
vertes ont eu sur les autres nuances, en vertu de la sélection naturelle, un avantage pour la protection.

En ce qui concerne les oiseaux qui vivent sur le sol,
personne ne contestera qu'ils ne soient colorés de manière à imiter la surface qui les entoure. Combien n'est-

[50] *Westminster Review*, July 1867, 5.

il pas difficile d'apercevoir une perdrix, bécasse, coq de
bruyère, certains pluviers, alouettes et engoulevents,
lorsqu'ils se blottissent sur le sol ! Les animaux habitant
les déserts offrent des cas frappants de ce genre, car la
surface nue du sol n'offre aucun abri, et la sécurité de
tous les petits quadrupèdes, reptiles et oiseaux dépend
de leur coloration. Ainsi que le remarque M. Tristram[51]
au sujet des habitants du Sahara, tous sont protégés par
leur « couleur de sable ou isabelle. » D'après ce que je
me rappelle avoir vu dans l'Amérique du Sud, ainsi que
pour la plupart des oiseaux terricoles de l'Angleterre, il
me semblait que dans ces cas les deux sexes avaient, en
général, la même coloration. M'étant adressé à M. Tristram pour les oiseaux du Sahara, il a bien voulu me
transmettre les informations que voici. Il y a vingt-six
espèces appartenant à quinze genres, qui ont évidemment leur plumage coloré de manière à être pour eux
un élément de protection ; et cette coloration spéciale
est d'autant plus frappante, que pour la plupart de ces
oiseaux elle est différente de celle de leurs congénères.
Dans treize espèces sur les vingt-six, les deux sexes ont
la même teinte, mais comme elles appartiennent à des
genres où cette identité de coloration constitue la règle
ordinaire, nous ne pouvons rien en inférer sur l'identité des couleurs protectrices dans les deux sexes des oiseaux du désert. Sur les treize autres espèces, il en est
trois qui, appartenant à des genres dont les sexes diffèrent habituellement entre eux, sont cependant semblables. Dans les dix espèces restantes, le mâle diffère de
la femelle ; mais la différence est circonscrite principalement à la face inférieure du plumage, qui est cachée,
lorsque l'oiseau se blottit sur le sol ; la tête et le dos

---

[51] *Ibis*, 1859, vol. I, p. 429 et suivantes.

ayant d'ailleurs la même teinte de sable dans les deux sexes. Dans ces dix espèces, par conséquent, il y a eu une action exercée par la sélection naturelle sur les surfaces supérieures des deux sexes, pour les rendre semblables dans un but de protection ; pendant que la surface inférieure des mâles seuls a été modifiée et ornée par sélection sexuelle. Comme dans le cas actuel, les deux sexes sont également bien protégés, nous voyons clairement que la sélection naturelle n'a pas empêché les femelles d'hériter des couleurs de leurs parents mâles ; nous devons, comme nous l'avons déjà expliqué, recourir ici à la loi de transmission sexuellement limitée.

Dans toutes les parties du monde, les deux sexes des oiseaux à bec mou, surtout ceux qui fréquentent les roseaux et les carex, sont de couleurs sombres. Il n'est pas douteux que si elles eussent été brillantes, elles auraient été plus exposées à la vue de leurs ennemis, mais autant que je puis en juger, il me paraît douteux que leurs teintes obscures aient été acquises en vue de leur protection. Il l'est encore davantage qu'elles l'aient été dans un but d'ornementation. Nous devons toutefois nous rappeler que les oiseaux mâles, bien que de couleur terne, diffèrent souvent beaucoup de leurs femelles, comme dans le moineau commun, ce qui ferait croire que ces couleurs sont bien un résultat de sélection sexuelle, et ont été acquises comme attrayantes. Un grand nombre d'oiseaux à bec mou sont chanteurs ; et nous devons nous rappeler la discussion développée dans un chapitre précédent, où nous avons vu que les meilleurs chanteurs sont rarement ornés de belles couleurs. Il semblerait qu'en règle générale, les femelles ont choisi les mâles, soit à cause de leurs voix, soit pour leurs gaies couleurs, mais pas pour les deux ensemble. Quelques espèces, qui sont évidemment co-

lorées dans un but de protection, comme la bécasse, le
coq de bruyère, l'engoulevent, sont également marqués
et ombrés avec une extrême élégance, même d'après
notre goût. Nous pouvons conclure que, dans ces cas, les
sélections naturelle et sexuelle ont toutes deux agi ensemble pour la protection et l'ornementation. On peut
douter qu'il existe un oiseau qui n'ait pas quelque attrait spécial, destiné à charmer le sexe opposé. Lorsque
les deux sexes sont assez pauvres d'apparence pour
exclure toute probabilité d'une action de sélection
sexuelle, et que nous n'avons aucune preuve que cet
extérieur ait son utilité protectrice, il vaut mieux
avouer qu'on en ignore la cause, ou, ce qui revient à
peu près au même, l'attribuer à l'action directe des
conditions de la vie.

Dans beaucoup d'oiseaux les deux sexes sont colorés
d'une manière très-apparente, quoique non brillante,
comme les nombreuses espèces qui sont noires, blanches
ou pies ; et ces colorations sont probablement le résultat d'une sélection sexuelle. Chez le merle commun, le
grand Tétras, le tétras noir, la macreuse noire (*Oidemia*)
et même un oiseau du Paradis (*Lophorina atra*), les mâles
seuls sont noirs, et les femelles brunes ou pommelées,
et il n'est guère douteux que, dans ces cas, la couleur
noire ne soit le résultat d'une sélection sexuelle. Il est
donc jusqu'à un certain degré probable que la coloration
noire complète ou partielle des deux sexes, dans des
oiseaux comme les corbeaux, quelques cacatoès, cigognes, cygnes, et beaucoup d'oiseaux de mer, est également le résultat d'une sélection sexuelle, accompagnée
d'une égale transmission aux deux sexes, car la couleur noire ne paraît pas devoir dans aucun cas servir à
la protection. Chez plusieurs oiseaux où le mâle seul
est noir, et d'autres où les deux sexes le sont, le bec et

la peau environnante de la tête sont d'une coloration
intense, le contraste qui en résulte ajoute beaucoup
à leur beauté ; nous voyons ceci dans le bec jaune
brillant du merle mâle, dans la peau écarlate sur les
yeux du tétras noir et du grand tétras, dans le bec diversement et vivement coloré de la macreuse noire
(*Oidemia*), les becs rouges des choucas (*Corvus graculus*,
Linn.), cygnes et cigognes à plumage noir. Ceci m'a
conduit à remarquer qu'il n'y a rien d'impossible à ce
que les toucans puissent devoir à la sélection sexuelle
les énormes dimensions de leur bec, dans le but d'établir les raies de couleur si variées et éclatantes qui ornent cet organe[52]. La peau nue qui se trouve à la base
du bec et autour des yeux est également souvent très-
vivement colorée, et M. Gould dit en parlant d'une espèce[55], que les couleurs du bec « sont incontestablement
à leur point le plus brillant et le plus beau pendant l'é-
poque de l'appariage. » Il n'y a pas plus d'improbabilité
à ce que les toucans soient plus embarrassés d'énormes
becs, que leur structure rend aussi légers d'ailleurs
que possible, pour un motif qui nous paraît à tort insignifiant, à savoir l'étalage de belles couleurs, que ne
doivent l'être des longues pennes qui encombrent, au
point de gêner leur vol, les faisans argus, et quelques
autres oiseaux mâles.

De la même manière que dans diverses espèces les

---

[52] On n'a point encore trouvé d'explication satisfaisante de l'immense
grosseur et encore moins des vives couleurs du bec du Toucan. M. Bates
(*the Naturalist on the Amazons*, II, 341, 1863), constate qu'ils se servent de leur bec pour atteindre les fruits placés aux fines extrémités des
branches ; et également, comme l'ont signalé d'autres auteurs, pour prendre les œufs et les jeunes dans les nids des autres. Mais d'après M. Bates
on ne peut guère considérer le bec comme étant un instrument bien conformé pour les usages auxquels il sert. La grande masse du bec résultant de ses trois dimensions n'est pas compréhensible dans l'idée que ce
n'est qu'un organe préhensile.

[55] *Ramphastos carinatus;* Gould, *Monogr. of Ramphastidæ.*

mâles seuls sont noirs, les femelles étant de couleur
terne, de même les mâles sont partiellement ou entièrement blancs, comme dans plusieurs *Chasmorynchus* de
l'Amérique du Sud, l'oie antarctique (*Bernicla antarctica*),
le faisan argenté, etc., les femelles restant sombres ou
obscurément pommelées. Par conséquent, en vertu du
même principe, il est probable ˆque les deux sexes de
beaucoup d'oiseaux, tels que les cacatoès blancs, plusieurs hérons avec leurs splendides aigrettes, certains
ibis, goëlands, sternes, etc., ont acquis par sélection
sexuelle leur plumage plus ou moins complétement
blancs. Les espèces qui habitent des régions neigeuses
se rangent dans une autre catégorie. Le plumage blanc
des espèces ci-dessus nommées n'apparaît chez les deux
sexes qu'à l'état adulte. C'est également le cas de certains fous, oiseaux tropicaux, etc., et avec l'*Anser hyperboreus*. Cette dernière se reproduisant sur les terrains
arides, non couverts de neige, puis émigrant vers le
midi pendant l'hiver, il n'y a pas de raison pour supposer que son plumage blanc lui serve comme protection. Dans le cas de l'*Anastomus oscitans*, auquel nous
avons précédemment fait allusion, nous trouvons la
preuve que le plumage blanc a un caractère nuptial, car
il n'est développé qu'en été; les jeunes avant leur maturité et les adultes en plumage d'hiver, étant gris et
noirs. Dans beaucoup de mouettes (*Larus*), la tête et le
cou deviennent d'un blanc pur l'été, étant gris ou
pommelés l'hiver et dans le jeune âge. D'autre part, chez
les mouettes plus petites (*Gavia*), ou quelques hirondelles de mer (*Sterna*), c'est précisément le contraire
qui a lieu; car pendant la première année pour les jeunes,
et l'hiver pour les adultes, les têtes sont ou d'un blanc
pur ou d'une teinte beaucoup plus pâle que pendant la
saison de la reproduction. Ces derniers cas offrent un

autre exemple de la manière capricieuse suivant laquelle la sélection sexuelle paraît avoir fréquemment exercé son action [54].

La cause de la plus grande fréquence d'un plumage blanc chez les oiseaux aquatiques que chez les terrestres dépend probablement de leur grande taille et de leur puissance de vol qui leur permet d'échapper, de se défendre aisément contre les oiseaux de proie, circonstance à laquelle ils sont d'ailleurs peu exposés. La sélection sexuelle n'a donc pas été troublée ou réglée par des besoins de protection. Il est hors de doute que chez des oiseaux qui errent librement en planant au dessus de l'Océan, les mâles et femelles se trouveront plus facilement, lorsqu'ils seront rendus très-apparents par une couleur d'un blanc ou d'un noir intense ; ces colorations pouvant atteindre le but des notes d'appel de beaucoup d'oiseaux terrestres. Un oiseau blanc ou noir s'abattant sur une carcasse flottante sur la mer ou échouée sur le rivage sera vu d'une grande distance et attirera d'autres oiseaux de la même ou d'autres espèces; mais il en résulterait un désavantage pour les premiers arrivés, les individus les plus blancs ou les plus noirs n'ayant pas pu prendre plus de nourriture que les individus moins colorés. Les couleurs apparentes ne peuvent donc pas avoir été graduellement acquises dans ce but par sélection naturelle [55].

La sélection sexuelle dépendant d'un élément aussi

[54] Sur *Larus*, *Gavia*, *Sterna*, von Macgillivray, *Hist. Brit. Birds*, V, 515, 584, 626. Sur *Anser hyperboreus*, Audubon, *o. c.*, IV, 562. Sur l'*Anastomus*, Blyth, *Ibis*, 173, 1867.

[55] On peut remarquer que, dans les Vautours qui errent dans de grandes étendues des plus hautes régions de l'atmosphère, comme les oiseaux marins sur l'Océan, il y a 3 ou 4 espèces blanches en totalité ou en partie, beaucoup d'autres étant noires. Ce fait appuie la conjecture que ces couleurs visibles facilitent la rencontre des sexes à la saison reproductrice.

flottant que le goût, nous comprenons qu'il puisse exister dans un même groupe d'oiseaux ayant presque les
mêmes habitudes des espèces blanches ou à peu près,
et des espèces noires ou approchant, — par exemple,
chez les cacatoès, cigognes, ibis, cygnes, sternes et
pétrels. On rencontre quelquefois dans les mêmes
groupes des oiseaux pies, par exemple, le cygne à cou
noir, certains sternes, et la pie commune. Il suffit de
parcourir une grande collection d'échantillons ou une
série de figures coloriées d'oiseaux pour conclure que
des contrastes prononcés dans les couleurs plaisent aux
oiseaux, car les sexes diffèrent fréquemment entre eux
en ce que le mâle a des parties pâles d'un blanc plus
pur et les parties déjà colorées de diverses manières,
encore plus foncées de teinte que la femelle.

Il semble même que la pure nouveauté, le changement pour le changement, ait quelquefois eu de l'attrait
pour des femelles d'oiseaux, de même que nous aimons
les changements de mode. Le duc d'Argyll[56], — et je
me réjouis d'avoir la satisfaction bien peu habituelle de
suivre ses pas, ne fût-ce que pour un bien court trajet,
— dit : « Je suis de plus en plus convaincu que la variété, la pure variété, doit être admise comme un
objet et un but de la nature. » J'aurais désiré que le duc
expliquât ce qu'il entend ici par la nature. Entend-il par
là que le Créateur de l'univers a ordonné des résultats
diversifiés pour sa propre satisfaction, ou celle de
l'homme? La première me paraît aussi peu respectueuse
que la seconde est peu probable. Les caprices s'appli-
quant du goût chez les oiseaux eux-mêmes me paraît
une explication plus juste. Par exemple, il y a des mâles
de perroquet que d'après notre goût, du moins, nous

[56] *The Journal of Travel*, I, 286, 1868.

ne pouvons à peine déclarer plus beaux que les femelles,
dont ils diffèrent sur des points tels que la présence
chez le mâle d'un collier rose, au lieu du « collier étroit
vert émeraude éclatant » de la femelle ; ou un collier
noir chez le mâle, remplaçant « un demi-collier jaune
antérieur, » avec une tête rosée au lieu d'être d'un
bleu de prune[57]. Tant d'oiseaux mâles sont pourvus, à
titre d'ornement principal, de rectrices ou d'aigrettes
allongées, que la queue écourtée que nous avons décrite
chez un oiseau-mouche et l'aigrette diminuée du mâle
du grand Harle semblent être comparables aux nombreux changements opposés que la mode apporte sans
cesse à nos costumes et que nous admirons.

Quelques membres de la famille des hérons nous
offrent un cas encore plus curieux d'une nouvelle coloration qui, selon toute apparence, n'a été appréciée
que comme nouveauté. Les jeunes de l'*Ardea asha* sont
blancs, les adultes de couleur ardoisée et foncée ; et
non-seulement les jeunes, mais les adultes d'une espèce
voisine (*Buphus coromandus*), sont blancs dans leur plumage d'hiver, cette couleur se changeant en une riche
teinte chamois dorée pendant la saison de la reproduction. Il est incroyable que les jeunes de ces deux espèces,
ainsi que de quelques membres de la même famille[58],
soient devenus spécialement d'un blanc pur, et ainsi rendus très-apparents à leurs ennemis; ou que les adultes
d'une des deux espèces aient été spécialement rendus
blancs dans un pays qui n'est jamais couvert de neige.
D'autre part, nous avons lieu de croire que la couleur

[57] Sur le genre *Palæornis*, Jerdon, *Birds of India*, I, 258-60.
[58] Les jeunes des *Ardea rufescens* et *cœrulea* des États-Unis sont également blancs, les adultes étant colorés en conformité avec leurs noms
spécifiques. Audubon (*o. c.*, III, 416; IV, 58) paraît satisfait à la pensée
que ce changement remarquable dans le plumage déconcertera grande-
ment les systématistes.

blanche a été acquise par beaucoup d'oiseaux comme
ornement sexuel. Nous pouvons donc conclure qu'un
ancêtre reculé de l'*Ardea asha* et un ancêtre du *Buphus*,
ayant acquis un plumage blanc pour l'appariage, l'ont
transmis à leurs jeunes; de sorte que les jeunes et les
adultes devinrent blancs comme certains hérons à aigrette existants, cette couleur ayant été ensuite conser-
vée par les jeunes, pendant que les adultes l'échangeaient
pour des teintes plus prononcées. Mais si nous pouvions
remonter plus en arrière encore dans le passé, aux ancêtres plus anciens de ces deux espèces, nous verrions
probablement les adultes ayant une coloration foncée.
Je conclus qu'il en serait ainsi par l'analogie d'autres
oiseaux qui sont sombres lorsqu'ils sont jeunes, et
blancs une fois adultes; et plus particulièrement du cas
de l'*Ardea gularis*, dont les couleurs sont l'inverse de
celles de l'*A. asha*, car ses jeunes sont foncés, ayant
conservé un ancien état de plumage, et les adultes blancs.
Il paraît donc que, dans leur état adulte, les ancêtres des
Ardea asha, *Buphus* et quelques formes voisines ont
éprouvé dans le cours d'une longue ligne de descendance les changements de couleur suivants : d'abord
une teinte sombre, secondement blanc pur, et troisièmement, par un autre changement de mode (si je puis
m'exprimer ainsi), leurs teintes actuelles ardoisées
rougeâtres ou chamois doré. Ces changements successifs ne sont compréhensibles que d'après le principe
que les oiseaux ont admiré la nouveauté pour elle-
même.

Résumé des quatre chapitres sur les Oiseaux. — La plupart des oiseaux mâles sont très-querelleurs pendant
la saison de reproduction, et il en est qui sont armés
dans le but spécial de se battre avec leurs rivaux. Mais

la réussite des plus belliqueux et des mieux armés ne
dépend que rarement ou jamais, exclusivement de leur
pouvoir de chasser ou de tuer leur rivaux, et ils ont des
moyens spéciaux pour charmer les femelles. C'est, chez
les uns, la faculté de chanter ou d'émettre d'étranges
cris, ou d'exécuter une musique instrumentale, et les
mâles par conséquent diffèrent des femelles par leurs
organes vocaux ou la conformation de certaines plumes. La diversité singulière des moyens variés employés pour produire des sons différents nous indique
l'importance que doit avoir ce moyen au point de vue
de la séduction des femelles. Beaucoup d'oiseaux cherchent à attirer l'attention de celles-ci en se livrant à des
danses et manœuvres, soit sur le sol, soit dans les airs,
quelquefois sur des emplacements préparés. Mais les
moyens de beaucoup les plus communs consistent en
ornements de diverses sortes, des teintes éclatantes,
des crêtes et appendices, des plumes magnifiques fort
longues, des huppes, etc. Dans quelques cas, la simple
nouveauté paraît avoir offert de l'attrait. Les ornements
du mâle paraissent avoir sur eux une haute importance,
car il y a des cas nombreux où ils ont été acquis aux
dépens d'une augmentation de danger du côté de l'ennemi, et même d'une perte de puissance dans la lutte
contre les rivaux. Les mâles de beaucoup d'espèces ne
revêtent leur costume orné qu'à l'âge adulte, ou seulement pendant la saison de reproduction; les couleurs
prennent alors une plus grande intensité. Certains appendices décoratifs s'agrandissent, deviennent turges-
cents et très-colorés pendant qu'ils font leur cour. Les
mâles étalent leurs charmes avec un soin raisonné et
de manière à produire le meilleur effet devant les femelles. La cour est quelquefois une affaire de longue
haleine, et pour laquelle un grand nombre de mâles et

de femelles se rassemblent sur un lieu désigné. Supposer
que les femelles n'apprécient pas la beauté des mâles
serait admettre que leurs belles décorations, leurs
pompes, et leurs étalages sont inutiles ; ce qui n'est pas
croyable. Les oiseaux ont une grande finesse de discernement, et il est des cas qui font voir qu'ils ont du
goût pour le beau. Les femelles manifestent d'ailleurs
occasionnellement une préférence ou antipathie marquée pour certains individus mâles.

Si on admet que les femelles sont inconsciemment
excitées par les plus beaux mâles et les préfèrent,
ceux-ci tendraient donc lentement mais sûrement à
devenir par sélection sexuelle toujours plus attrayants.
Nous pouvons conclure que c'est ce sexe qui surtout a
été le plus modifié, du fait que presque tout genre où
les sexes sont différents, les mâles diffèrent beaucoup
plus entre eux que les femelles ; c'est ce que montrent
certaines espèces représentatives très-voisines chez lesquelles on peut à peine distinguer les femelles, tandis
que les mâles sont fort différents. Les oiseaux à l'état
de nature présentent des différences individuelles qui
suffiraient amplement à l'œuvre de la sélection sexuelle ;
mais nous avons vu qu'ils sont occasionnellement
l'objet de variations plus prononcées qui reviennent si
fréquemment, qu'elles seraient aussitôt fixées si elles
servaient à séduire les femelles. Les lois de variation
auront déterminé la nature des changements initiaux et
largement influé sur le résultat final. Les gradations
qu'on observe entre mâles d'espèces voisines indiquent
la nature des échelons qui ont été franchis, et expliquent d'une manière fort intéressante certains caractères,
tels que les ocelles dentelés des couvertures caudales
du paon, et surtout ceux si étonnamment ombrés des
rémiges du faisan Argus. Il est évident que ce n'est pas

comme protection que beaucoup d'oiseaux mâles ont acquis de vives couleurs, des huppes, pennes allongées, etc. C'est même quelquefois pour eux une cause de danger. Nous pouvons être sûrs qu'elles ne sont pas dues à l'action directe et définie des conditions de vie, parce que les femelles exposées aux mêmes conditions diffèrent souvent à un degré extrême des mâles. Bien qu'il soit probable que des conditions changées, agissant pendant une longue période, aient dû produire quelque effet défini sur les deux sexes, leur résultat le plus important aura été une tendance croissante vers la variabilité flottante ou à une augmentation des différences individuelles, ce qui aura fourni à la sélection sexuelle un excellent champ d'action.

Les lois de l'hérédité, en dehors de la sélection, paraissent avoir déterminé si les organes acquis par les mâles à titre d'ornements, ou pour produire des sons, et pour se battre, ont été transmis aux mâles seuls ou aux deux sexes, soit d'une manière permanente, ou périodiquement pendant certaines saisons de l'année. On ignore, dans la plupart des cas, pourquoi divers caractères ont été tantôt transmis d'une manière, tantôt d'une autre ; mais l'époque de la variabilité paraît souvent en avoir été la cause déterminante. Lorsque les deux sexes ont hérité de tous les caractères en commun, ils se ressemblent nécessairement ; mais comme les variations successives peuvent se transmettre différemment, on peut observer tous les degrés possibles, même dans un genre donné, depuis une identité des plus complètes jusqu'à la dissemblance la plus grande entre les sexes. Chez beaucoup d'espèces voisines, ayant à peu près les mêmes habitudes de vie, les mâles sont arrivés à différer entre eux surtout par l'action de la sélection sexuelle ; tandis que les femelles en sont tenues à dif-

férer entre elles principalement de ce qu'elles parti-
cipent à un degré plus ou moins grand des caractères
acquis, comme nous venons de le dire, par les mâles.
De plus,. les effets définis des conditions extérieures de
la vie ne seront pas chez les femelles, comme dans le cas
des mâles, masquées par l'accumulation, par sélection
sexuelle de couleurs fortement prononcées et autres ornements. Les individus des deux sexes, comme qu'ils
soient affectés, auront été conservés presque uniformes
à chaque période successive par le libre entrecroisement d'un grand nombre d'individus.

Chez les espèces où les sexes diffèrent de couleur, il
est possible qu'il y ait eu d'abord une tendance à la
transmission égale des variations successives aux deux
sexes ; et que les dangers auxquels les femelles auraient
été exposées pendant l'incubation, si elles avaient eu les
brillantes couleurs des mâles, ont empêché leur développement chez les premières. Mais autant que je puis
le voir, il serait très-difficile de convertir, au moyen de
la sélection naturelle, une des formes de transmission
en l'autre. De l'autre côté, il n'y aurait aucune difficulté
à donner à une femelle des couleurs ternes, le mâle
restant ce qu'il est, par la sélection de variations successives qui dès le commencement furent limitées à une
transmission au même sexe. Jusqu'à présent, il est
encore douteux que les femelles de beaucoup d'espèces
aient été ainsi modifiées. Lorsque, en vertu de la loi
d'égale transmission des caractères aux deux sexes, les
femelles ont été revêtues de couleurs aussi vives que les
mâles, leurs instincts ont souvent dû se modifier et les
pousser à se construire des nids couverts ou cachés.

Dans une petite classe de cas curieux, les caractères
et les habitudes des deux sexes ont subi une transposition complète, les femelles étant plus grandes, plus

fortes, plus criardes et plus richement colorées que leurs mâles. Elles sont aussi devenues assez querelleuses pour se battre entre elles, comme les mâles des espèces les plus belliqueuses. Si, comme cela paraît probable, elles chassent ordinairement les femelles rivales, et attirent les mâles par l'étalage de leurs vives couleurs ou autres charmes, nous pouvons comprendre comment elles sont peu à peu, à l'aide de la sélection sexuelle et de la transmission limitée au sexe, devenues plus belles que les mâles — ceux-ci étant restés peu ou pas modifiés.

Toutes les fois que la loi d'hérédité à l'âge correspondant prévaut, mais non celle de la transmission sexuellementlimitée, et que les parents varient dans une période tardive de leur vie, — fait qui est constant chez nos races gallines et se manifeste aussi chez d'autres oiseaux, — les jeunes restent sans être modifiés, pendant que les adultes des deux sexes le sont. Si les deux lois héréditaires prévalent, et que l'un ou l'autre sexe varie tardivement, ce sexe seul sera modifié, l'autre sexe et les jeunes restant intacts. Lorsque des variations en éclat ou tout autre caractère apparent surgissent à une époque précoce de la vie, ce qui arrive souvent, ce n'est qu'à celle de la reproduction qu'elles pourront subir l'action de la sélection sexuelle; il s'en suit qu'elles seront sujettes à être éliminées par la sélection naturelle, si elles sont dangereuses pour les jeunes. Nous pouvons ainsi comprendre pourquoi les variations tardives dans leur apparition ont été si souvent conservées pour l'ornementation des mâles; les femelles et les jeunes restant sans en être affectés, par conséquent semblables entre eux. Chez les espèces pourvues de plumages d'été et d'hiver distincts, dont les mâles ou ressemblent aux femelles ou en diffèrent dans les deux saisons, ou pendant l'été seulement, les degrés et la nature des ressemblances entre les parents et les jeunes deviennent d'une complexité extrême, qui paraît dépendre de ce que les caractères acquis d'abord par les mâles sont transmis de manières diverses et à des degrés variables, et limités par l'âge, le sexe et la saison.

Les jeunes de beaucoup d'espèces, n'ayant été que peu modifiés dans leur coloration et autres ornements, nous permettent de nous faire quelque idée sur le plumage de leurs ancêtres reculés; et nous pouvons en inférer que la beauté de nos espèces existantes, si nous envisageons la classe dans son ensemble, a considérablement augmenté depuis cette époque dont le plumage des jeunes nous reste comme un témoignage indirect. Beaucoup d'oiseaux, surtout ceux qui vivent sur le sol, sont sans aucun doute doués de couleurs sombres en vue de leur protection. Dans quelques exemples, la surface supérieure du plumage exposée à la vue a été ainsi colorée dans les deux sexes, tandis que la surface inférieure des mâles seuls a été diversement ornée par sélection sexuelle. Finalement, des faits signalés dans ces quatre chapitres, nous pouvons conclure que armes de batailles, organes producteurs de sons, ornements divers, couleurs vives et frappantes, ont été généralement acquis chez les mâles par variation et sélection sexuelle, se sont transmis de différentes manières conformément aux diverses lois de l'hérédité, — les femelles et les jeunes n'ayant été comparativement que peu modifiés [59].

[59] Je dois à M. Sclater toute ma reconnaissance pour l'obligeance avec laquelle il a bien voulu revoir ces quatre chapitres sur les Oiseaux et les deux suivants sur les Mammifères, et m'éviter ainsi toute erreur sur les noms spécifiques, ou l'insertion de faits que ce naturaliste distingué aurait pu reconnaître comme erronés. Mais il va sans dire qu'il n'est nullement responsable de l'exactitude des assertions que j'ai tirées de diverses autorités.

CHAPITRE XVII

La loi de combat. — Armes particulières limitées aux mâles. — Cause de leur absence chez la femelle. — Armes communes aux deux sexes, mais primitivement acquises par le mâle. — Autres usages de ces armes. — Leur haute importance. — Taille plus grande du mâle.— Moyens de défense. — Sur les préférences manifestées par l'un et l'autre sexe dans l'appariage des mammifères.

Chez les Mammifères, le mâle paraît obtenir la femelle bien plus par l'usage du combat que par l'étalage de ses charmes. Les animaux les plus timides, dépourvus de toute arme propre à la lutte, se livrent des combats désespérés pendant la saison d'amour. On a vu deux lièvres se battre jusqu'à ce que l'un des deux fût resté sur place; les taupes mâles font souvent de même, quelquefois d'une manière fatale. Les écureuils mâles « se livrent des assauts fréquents, dans lesquels ils se blessent mutuellement d'une façon sérieuse; les castors mâles en font autant; aussi c'est à peine si on peut trouver une peau de ces animaux dépourvue de cicatrices [1]. » J'ai observé le même fait sur les peaux des guanacos en Patagonie, et quelques individus étaient si absorbés par leur combat, qu'ils passèrent à côté de

[1] Voy. le récit de Waterton (*Zoologist*, I, 211, 1841) sur un combat entre deux lièvres. Sur les taupes, Bell, *Hist. of Brit. Quadrupeds*, 1re édit., p. 100. Sur les Écureuils, Audubon et Bachman, *Viviparous Quadrupeds of N. America*, 269, 1846. Sur les castors, M. A. H. Green, *Journ. of Linn. Soc. Zoolog.*, vol. X, 362, 1869.

moi sans aucune frayeur. Livingstone constate que les mâles d'un grand nombre d'animaux de l'Afrique du Sud présentent presque invariablement les marques de blessures reçues dans leurs combats précédents.

La loi du combat règne aussi bien chez les mammifères aquatiques que terrestres. Il est notoire que les phoques se battent avec acharnement, des dents et des griffes, pendant la saison de la reproduction; leurs peaux sont également souvent couvertes de cicatrices. Les cachalots mâles sont aussi fort jaloux dans cette saison, et dans leurs luttes, « ils engagent mutuellement leurs mâchoires, se retournent et se tordent en tout sens; » c'est ce qui fait croire à plusieurs naturalistes que l'état fréquemment déformé de leurs mâchoires inférieures est causé par ces combats[2].

Tous les animaux mâles chez lesquels on trouve des organes constituant des armes propres à la lutte sont connus pour se livrer des batailles féroces. On a souvent décrit le courage et les combats désespérés des cerfs; on a rencontré dans diverses parties du monde leurs squelettes inextricablement engagés par les cornes, indiquant comment avaient misérablement péri ensemble le vainqueur et le vaincu[3]. Il n'y a pas d'animal au monde qui soit plus dangereux que l'éléphant en rut. Lord Tankerville m'a communiqué la description des luttes que se livrent les taureaux sauvages de

---

[2] Sur les combats de phoques, Capt. C. Abbott, *Proc. Zool. Soc.*, 191, 1868; M. A. Brown, *id.*, 436, 1868 ; L. Lloyd, dans *Game Birds of Sweden*, 417, 1867, et Penniant. Sur le Cachalot, M. J. H. Thompson, *Proc. Zool. Soc.*, 246, 1867.

[3] Voy. Scrope (*Art of Deer-stalking*, 17), sur l'entrelacement des cornes chez le *Cervus elaphus*. Richardson, dans *Fauna Bor. Americana*, 252, 1829, raconte qu'on a trouvé des cornes ainsi inextricablement engagées ayant appartenu à des wapitis, élans et rennes. Sir A. Smith a trouvé au cap de Bonne-Espérance les squelettes de deux Gnous ainsi attachés ensemble.

Chillingham-Park, descendants dégénérés en taille, mais non en courage, du gigantesque *Bos primigenius*. Plusieurs taureaux concouraient en 1861 pour la suprématie; on observa que deux des plus jeunes avaient attaqué ensemble et de concert le vieux chef du troupeau, l'avaient renversé et mis hors de combat, et les gardiens crurent qu'il devait être dans un bois voisin probablement blessé mortellement. Mais quelques jours plus tard, un des jeunes taureaux s'étant approché seul du bois, le chef, qui ne cherchait que l'occasion de prendre sa revanche, en sortit, et dans un temps très-court tua son adversaire. Il rejoignit ensuite tranquillement son troupeau, sur lequel il régna sans contestation pendant longtemps. L'amiral sir B. J. Sulivan m'informe que lorsqu'il résidait aux îles Falkland, il y avait importé un jeune étalon anglais, qui avec huit juments vivait sur les collines voisines de Port William. Deux étalons sauvages, ayant chacun une petite troupe de juments, se trouvaient sur ces collines; « il est certain que ces étalons ne se seraient jamais rencontrés sans se battre. Tous deux avaient, chacun de son côté, essayé d'attaquer le cheval anglais et d'emmener ses juments, mais sans réussir. Un jour, ils arrivèrent *ensemble* pour l'attaquer. Le capitan à la garde duquel les chevaux étaient confiés, voyant ce qui se passait, se rendit aussitôt sur les lieux et trouva un des étalons aux prises avec l'anglais, l'autre cherchant à emmener les juments, dont il avait déjà réussi à détourner quatre. Le capitan arrangea l'affaire en chassant toute la bande dans un corral, les étalons mâles ne voulant pas abandonner les juments. »

Les animaux mâles déjà pourvus des dents capables de couper ou de déchirer pour les usages ordinaires de la vie, comme les carnivores, insectivores et rongeurs, sont rarement munis d'armes spécialement adoptées en vue des combats avec leurs rivaux. Il en est autrement chez les mâles de beaucoup d'autres. C'est ce que nous montrent les cornes des cerfs et de certaines espèces d'antilopes dont les femelles sont inermes. Chez beaucoup d'animaux, les canines des mâchoires supérieure ou inférieure, ou des deux, sont beaucoup plus grandes dans les mâles que les femelles, ou manquent chez ces dernières, à un rudiment caché près, qui s'observe quelquefois. Certaines antilopes, le cerf musqué, chameau, cheval, porcs, divers singes, les phoques et le morse offrent des exemples de ces différents cas. Les défenses sont quelquefois entièrement absentes chez les femelles de morses[4]. Dans l'éléphant indien mâle et le dugong du même sexe[5], les incisives supérieures constituent des armes offensives. Dans le narval mâle, une seule des dents supérieures se développe et forme la pièce bien connue sous le nom de corne, qui est tordue en spirale et atteint quelquefois de neuf à dix pieds de long. On croit que les mâles se servent de cette arme pour se battre, car « on n'en trouve que rarement qui ne soient pas cassées, et on en rencontre parfois où la partie fendue contient encore la pointe d'une autre qui y est restée prise[6]. La dent du côté opposé de la tête consiste chez le mâle en un rudiment d'environ dix pouces de longueur, qui reste enfoui dans la mâchoire. Il n'est pas cependant fort rare de trouver des narvals mâles à doubles cornes, dans les-

---

[4] M. Lamont (*Seasons with the Sea-Horses*, 143, 1861) dit qu'une bonne défense d'un morse mâle pèse quatre livres, et est plus longue que celle de la femelle, qui en pèse environ trois. Les mâles se livrent de furieux combats. Sur l'absence occasionnelle des défenses dans la femelle, voir R. Brown, *Proc. Zool. Soc.*, 1868, p. 429.

[5] Owen, *Anat. of Vert.*, III, 283.

[6] M. R. Brown, *Proc. Zool. Soc.*, 553, 1869.

quels les deux dents sont bien développées. Chez les
femelles, les deux dents restent rudimentaires. Le cachalot mâle a la tête plus grande que la femelle, ce qui
sans doute contribue à aider ces animaux dans leurs
combats aquatiques. Enfin, le mâle ornithorhynque
adulte est pourvu d'un appareil remarquable, consistant en un ergot placé sur la jambe antérieure, ressemblant beaucoup au crochet des serpents venimeux; on
n'en connaît pas l'usage mais nous pouvons soupçonner qu'il peut servir d'arme défensive[7]. Chez la femelle
il est à l'état d'un simple rudiment. Lorsque les mâles
sont pourvus d'armes dont les femelles sont privées,
il ne peut guère y avoir de doute qu'elles servent aux
combats auxquels ils se livrent entre eux, et ont été
acquis par sélection sexuelle. Il n'est pas probable, au
moins dans la plupart des cas, que cet armement leur
ait été évité, comme pouvant leur être inutile ou en
quelque sorte nuisible. Au contraire, les mâles l'utili-
sant souvent à divers buts, mais surtout à la défense
contre leurs ennemis; il est étonnant qu'il soit si peu
développé ou même absent chez les femelles. Il est certain que le développement de gros bois avec leurs ra-
mifications chez la femelle du cerf, au retour de chaque printemps et celui d'énormes défenses chez les éléphants femelles, en admettant qu'elles ne leur fussent
d'aucune utilité, auraient occasionné une forte perte
de force vitale. Par conséquent, des variations dans les
dimensions de ces organes, conduisant vers leur suppression, seraient entrées dans la sphère d'action de
la sélection naturelle et limitées au sexe femelle dans
leur transmission, sans apporter aucune modification
dans leur développement chez les mâles par sélection

_____

[7] Owen sur le cachalot, l'ornithorhynque, o. c., III, 638, 641.

sexuelle. Mais d'après cette interprétation, comment expliquer les cas comme ceux de la présence de cornes chez les femelles de certaines antilopes, et de défenses chez les femelles de beaucoup d'animaux qui ne sont qu'un peu moins grandes que chez les mâles? C'est, je crois, dans les lois de la transmission que, dans la plupart de ces cas, il ne faut en chercher l'explication.

Le renne étant la seule espèce, dans toute la famille des cerfs, dont la femelle ait des cornes un peu plus petites, plus minces et un peu moins ramifiées que celles du mâle, on doit naturellement croire qu'elles ont pour elle quelque utilité. Quelques preuves s'opposent à cette idée. La femelle conserve ses bois depuis le moment où ils sont complétement développés, en septembre, pendant tout l'hiver, jusqu'en mai, où elle met bas; tandis que le mâle dépouille les siens plus tôt, vers la fin de novembre. Les deux sexes ayant les mêmes exigences et suivant les mêmes habitudes vitales, et le mâle perdant ses bois pendant l'hiver, il est très-improbable que ces annexes puissent avoir une utilité spéciale pour la femelle dans cette saison, qui comprend la plus grande proportion du temps pendant lequel elle les porte. Il n'est pas probable qu'elle ait hérité ses bois de quelque antique ancêtre de la famille des cerfs, car le fait pour les mâles de tant d'espèces dans toutes les parties du globe possédant seuls des bois nous permet de conclure que c'était un caractère primitif du groupe. Il semble donc que le transfert des bois du mâle à la femelle a dû se faire postérieurement à la divergence des diverses espèces de la souche commune, mais qu'il ne paraît pas avoir été en vue d'assurer à ce dernier sexe aucun avantage spécial [8].

---

[8] Sur la structure et la chute des bois du renne; Hoffberg, *Amœnita=*

Les bois se développent chez le renne à un âge qui est
très-précoce, sans que nous en connaissions la cause.
Quoi qu'il en soit, l'effet produit paraît avoir été le
transfert des cornes aux deux sexes. Il est compréhensible, dans l'hypothèse de la pangénèse, qu'un fort léger changement dans la constitution du mâle, soit dans
les tissus du front ou dans les gemmules des bois, puisse
entraîner leur développement précoce; et les jeunes des
deux sexes ayant presque la même constitution avant
la période de la reproduction, les bois se développant
de bonne heure chez le mâle tendraient à se développer également dans les deux sexes. A l'appui de cette
idée, rappelons-nous que les cornes sont toujours transmises par la femelle et qu'elle conserve une aptitude
latente à leur développement, comme nous le montrent
les cas de femelles vieilles ou malades [9]. En outre, nous
trouvons chez les femelles de quelques autres espèces
de cerfs, normalement ou occasionnellement, des rudiments de bois; ainsi la femelle du *Pervulus moschatus*
a « des touffes rétiformes se terminant par un bouton
au lieu de cornes; » et « dans la plupart des exemplaires du Wapiti femelle (*Pervus Panadensis*), la corne est
remplacée par une protubérance osseuse aiguë [10]. »
Nous pouvons conclure de ces diverses considérations

---

les Acad., IV, 149, 1788. Richardson, *Fauna*, etc., 241, sur l'espèce ou
variété américaine; et Major W. Ross King, *the Sportsman in Canada*,
80, 1866.

[9] Isid. Geoffroy Saint-Hilaire, *Essais de zoologie générale*, 513, 1841.
D'autres caractères masculins, outre les cornes, peuvent se transférer
semblablement à la femelle; ainsi M. Boner (*Chamois Hunting in the
Mountains of Bavaria*, 1860, 2ᵉ édit., 365) dit d'une vieille femelle de
chamois « qu'elle avait non-seulement la tête très-masculine d'apparence, mais, sur le dos, une crête de longs poils qu'on ne trouve habituellement que chez les mâles. »

[10] Sur le *Cervulus*, docteur Gray, *Catalogue of the Mammalia in
British Museum*, III, 220. Sur le *Cervus Canadensis* ou le Wapiti, voir
J. D. Caton, *Ottawa Acad. of Nat. Sciences*, p. 9. May 1868.

que la possession de bois bien développés chez la femelle du renne est due à ce que les mâles les ont d'a-
bord acquis comme armes pour combattre les autres
mâles; et secondairement que leur transmission aux
deux sexes a été la conséquence du développement
qu'ils prennent, sans cause connue, à un âge très-précoce chez le sexe mâle.

Passons aux ruminants à cornes creuses ou engaî-
nantes. On peut, chez les antilopes, établir une série
graduelle commençant par les espèces dont les femelles
sont entièrement privées de cornes, — en passant par
celles qui les ont si petites, qu'elles sont presque rudimentaires, comme dans l'*Antilocapra Americana*, — celles où ces appendices se développent largement, bien
que demeurant plus petites et plus grêles que dans le
mâle et affectant quelquefois une forme différente[11];
et se terminant par les espèces où les deux sexes ont
les mêmes cornes de grosseur égale. Comme pour le
renne, il y a également chez les antilopes un rapport
entre la période du développement des cornes et leur
transmission à un seul des deux sexes ou à tous deux;
il est par conséquent probable, soit que leur présence ou
absence chez les familles de quelques espèces, soit que
l'état de perfection relatif qu'elles atteignent dans d'autres doivent dépendre, non du fait d'avoir un usage
spécial, mais simplement de la forme de l'hérédité qui
a prévalu. Le fait que, même dans un genre restreint,
les deux sexes de quelques espèces et les mâles seuls
d'autres soient ainsi pourvus, s'accorde avec la manière de voir ci-dessus indiquée. Il est remarquable que
bien que normalement les femelles de *Antilope bezo-*

---

[11] Les cornes de la femelle *Ant. Euchore* ressemblent, par exemple, à
celles d'une espèce distincte, l'*Ant. Dorcas*, var. *Corine;* voy. Desmarest,
Mammalogie, 455.

artica soient privées de cornes, M. Blyth en a rencontré
trois qui en portaient, et chez lesquelles rien n'indi-
quait un âge avancé ou une maladie. Les mâles de cette
espèce ont des cornes à spires très-allongées, presque
parallèles entre elles et dirigées en arrière. Celles de la
femelle, quand elles existent, sont très-différentes de
forme, car elles n'offrent pas de spire et se recourbent
en s'étendant avec leurs pointes dirigées en avant. Un
fait encore plus remarquable que je tiens de M. Blyth
est que dans le mâle ayant subi la castration, les cornes
ont la même forme particulière que celles de la femelle,
mais sont plus longues et plus épaisses. Dans tous les
cas, les différences entre les cornes des mâles et femelles et celles des mâles castrés et entiers dépendent
probablement de plusieurs causes. Le transfert plus ou
moins complet des caractères du mâle aux femelles, —
de l'état antérieur des ancêtres de l'espèce, — est peut-
être en partie de ce que les cornes sont nourries différemment, de la même manière que les ergots du coq
domestique, greffés sur la crête ou autres parties du
corps, revêtent des formes anormales diverses, par
suite de différences dans leur mode de nutrition.

Dans toutes les espèces sauvages de chèvres et moutons, les cornes sont plus grandes chez le mâle que la
femelle, et manquent quelquefois complétement chez
celles-ci [12]. Dans plusieurs races domestiques de ces
animaux, les mâles seuls ont des cornes ; et c'est un
fait significatif que, dans une race de moutons de la
côte de Guinée, les cornes ne se développent pas, à ce
que m'apprend M. Winwood Reade, dans le mâle castré,
et sont par conséquent sous ce rapport affectés comme
les bois de cerfs. Dans quelques races comme celles du

---

[12] Gray, *Catalogue Mamm. Brit. Mus.*, part. III, 160, 1852.

nord du pays de Galles, où les deux sexes sont régulièrement armés de cornes, les brebis sont très-sujettes
à en manquer. Un témoin digne de foi qui a inspecté
tout exprès un troupeau de ces moutons à l'époque de
la mise bas, a constaté que, chez les agneaux à leur naissance, les cornes sont plus complétement développées
dans le mâle que la femelle. Dans le bœuf musqué
adulte (*Ovibos moschatus*), les cornes du mâle sont plus
grandes que celles de la femelle, chez laquelle les bases
ne se touchent pas [13]. M. Blyth constate, au sujet du bétail ordinaire, que « dans la plupart des animaux sauvages de l'espèce bovine, les cornes sont plus longues et
plus épaisses dans le taureau que dans la vache ; et
dans la vache Banteng (*Bos sondaicus*), les cornes sont remarquablement petites et fort inclinées en arrière. Dans
les races domestiques, tant les types bossus que ceux
qui ne le sont pas, les cornes sont courtes et épaisses
dans le taureau, plus longues et plus effilées chez la
vache et le bœuf ; et, dans le buffle indien, elles sont
plus courtes et plus épaisses dans le mâle, plus grêles
et allongées chez la femelle. Dans le gaour (*B. gaurus*)
sauvage, les cornes sont à la fois plus longues et plus
épaisses dans le taureau que la vache [14]. » Ainsi donc,
chez les Ruminants à cornes creuses, ces organes sont
chez les mâles plus longs ou plus forts que ceux des
femelles. Je puis ajouter ici que, chez le *Rhinoceros
simus*, les cornes de la femelle sont généralement plus
longues mais moins fortes que chez le mâle ; et dans
quelques autres espèces de rhinocéros, on assure qu'elles
sont plus courtes chez la femelle [15]. Nous pouvons de

---

[13] Richardson, *Fauna Bor. Americana*, 278.
[14] *Land and Water*, 1867, 346.
[15] Sir And. Smith, *Zool. of S. Africa*, pl. XIX. Owen, *Anat. of Vert*, III, 524.

ces divers faits conclure que, les cornes de tous genres, même lorsqu'elles sont également développées dans les deux sexes, ont été primitivement acquises par les mâles pour vaincre les autres mâles, et transmises plus ou moins complétement aux femelles, suivant la puissance de la forme d'hérédité qui a prévalu.

Les défenses des éléphants de différentes espèces ou races diffèrent, d'après le sexe, à peu près comme les cornes des ruminants. Dans l'Inde et à Malacca, les mâles seuls sont pourvus de défenses bien développées. Quelques naturalistes considèrent l'éléphant de Ceylan comme une race, d'autres comme une espèce distincte, et on n'y trouve pas « un individu sur cent ayant des défenses, le petit nombre de ceux qui en ont étant exclusivement mâles [16]. » L'éléphant d'Afrique est incontestablement distinct, et la femelle a des défenses grandes et bien développées, quoique un peu moindres que celles du mâle. Ces différences dans les défenses des diverses races et espèces d'éléphants, — la grande variabilité dans les bois de cerfs, surtout marquées chez ceux du renne sauvage, — la présence occasionnelle de cornes dans la femelle d'*Antilope bezoartica*, — celle de deux défenses dans quelques narvals mâles, — l'absence complète de défenses dans quelques morses femelles; — sont autant d'exemples de la variabilité extrême des caractères sexuels secondaires et de leur excessive tendance à différer dans des formes très-voisines.

Bien que les défenses et les cornes paraissent dans tous les cas avoir été primitivement développées comme armes sexuelles, elles servent souvent à d'autres usages. L'éléphant attaque le tigre avec ses défenses; d'après Bruce, il peut, par leur moyen, entailler les troncs

[16] Sir J. Emerson Tennent, *Ceylan*, II, 274, 1859. Pour Malacca, *Journ. of Indian Archipelago*, II, 357.

d'arbres, assez pour pouvoir les renverser facilement,
et c'est encore ainsi qu'il extrait le cœur farineux des
palmiers ; en Afrique, il emploie souvent une défense,
qui est toujours la même, pour tâter le terrain et s'assurer s'il peut supporter son poids. Le taureau commun
défend le troupeau avec ses cornes ; et d'après Lloyd,
l'élan de Suède peut tuer roide un loup d'un coup de
ses grandes cornes. On pourrait citer une foule de faits
semblables. Un des usages secondaires les plus curieux
auxquels les cornes d'un animal quelconque peuvent
être appliquées à l'occasion est celui que le capitaine
Hutton[17] a observé chez la chèvre sauvage de l'Himalaya
(*Capra ægagrus*) ; ainsi qu'on l'observe pour l'ibex,
lorsqu'un mâle tombe accidentellement d'une certaine
hauteur, il penche sa tête en dessous de manière à
atteindre le sol sur ses cornes massives, qui amor-
tissent le choc. La femelle ne peut pas faire cet usage
des siennes, qui sont plus petites, mais ses habitudes
plus tranquilles rendent pour elle moins nécessaire
l'emploi de cette étrange sorte de bouclier.

Chaque animal mâle se sert de ses armes à sa manière
particulière. Le bélier commun fait une charge et
heurte au moyen de la base de ses cornes avec une force
telle, que j'ai vu un homme fort renversé comme un
enfant. Les chèvres et certaines espèces de moutons,
comme l'*Ovis cycloceros* d'Afghanistan[18], se lèvent sur
leurs pattes de derrière, et, non-seulement « donnent
le coup de tête, mais encore par un mouvement d'abais-
sement suivi d'un brusque relèvement, peuvent couper
comme avec un sabre, en raison des côtes qui garnissent

---

[17] Calcutta, *Journal of Nat. Hist.*, IV, 526, 1843.
[18] M. Blyth, *Land and Water*, March, 1867, 134 ; sur l'autorité du Cap.
Hutton et autres. Pour les chèvres sauvages du Pembrokeshire, *Field*,
1869, p. 150.

la face antérieure de leurs cornes en forme de cimeterre. Quand le *O. cycloceros* attaqua un gros bélier domestique connu comme un solide champion, il en eut raison par la seule nouveauté de sa manière de combattre, qui consistait à tout serrer de suite de près son adversaire en l'attrapant sur la face et le nez par une saccade de la tête, et évitant toute riposte par un bond rapide. » Dans le Pembrokeshire, un bouc, le chef d'un troupeau, qui, pendant plusieurs générations était resté à l'état sauvage, très-connu pour avoir tué en combat singulier plusieurs autres mâles, avait des cornes énormes, dont les pointes étaient écartées de 39 pouces (0^m,99). Le taureau, comme on le sait, perce de ses cornes et lance en l'air son adversaire ; le buffle italien ne se sert jamais de ses cornes, mais après avoir donné un effroyable coup de son front convexe, il plie ensuite les genoux pour écraser son ennemi renversé, instinct que n'a pas le taureau [10]. Ainsi un chien qui saisit le buffle par le nez est aussitôt écrasé. Mais le buffle italien ayant été longtemps domestiqué, il n'est pas certain que ses ancêtres sauvages aient eu des cornes ayant la même forme. M. Bartlett m'apprend qu'une femelle de buffle du Cap (*Bubalus caffer*), introduite dans un enclos avec un taureau de la même espèce, l'attaqua, et fut violemment repoussée par lui. Mais M. Bartlett fut convaincu que si le taureau n'avait montré de la magnanimité, il aurait pu aisément la tuer par un coup latéral de ses immenses cornes. La girafe se sert d'une manière singulière de ses cornes courtes et velues, qui sont un peu plus longues chez le mâle que la femelle ; car grâce à son long cou elle peut lancer sa tête d'un côté ou l'autre avec une telle force, que j'ai vu une

[10] M. E. M. Bailly, sur l'usage des cornes, *Ann. Sciences Nat.*, 1re série, II, 369, 1824.

planche dure profondément entaillée par un seul coup.

Il est souvent difficile de se figurer comment les antilopes peuvent utiliser leurs cornes si singulièrement
conformées ; ainsi le spring-bock (*Ant. euchore*) a des
cornes droites, un peu courtes, dont les pointes aiguës
sont recourbées en dedans, presque à angle droit, se
regardant en face. M. Barlett ne sait pas comment elles
sont employées, mais il croit qu'elles feraient une blessure terrible sur les deux côtés de la face d'un antagoniste. Les cornes légèrement recourbées, de l'*Oryx*

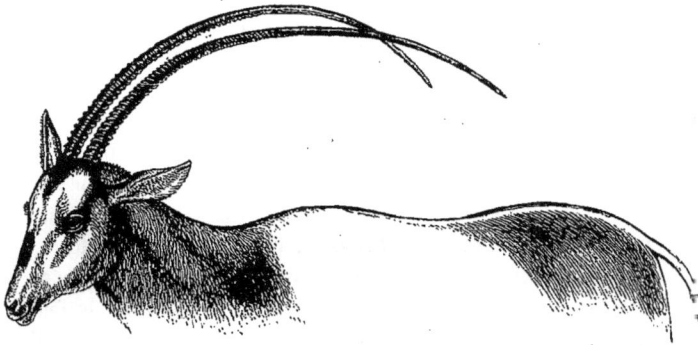

Fig. 61. — *Oryx leucoryx* (Ménagerie de Knowsley).

leucoryx (fig. 61), sont dirigées en arrière et assez
longues pour que leurs pointes dépassent le milieu du
dos, et suivant une ligne qui lui est presque parallèle.
Elles semblent ainsi bien mal conditionnées pour la
lutte ; mais M. Bartlett m'informe que, lorsque deux de
ces animaux se préparent au combat, ils s'agenouillent
et baissent la tête entre les jambes de devant ; attitude
dans laquelle les cornes sont parallèles au sol et près de
lui, avec les pointes dirigées en avant et un peu relevées.
Les combattants s'approchent ensuite peu à peu ; chacun

cherchant à introduire les pointes sous le corps de
l'autre, et celui qui réussit à y parvenir, se redressant
comme un ressort et relevant en même temps la tête,
peut blesser gravement et même transpercer son antagoniste. Les deux animaux s'agenouillent toujours de
manière à se mettre autant que possible à l'abri de cette
manœuvre. On a signalé un cas où une de ces antilopes
s'est servie avec succès de ses cornes même contre un
lion ; cependant l'obligation de mettre la tête entre les
pattes de devant pour que les pointes des cornes aient
une direction convenable doit généralement constituer
une attitude très-désavantageuse pour l'animal lorsqu'il
est attaqué par un autre. Il n'est pas probable, par conséquent, que les cornes aient été modifiées et aient acquis
leur longueur et leur position actuelles, comme une
protection contre les animaux féroces. Nous pouvons
cependant voir que aussitôt que quelque ancien ancêtre
mâle de l'Oryx aura acquis des cornes d'une longueur
modérée, dirigées un peu en arrière, il aura été forcé,
dans ses batailles avec ses rivaux mâles, de baisser sa
tête un peu de côté ou directement, comme le font
encore plusieurs cerfs ; et il n'est pas improbable qu'il
ait acquis l'habitude de s'agenouiller d'abord occasionnellement, puis ensuite régulièrement. Dans ce cas, il
est à peu près certain que les mâles ayant les cornes les
plus longues auraient un grand avantage sur ceux à
cornes plus courtes ; et que, par conséquent, la sélection
sexuelle aura graduellement augmenté leur longueur
jusqu'à atteindre les extraordinaires dimensions et directions qu'elles ont actuellement.

Chez des cerfs de plusieurs espèces, la ramification
des bois offre un cas curieux de difficulté ; car il est
certain qu'une seule pointe droite ferait une blessure
bien plus sérieuse que plusieurs pointes divergentes

Dans le musée de sir Philip Egerton, il y a une corne du cerf commun (*Cervus elaphus*) ayant 30 pouces de long et pas moins de quinze branches ; et on conserve encore à Moritzburg une paire d'andouillers d'un cerf de même espèce, tué en 1699 par Frédéric Ier, chacun portant le nombre étonnant de trente-trois branches. Richardson figure une paire de bois de renne sauvage présentant vingt-neuf pointes [20]. En suite de la manière dont les cornes sont ramifiées, et plus particulièrement de ce que les cerfs se battent à l'occasion à coups de leurs pieds de devant [21], M. Bailly était arrivé à la conclusion que leurs cornes leur étaient plus nuisibles qu'utiles ! Mais cet auteur a oublié les batailles rangées que se livrent les mâles en rivalité. Très-embarrassé sur l'usage ou les avantages des ramures, je m'adressai à M. McNeill de Colinsay, qui a longtemps suivi et observé les mœurs du cerf commun ; lequel m'informa qu'il n'a jamais vu de branches en usage, mais que les andouillers frontaux qui s'inclinent vers le bas protègent très-efficacement le front, et constituent par leurs pointes un instrument également utilisé pour l'attaque. Sir Philip Egerton m'apprend aussi que le cerf commun et le daim, lorsqu'ils se battent, se jettent brusquement l'un sur l'autre, et fixant réciproquement leurs cornes contre le corps de leur antagoniste, il en résulte une lutte violente et désespérée. Lorsqu'un d'eux est forcé de céder et de se retourner, l'autre cherche à enfoncer ses andouillers frontaux dans son adversaire vaincu. Il semble

---

[20] Owen, sur les cornes du cerf commun, *British Fossil Mammuals*, 478, 1846. Forest Creatures, par Ch. Boner, 62–76, 1861. Sur les bois du Renne, Richardson, *Fauna Bor. Americana*, 240, 1829.

[21] J. D. Caton (*Ottawa Ac. of Nat. Science*, 9, Mai 1868) dit que les cerfs Américains se battent avec leurs membres antérieurs « après que la question de supériorité a été une fois constatée et reconnue dans le troupeau. » Bailly, sur l'usage des cornes, *Ann. Sc. Nat.*, II, 371, 1824.

donc que les branches supérieures servent principalement ou exclusivement pour pousser et parer. Cependant, chez quelques espèces, les branches supérieures
servent d'armes offensives, comme le montre le cas
d'un homme qui, dans le parc du Judge Caton, à Ottawa,
fut attaqué par un cerf Wapiti (*Cervus Canadensis*) ;
plusieurs hommes tentèrent de lui porter secours;
« l'animal, sans jamais lever la tête, tenait sa face à plat
contre le sol, ayant le nez presque entre les pattes de
devant, sauf quand il inclinait la tête de côté pour observer et préparer un nouveau bond. » Dans cette position, les pointes extrêmes des cornes étaient dirigées
contre ses adversaires. « En tournant la tête, il devait
nécessairement la relever un peu, parce que les andouillers étant assez longs pour qu'il ne pût faire la rotation
sans les lever d'un côté pendant que de l'autre ils touchaient le sol. » Le cerf de cette manière fit peu à peu
reculer les libérateurs à une distance de 150 à 200
pieds, et l'homme attaqué fut tué [22].

Bien que les cornes du cerf soient des armes réelles,
il ne peut cependant être douteux qu'une pointe unique
aurait été plus dangereuse qu'un andouiller ramifié, et
J. Caton, qui a une grande expérience de l'animal,
approuve complétement cette conclusion. Les cornes
branchues d'ailleurs, bien qu'importantes comme défense contre les cerfs rivaux, ne paraissent pas être ce
qu'il y a de mieux dans ce but, parce qu'elles sont très-
sujettes à s'enchevêtrer. J'ai donc soupçonné qu'elles
pouvaient avoir partiellement un usage décoratif. Personne ne contestera que les andouillers des cerfs, ainsi
que les cornes élégantes en forme de lyre de certaines
antilopes avec leur gracieuse double courbure (*fig.* 62),

[22] Voir le récit fort intéressant dans l'Appendice du mémoire de M. J.
D. Caton, cité précédemment.

ne soient un ornement même à nos yeux. Si donc les
cornes, comme les accoutrements superbes des cheva-
liers d'autrefois, ajoutent à la noble apparence des cerfs

Fig. 62. — *Strepsiceros Kudu* (And. Smith, *Zoology of South Africa*).

et antilopes, elles peuvent avoir été partiellement modifiées dans ce but, tout en restant des armes de combat ;
je n'ai cependant aucune preuve à l'appui de cette manière de voir.

On a récemment publié un cas intéressant, qui montre que dans un district des États-Unis, les cornes d'une espèce de cerf sont en voie de modification sous l'action des sélections sexuelle et naturelle. Un écrivain dit, dans un excellent journal américain[25], qu'il a chassé pendant ces vingt et une dernières années dans les Adirondacks, où abonde le *Cervus Virginianus*. Il y a quatorze ans qu'il entendit pour la première fois parler de mâles à *cornes pointues*. Ils devinrent chaque année plus communs ; il en a tué un, il y a cinq ans, un second ensuite et maintenant cela est très-fréquent. « La corne pointue diffère beaucoup de l'andouiller ordinaire du *C. Virginianus*. Il consiste en une seule pièce, plus grêle que l'andouiller, atteignant à peine à moitié de la longueur de ce dernier, se projetant au-devant du front et se terminant par une pointe aiguë. Elle donne à son possesseur un avantage considérable sur le mâle ordinaire. Outre que cela lui permet de courir plus rapidement au travers des bois touffus et les broussailles (tout chasseur sait que les daims femelles et les mâles d'un an courent beaucoup plus vite que les gros mâles armés de leurs lourds andouillers), la corne pointue est une arme plus efficace que l'andouiller commun. Grâce à ces avantages, les daims à corne pointue gagnent sur les autres, et peuvent avec le temps se substituer à eux dans les Adirondacks. Il est certain que le premier daim à corne pointue n'était qu'un caprice de la nature, mais ses cornes lui ayant été avantageuses, il les a propagées à ses descendants. Ceux-ci, doués du même avantage, ont propagé la particularité suivant un taux constamment croissant et finiront peu à peu par refouler les cerfs à andouillers de la région qu'ils occupent. »

[25] *The American Naturalist*, Dec. 1869, 552.

Les mammifères mâles qui sont pourvus de crocs canins s'en servent de manières variées, comme cela a lieu pour les cornes. Le sanglier frappe de côté et en relevant ; le cerf musqué en baissant produit des effets sérieux [24]. Le morse, malgré la brièveté de son cou et la pesanteur de son corps, « peut frapper avec la même dextérité en haut, en bas ou de côté [25]. » L'éléphant indien, ainsi que je le tiens de feu docteur Falconer, combat différemment suivant la position et la courbure de ses défenses. Lorsqu'elles sont dirigées en avant et relevées, il peut lancer le tigre à une grande distance, jusqu'à 30 pieds ; lorsqu'elles sont courtes et tournées en dessous, il cherche à clouer subitement le tigre sur le sol, circonstance dangereuse, car celui qui le monte peut être lancé par la secousse hors du hoodah [26].

Peu de mammifères mâles possèdent deux sortes distinctes d'armes adoptées spécialement à la lutte avec leurs rivaux. Le cerf muntjac (*Cervulus*) mâle présente toutefois une exception, car il est muni de cornes et de dents canines faisant saillie au dehors. Mais une forme d'armes a souvent dans le cours des temps été remplacée par une autre, comme nous pouvons l'inférer de ce qui suit. Chez les Ruminants, il y a ordinairement un rapport inverse entre le développement des cornes et celui de canines même de grosseur moyenne. Ainsi le chameau, le guanaco, chevrotain et cerf musqué, sont sans cornes, mais ont des canines bien formées, qui sont « toujours plus petites chez les femelles que chez les mâles. » Les Camélides ont à la mâchoire supérieure,

---

[24] Pallas, *Spicilegia Zoologica*, fasc. xɪɪ, p. 18, 1779.
[25] Lamont, *Seasons with the Sea-Horses*, 141, 1861.
[26] Voy. Corse (*Phil. Trans.*, 212, 1799), sur la manière dont la variété Mooknah à courtes défenses de l'éléphant attaque les autres.

outre les vraies canines, une paire d'incisives ayant la
même forme qu'elles [27]. Les cerfs et les antilopes mâles,
d'autre part, ont des cornes, et rarement des canines ;
qui, lorsqu'elles existent, sont toujours petites, ce qui
peut faire douter qu'elles leur soient utiles dans leurs
combats. On ne les trouve qu'à l'état rudimentaire chez
les jeunes mâles de l'*Antilope montana;* elles disparaissent
lorsqu'il vieillit et manquent à tout âge chez les femelles ; toutefois on a occasionnellement observé des rudiments de ces dents [28] chez les femelles de quelques
autres antilopes et cerfs. Les étalons ont de petites canines qui sont absentes ou rudimentaires chez la jument,
mais ils ne s'en servent pas dans leurs combats, car ils
ne mordent qu'avec les incisives et n'ouvrent pas la
bouche aussi largement que les chameaux et les guanacos. Lorsque le mâle adulte possède des canines dans
un état où elles ne peuvent servir, et manquent ou sont
rudimentaires chez la femelle, nous pouvons en conclure que l'ancêtre mâle de l'espèce était armé de véritables canines ayant été partiellement transmises aux
femelles. La réduction de ces dents chez les mâles paraît
avoir été la conséquence d'un changement dans leur
manière de combattre, causé souvent (ce qui n'est pas
le cas du cheval) par le développement de nouveaux
moyens de défense.

Les défenses et cornes ont évidemment une haute importance pour leurs possesseurs, car leur développement consomme beaucoup de matière organisée. Une

---

[27] Owen, *Anat. of Vert.*, III, 349.
[28] Rüppel dans (*Proc. Zool. Soc.*, Jan. 1856, 5) sur les canines chez
les cerfs et antilopes, suivi d'une note de M. Martin sur un cerf américain
femelle. Falconer (*Palæontol. Memoirs and Notes*, I, 756, 1868) sur les
dents d'une biche adulte. Dans les vieux mâles du cerf musqué (Pallas,
Spic. Zool., fasc. xiii, 18, 1779), les canines atteignent quelquefois trois
pouces de longueur, tandis que chez les femelles âgées on n'en trouve
que des rudiments dépassant la gencive d'un demi-pouce à peine.

seule défense de l'éléphant d'Asie — une de l'espèce
velue éteinte — et de l'éléphant d'Afrique, ont été reconnues peser 150, 160 et 180 livres ; quelques auteurs
ont signalé des poids même plus considérables [20]. Chez
les cerfs, dont les bois se renouvellent périodiquement,
ils doivent enlever bien davantage à la constitution ; les
cornes de l'élan, par exemple, pesant de 50 à 60 livres
et celles de l'élan irlandais éteint, atteignant jusqu'à
60 et 70 livres — le crâne de ce dernier n'ayant, en
moyenne, qu'un poids de cinq livres et quart. Chez les
moutons, bien que les cornes ne se renouvellent pas
d'une manière périodique, beaucoup d'agriculteurs considèrent leur développement comme entraînant une
perte sensible pour l'éleveur. Les cerfs d'ailleurs, ayant
à échapper aux bêtes féroces, sont surchargés d'un poids
additionnel qui doit gêner leur course, considérablement retardée dans les localités boisées. L'élan, par
exemple, avec ses bois, dont les extrémités distantes
l'une de l'autre de cinq pieds et demi, quoique très-
adroit pour éviter de toucher ou de briser la moindre
branche sèche lorsqu'il chemine tranquillement, ne
peut faire de même lorsqu'il fuit devant une bande de
loups. « Pendant sa course, il tient le nez haut pour que
les cornes soient horizontalement dirigées en arrière,
position dans laquelle il ne peut voir distinctement le
terrain [30]. » Les pointes des bois du grand élan irlandais
étaient éloignées de 8 pieds ! Pendant que les bois sont
couverts du velours qui, chez le cerf ordinaire, dure environ douze semaines, ils sont très-sensibles aux coups ;
de sorte qu'en Allemagne, les mâles changent pendant

[20] Emerson Tennent, *Ceylan*, II, 275, 1859. Owen, *Bristish Fossil Man-
nuals*, 245, 1846.
[30] Richardson, *Fauna Bor. Americana*, sur l'élan, *Alces palmata*;
p. 236, 237; et sur l'extension des cornes, *Land and Water*, 143, 1869.
Voy. Owen, *Brit. Foss. Mammals*, 447, 455, sur l'élan irlandais.

ce temps jusqu'à un certain point leurs habitudes, évitent les forêts touffues et habitent les jeunes bois et les
halliers bas [31]. Ces faits nous rappellent que les oiseaux
mâles ont acquis des plumes ornementales aux dépens
d'un vol ralenti, et d'autres décorations au prix d'une
perte de force dans leurs luttes avec les mâles rivaux.

Lorsque les sexes diffèrent par la taille, ce qui arrive souvent, les mâles sont, je crois, toujours plus
grands et plus forts. C'est, d'après les renseignements de
M. Gould, ce qui a lieu d'une manière très-marquée chez
les Marsupiaux australiens, dont les mâles semblent
continuer leur croissance jusqu'à un âge fort tardif,
mais le cas le plus extraordinaire est celui d'un phoque
(*Callorhinus ursinus*), dont la femelle adulte pèse moins
de un sixième du poids d'un mâle dans le même état [32].
La plus grande force du mâle se manifeste toujours,
ainsi que Hunter l'a depuis longtemps remarqué [33], dans
les parties du corps qui agissent dans les luttes entre
mâles — le cou massif du taureau, par exemple. Les
mammifères mâles sont plus courageux et belliqueux
que les femelles. Il n'y a que peu de doute que ces caractères ne soient le résultat en partie d'une sélection
sexuelle due aux victoires gagnées par les mâles plus
forts et plus courageux sur les plus faibles, en partie des
effets héréditaires de l'usage. Il est probable que les variations successives dans la force, la taille et le courage
(qu'elles aient été dues à ce qu'on appelle la variabilité
spontanée ou aux effets de l'usage), dont l'accumulation
a donné aux mammifères mâles ces qualités caractéristiques, ont apparu un peu tardivement dans la vie et

---

[31] *Forest Creatures*, par C. Boner, 60, 1861.
[32] Voy. le mémoire intéressant de M. J. A. Allen, dans *Bull. Mus.
Comp. Zool. of Cambridge*, United-States, vol. II, n° 1, p. 82. Un observateur soigneux, le Cap. Bryant, a vérifié les poids.
[33] *Animal Economy*, p. 45.

ont, par conséquent, été considérablement limitées, dans leur transmission, au même sexe.

A ce point de vue, j'étais très-désireux d'obtenir des renseignements sur le lévrier écossais courant, dont les sexes diffèrent davantage par la taille que ceux d'aucune autre race (bien que les limiers diffèrent beaucoup sous ce rapport) ou qu'aucune espèce canine sauvage que je connaisse. Je m'adressai en conséquence à M. Cupples, un éleveur de ces chiens fort connu, qui en a pesé et mesuré un grand nombre et a recueilli à ma demande et avec beaucoup d'obligeance, de diverses sources, les faits suivants. Les chiens mâles supérieurs, mesurés à l'épaule, sont compris en minimum entre vingt-huit pouces, et trente-trois et même trente-quatre pouces de hauteur; et en poids entre un minimum de 80 livres à 120 ou même davantage. Les femelles varient en hauteur de vingt-trois à vingt-sept ou vingt-huit pouces; et en poids de 50 à 70 ou 80 livres[34]. M. Cupples conclut qu'on pourrait en tirer une moyenne assez exacte de 95 à 100 livres pour le mâle, et 70 pour la femelle; mais il y a des raisons pour croire qu'autrefois les deux sexes étaient plus pesants. M. Cupples a pesé des petits âgés d'une quinzaine de jours; dans une portée, le poids moyen de quatre mâles a dépassé celui de deux femelles de six onces et demie; une autre portée a donné moins d'une once pour l'excès de la moyenne du poids de quatre mâles sur une femelle; les mêmes mâles à trois semaines excédaient de sept onces et demie le poids de la femelle, et à six semaines, de quatorze

[34] Richardson, *Manual on the Dog*, 59. M. McNeill a donné des renseignements précieux sur le lévrier d'Écosse, et a le premier attiré l'attention de l'inégalité de taille entre les deux sexes dans *Art of Deer Stalking*, de Scrope. J'espère que M. Cupples persistera dans son intention de publier un travail complet sur cette race célèbre et son histoire.

II.   18

onces environ. M. Wright, de Yeldersley House, dit dans une lettre adressée à M. Cupples : « J'ai pris des notes sur les tailles et poids de chiens d'un grand nombre de portées, et d'après mes expériences, dans la règle les deux sexes diffèrent très-peu jusqu'à l'âge de cinq ou six mois ; les mâles commencent alors à augmenter, et dépassent les chiennes en grosseur et en poids. A sa naissance et quelques semaines après, une chienne pourra occasionnellement être plus grosse qu'aucun des mâles, mais ceux-ci finissent invariablement par les dépasser. » M. McNeill, de Colinsay, conclut que « les mâles n'atteignent leur croissance complète qu'à deux ans révolus, les femelles y arrivant plus tôt. » D'après l'expérience de M. Cupples, les mâles vont en croissant en taille jusqu'à l'âge d'un an à dix-huit mois, et en poids de dix-huit mois à deux ans ; tandis que les femelles cessent de croître en taille de neuf à quatorze ou quinze mois, et en poids de douze à dix-huit. Ces divers documents montrent clairement que la différence complète de taille entre le mâle et la femelle du lévrier écossais n'est acquise qu'un peu tardivement dans la vie. Les mâles sont presque exclusivement employés pour les courses, parce que, d'après M. McNeill, les femelles n'ont pas assez de vigueur et de poids pour forcer un cerf adulte. D'après les noms usités dans de vieilles légendes, il paraît, d'après M. Cupples, qu'à une époque fort ancienne, les mâles étaient les plus réputés, les chiennes n'étant mentionnées que comme mères de chiens célèbres. Pendant un grand nombre de générations, ce sont donc les mâles qui ont été principalement éprouvés pour la force, la taille, la vitesse et le courage, les meilleurs ayant été choisis pour la reproduction. Comme les mâles n'atteignent leurs dimensions complètes qu'un peu tardivement, conformément à la loi que nous avons souvent signalée, ils ont dû tendre à transmettre leurs caractères à leurs descendants mâles seulement ; ce qui expliquerait l'inégalité des tailles entre les deux sexes du lévrier d'Écosse.

Les mâles de quelques quadrupèdes possèdent des organes ou parties qui ne se développent uniquement que pour la défense contre les attaques d'autres mâles. Quelques cerfs, comme nous l'avons vu, se servent principalement ou exclusivement pour leur défense des branches supérieures de leur bois ; et l'antilope *Oryx*, d'après M. Bartlett, se défend fort habilement à l'aide de ses cornes longues légèrement recourbées, mais qu'elle utilise également pour l'attaque. Les rhinocéros, selon la remarque du même observateur, parent lorsqu'ils se battent les coups latéraux avec leurs cornes, qui claquent fortement l'une contre l'autre comme les crocs des sangliers. Bien que les sangliers sauvages se livrent des combats désespérés, il est rare, d'après Brehm, que ceux-ci aient un résultat mortel, les coups portant réciproquement sur les crocs eux-mêmes, ou sur

Fig. 65. — Tête de sanglier sauvage ordinaire dans la fleur de l'âge (d'après Brehm, édition française).

cette couche cartilagineuse de la peau qui recouvre les épaules et que les chasseurs allemands appellent le bouclier. Nous avons là une partie spécialement modifiée en vue de la défense. Chez les sangliers dans la force de l'âge (*fig. 63*), les crocs de la mâchoire inférieure servent à combattre, mais quand ces animaux attei-

gnent la vieillesse, Brehm constate que leurs crocs se
recourbent si fortement en dedans et en haut, au-dessus du groin, qu'ils ne peuvent plus servir à cet usage.
Ils continuent cependant à être utiles, et même d'une
manière plus efficace, comme moyens de défense. En
compensation de la perte des crocs inférieurs comme

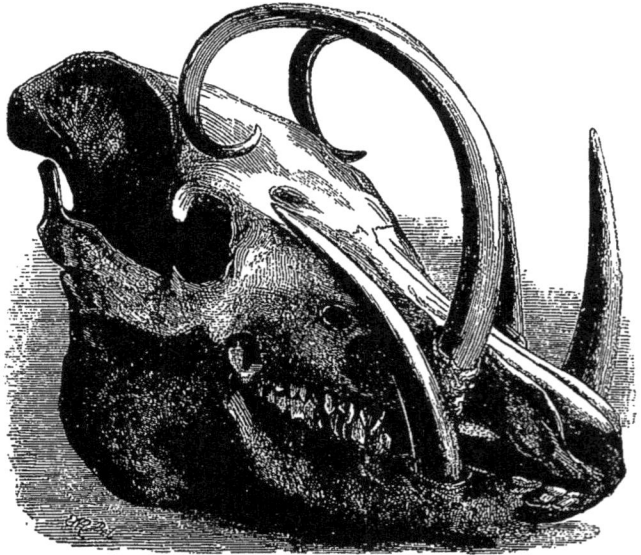

Fig. 64. — Crâne de Babiroussa (Wallace, *Malay Archipelago*).

armes offensives, ceux de la mâchoire supérieure, qui
font toujours un peu saillie latéralement, augmentant
très-considérablement de longueur avec l'âge, et, se re-
courbant au-dessus, peuvent alors néanmoins devenir
des armes offensives. Un vieux solitaire n'est pas si
dangereux pour l'homme qu'un ayant six ou sept ans[35].

Dans le Babiroussa mâle adulte des Célèbes (*fig.* 64),

[35] Brehm, *Thierleben*, II, 729, 732.

les crocs inférieurs constituent, comme ceux du sanglier européen lorsqu'il est dans la force de l'âge, des armes formidables; mais les supérieurs sont si allongés et ont leurs pointes tellement enroulées en dedans, touchant même quelquefois le front, qu'ils sont tout à fait inutiles comme moyens d'attaque. Ils ressemblent beaucoup plus à des cornes qu'à des dents, et sont si visiblement impropres à rendre les services de ces dernières, qu'on a autrefois supposé que l'animal reposait sa tête en s'accrochant aux branches par ces conformations. Leur surface convexe pourrait toutefois servir de garde contre les coups, lorsque la tête est inclinée un peu de côté; c'est peut-être la raison pour laquelle ces cornes sont « généralement brisées chez les vieux individus, comme si elles avaient servi au combat [56]. » Nous avons donc là le cas curieux des crocs supérieurs du Babiroussa acquérant régulièrement dans la force de l'âge une disposition qui, en apparence, ne les approprie qu'à la défense seulement; tandis que, chez le sanglier européen, ce sont les crocs inférieurs opposés qui prennent et à un moindre degré, et seulement chez les individus très-âgés, une forme à peu près analogue et de même ne peuvent servir qu'à la défense.

Dans le *Phacochoerus Æthiopicus* (*fig. 65*), les crocs de la mâchoire supérieure du mâle se recourbent en haut dans la force de l'âge, et, étant très-pointus, constituent des armes offensives formidables. Les crocs de la mâchoire inférieure sont plus tranchants que les premiers, mais il ne semble pas possible qu'en raison de leur peu de longueur, ils puissent servir à l'attaque. Ils doivent toutefois fortifier beaucoup ceux de la mâchoire supérieure, car ils sont usés de manière à s'appliquer

[56] Voy. Wallace, *the Malay Archipelago*, I, 435, 1869.

exactement contre leur base. Ni les uns ni les autres
ne paraissent avoir été spécialement modifiés en vue de
servir comme gardes pour parer les coups, bien que
sans aucun doute, ils puissent jusqu'à un certain point
le faire. Mais le Phacochoere n'est pas privé d'autres
dispositions protectrices spéciales, car il possède, de
chaque côté de sa face, sous les yeux, un bourrelet ri-
gide quoique flexible, cartilagineux et oblong (*fig.* 65),

Fig. 65. — Tête du *Phacochoerus Æthiopicus* (*Proc. Zool. Soc.*, 1869).

(Je m'aperçois maintenant que ce dessin représente la tête d'une femelle; mais
elle peut tout de même servir! à montrer, sur une échelle réduite, les caractères du mâle.)

faisant une saillie de deux ou trois pouces; ces bourre-
lets, à ce qu'il a paru à M. Bartlett et à moi-même, en
voyant l'animal vivant, étant pris en dessous par les
crocs d'un antagoniste, se relèveraient et protégeraient
ainsi très-complétement les yeux un peu saillants. J'a-
jouterai, sur l'autorité de M. Bartlett, que lorsque ces
animaux se battent, ils se tiennent toujours directement en face l'un de l'autre,

Enfin le *Potamoechorus penicillatus* africain a de chaque côté de la face, sous les yeux, une tubérosité cartilagineuse qui correspond au bourrelet flexible du Phacochoere; il possède aussi deux protubérances osseuses sur la mâchoire supérieure au-dessus des narines. Un sanglier de cette espèce ayant récemment pénétré dans la cage du Phacochoere au Zoological Gardens, ils se battirent toute la nuit et furent trouvés le matin très-épuisés, mais sans blessure sérieuse. Le fait avait ceci de significatif qu'il montrait l'utilité des excroissances et projections que nous venons de décrire, car ces parties étaient toutes ensanglantées, lacérées et déchirées d'une manière extraordinaire.

La crinière du lion constitue une excellente défense contre un des dangers auquel il est le plus exposé, l'attaque de lions rivaux; car d'après les informations de sir A. Smith les mâles se livrent des combats terribles; et un jeune lion n'ose pas approcher d'un vieux. En 1857, à Bromwich, un tigre ayant pénétré dans la cage d'un lion, il s'ensuivit une lutte effroyable; « le lion, grâce à sa crinière, n'eut le cou et la tête que peu endommagés, mais le tigre ayant enfin réussi à lui ouvrir le ventre, le lion expira au bout de quelques minutes[37]. » La large collerette entourant la gorge et le menton du lynx du Canada (*Felis canadensis*) est plus longue chez le mâle que la femelle, mais je ne sais si elle peut lui servir comme moyen de défense. Les phoques mâles sont très-connus pour se livrer des combats acharnés, et les mâles de certaines espèces (*Otaria jubata*)[38] ont de fortes crinières qui sont fort réduites ou

---

[37] *The Times*, Nov. 10, 1857. Sur le lynx du Canada. Audubon et Bachman, *Quadrupeds of N. America*, 139, 1846.

[38] Docteur Murie, sur *Otaria*, *Proc. Zool. Soc.*, 109, 1869. M. J. A. Allen, dans le travail cité ci-dessus (p. 75) doute que la garniture de poils, qui est plus longue sur le cou dans le mâle que la femelle, mérite d'être appelée une crinière.

nulles chez les femelles. Le babouin mâle du cap de
Bonne-Espérance (*Cynocephalus porcarius*) a une crinière
plus longue et des dents canines plus fortes que la femelle; et cette crinière doit servir de moyen de protection, car ayant demandé aux gardiens du Zoological
Gardens, sans motiver mon but, s'il y avait des singes
qui eussent l'habitude de s'attaquer spécialement par
la nuque, la réponse fut que ce n'était le cas pour aucun, le babouin en question excepté. Dans l'*Hamadryas*,
Ehrenberg compare la crinière du mâle adulte à celle
d'un jeune lion, mais elle manque presque entièrement
chez les jeunes des deux sexes et la femelle.

Il me paraissait probable que l'énorme crinière lai-
neuse du bison américain mâle, qui touche presque le
sol et est beaucoup plus développée que chez la femelle,
devait servir à les protéger dans leurs terribles combats; cependant un chasseur expérimenté a dit à Judge
Caton qu'il n'avait jamais rien observé qui appuyât
cette idée. L'étalon a une crinière beaucoup plus longue et fournie que la jument; et les renseignements
que m'ont fournis deux grands éleveurs et dresseurs qui
ont eu un grand nombre d'étalons à leur disposition
m'ont prouvé « qu'ils cherchent invariablement à se
saisir le cou. » Il ne résulte cependant pas de ce qui
précède que lorsque la crinière peut jouer un rôle
comme moyen de défense, elle ait été développée dans
l'origine dans ce but; cela est pourtant probable dans
quelques cas comme celui du lion. M. McNeill m'apprend que les longs poils que porte au cou le cerf (*Cervus elephas*) sont pour lui une protection lorsqu'on le
chasse, car c'est à la gorge que les chiens cherchent
ordinairement à le saisir; mais il n'est pas probable
que ces poils se soient spécialement développés dans
ce but, car autrement il est à peu près certain que

tant les jeunes que les femelles auraient été protégés
de même.

Sur la préférence ou choix dans l'appariage dont font
preuve les mammifères des deux sexes. — Avant de décrire, ce que nous ferons dans le chapitre suivant,
les différences qui se remarquent entre les sexes
dans la voix, l'odeur émise et l'ornementation, il est
convenable d'examiner ici si les sexes exercent quelque choix dans leurs unions. La femelle a-t-elle des
préférences pour un mâle particulier, avant ou après
que les mâles se sont battus pour déterminer leur suprématie; ou le mâle, lorsqu'il n'est pas polygame,
choisit-il une femelle spéciale? L'impression générale
des éleveurs paraît être que le mâle accepte toute femelle, fait qui, en raison de l'ardeur dont ils font preuve,
doit être vrai dans la plupart des cas. Mais il est beaucoup plus douteux que ce soit la règle générale pour
les femelles d'accepter indifféremment le premier mâle
donné. Nous avons résumé dans le quatorzième chapitre, à propos des Oiseaux, un nombre considérable de preuves directes et indirectes montrant que la
femelle choisit son mâle; et ce serait une étrange
anomalie que les femelles des mammifères, plus haut
placées dans l'échelle de l'organisation, et douées d'une
puissance mentale plus élevée, n'exerçassent pas généralement, ou au moins souvent, un choix quelconque. La femelle pourrait, dans la plupart des cas,
échapper au mâle qui la recherche s'il lui déplaît, et
comme cela arrive constamment, poursuivie par plusieurs mâles à la fois, profiter de l'occasion que lui
offrent les combats auxquels ils se livrent entre eux
pour fuir et s'apparier avec quelque autre mâle. Sir
Philip Egerton m'apprend qu'on a souvent observé en

Écosse que c'est ainsi qu'agit la femelle du cerf commun [39].

Il n'est guère possible d'avoir beaucoup de renseignements sur les choix que peuvent faire dans l'état de nature les femelles de mammifères en vue de leur appariage. Voici quelques détails fort curieux sur les habitudes que, dans ces circonstances, le Cap. Bryant a eu ample occasion d'observer chez un phoque, le *Callorhinus ursinus* [40]. Il dit : « En arrivant à l'île où elles veulent reproduire, un grand nombre de femelles paraissent vouloir retrouver un mâle particulier et grimpent sur les rochers extérieurs pour voir au loin, puis, faisant un appel, elles écoutent comme si elles s'attendaient à entendre une voix familière. Puis changeant de place, elles recommencent... Dès qu'une femelle atteint le rivage, le mâle le plus voisin va à sa rencontre en faisant entendre un bruit analogue à celui du gloussement de la poule avec ses poussins. Il la salue et la flatte jusqu'à ce qu'il parvienne à se mettre entre elle et l'eau, de manière à empêcher qu'elle ne puisse lui échapper. Alors il change de ton, et avec un rude grognement la chasse vers une place de son harem. Ceci continue jusqu'à ce que la rangée inférieure des harems soit presque remplie. Les mâles placés plus haut choisissent le moment où leurs voisins plus heureux ne sont pas sur leurs gardes, pour leur dérober leurs femelles. C'est ce qu'ils font en les prenant dans leur bouche, et, les soulevant au-dessus des autres femelles, ils les placent dans leur

---

[39] Dans son excellente description des mœurs du cerf commun en Allemagne, M. Boner (*Forest Creatures*, 81, 1861) dit, « pendant que le cerf défend ses droits contre un intrus, un autre envahit le sanctuaire du harem, et enlève trophée sur trophée. » La même chose a lieu chez les phoques. J. A. Allen, *o. c.*, 100.

[40] J. A. Allen, *Bull. Mus. Comp. Zool. Cambridge. U. S.*, II, 1, 99.

propre harem, en les portant comme les chattes le
font pour leurs petits. Ceux qui sont encore plus
haut font de même jusqu'à ce que tout l'espace soit
occupé. Souvent deux mâles s'attaquent pour la possession d'une même femelle, et tous deux, la saisissant en même temps, la séparent en deux ou la dé-
chirent horriblement avec leurs dents. Lorsque l'espace est rempli, le vieux mâle fait le tour pour in-
specter sa famille, grondant ceux qui dérangent les
autres, et expulsant violemment les intrus. Cette surveillance le tient dans un état d'occupation active et
incessante. »

Nos connaissances sur la manière dont les animaux
se courtisent à l'état de nature étant si faibles, j'ai
cherché à découvrir jusqu'à quel point nos animaux
domestiques pouvaient manifester quelque choix dans
leurs unions. Les chiens sont les plus favorables pour ce
genre d'observations, parce qu'on s'en occupe avec
beaucoup d'attention et qu'on les comprend bien. Beaucoup d'éleveurs ont sur ce point une opinion bien
arrêtée. Voici les remarques de M. Mayhew : « Les
femelles sont capables de dispenser leurs affections ;
et les tendres souvenirs ont autant de puissance sur
elles qu'elles en ont dans d'autres cas connus concernant des animaux supérieurs. Les chiennes ne sont
pas toujours prudentes dans leurs choix, et sont sujettes à s'abandonner à des roquets de basse ex-
traction. Élevées avec un compagnon d'aspect vul-
gaire, il peut survenir chez la paire un attachement
profond que le temps ne peut surmonter. La passion, car c'en est réellement une, prend un caractère
plus que romanesque. » M. Mayhew, qui s'est surtout occupé des petites races, est convaincu que les
femelles sont fortement attirées par les mâles de

grande taille [41]. Le célèbre vétérinaire Blaine [42] raconte qu'une chienne de race inférieure qui lui appartenait s'était attachée à un épagneul, et une chienne d'arrêt à un chien sans race, au point qu'aucun des deux ne voulait s'apparier avec un chien de sa race avant que plusieurs semaines se fussent écoulées. Deux exemples semblables très-authentiques m'ont été communiqués au sujet d'une chienne de chasse et d'une épagneule qui toutes deux s'étaient éprises de chiens terriers.

M. Cupples m'informe qu'il peut me garantir l'exactitude du cas suivant, bien plus remarquable, où une chienne terrier de valeur et d'une rare intelligence s'était attachée à un chien de chasse appartenant à mon voisin, au point qu'il fallait l'entraîner pour l'en séparer. Après avoir été séparée définitivement, et bien qu'ayant souvent eu du lait dans ses mamelles, elle n'a jamais voulu d'aucun autre chien, et au grand regret de son propriétaire n'a jamais porté. M. Cupples a aussi constaté qu'une chienne lévrier, actuellement (1868) chez lui, a trois fois porté, ayant chaque fois manifesté une préférence marquée pour un des plus grands et des plus beaux, mais non le plus empressé, de quatre chiens de même race et à la fleur de l'âge avec lesquels elle vivait. M. Cupples a observé que, ordinairement, la chienne favorise le chien avec lequel elle est associée et qu'elle connaît ; sa sauvagerie et sa timidité la disposant à repousser d'abord un chien étranger. Le mâle, au contraire, paraît plutôt préférer les femelles étrangères. Il paraît être rare qu'un chien refuse une femelle par-

---

[41] *Dogs; their management*, par E. Mayhew, M. R. C. V. S., 2ᵉ édit., 187-192, 1864.

[42] Cité par Alex. Walker. *On Intermarriage*, 276, 1838. Voy. aussi page 244.

ticulière, mais M. Wright, de Yeldersley House, grand
éleveur de chiens, m'apprend qu'il en a connu quelques
exemples ; entre autres le cas d'un de ses lévriers de
chasse écossais, qui refusa toujours de faire aucune
attention à une chienne dogue avec laquelle on voulait
l'apparier : on fut obligé de recourir à un autre lévrier.
Il serait inutile de multiplier les exemples ; j'ajouterai
seulement que M. Barr, qui a élevé beaucoup de limiers,
a constaté qu'à chaque instant, certains individus particuliers de sexes opposés témoignent d'une préférence
très-décidée les uns pour les autres. Enfin, M. Cupples,
après s'être occupé de ce sujet pendant une nouvelle
année, m'a dernièrement écrit ce qui suit : « J'ai pu confirmer complétement mon affirmation précédente, que
les chiens témoignent, lorsqu'il s'agit de les apparier,
des préférences décidées les uns pour les autres et sont
souvent influencés par la taille, la couleur brillante et
le caractère individuel, ainsi que par le degré de fa-
miliarité antérieure qui a existé entre eux. »

En ce qui concerne les chevaux, M. Blenkiron, le plus
grand éleveur de chevaux de courses du monde, m'apprend que les étalons sont si souvent capricieux dans
leur choix, repoussant une jument, et sans cause apparente en voulant une autre, qu'il faut avoir recours à
divers artifices. Le célèbre Monarque, par exemple, ne
voulut jamais s'apparier avec la jument mère de Gla-
diateur, et il fallut le tromper pour réussir. Nous pouvons en partie voir la raison pour laquelle les étalons de
course qui ont de la valeur et sont si recherchés, sont
si difficiles dans leur choix. M. Blenkiron n'a jamais vu
de jument refuser un cheval ; mais le cas s'est présenté
dans l'écurie de M. Wright, et il a fallu tromper la jument. Prosper Lucas[45], après avoir cité plusieurs asser-

[45] *Traité de l'hérédité naturelle*, II, 296, 1850.

tions d'autorités françaises, remarque que « l'on voit des étalons qui s'éprennent d'une jument et négligent toutes les autres. » Il donne aussi, sur l'autorité de Baëlen, des faits analogues sur les taureaux. Hoffberg, décrivant le renne domestique de la Laponie, dit : « Fœminæ majores et fortiores mares præ cæteris admittunt, ad eos confugiunt, a junioribus agitatæ, qui hos in fugam conjiciunt [44]. » Un pasteur qui a élevé beaucoup de porcs a constaté que les truies refusent souvent un verrat, et en acceptent immédiatement un autre.

Ces faits ne laissent donc aucun doute que la plupart de nos mammifères domestiques manifestent fréquemment de fortes antipathies et des préférences individuelles, et que cela s'observe plus ordinairement chez les femelles que chez les mâles. Puisqu'il en est ainsi, il est improbable qu'à l'état de nature les unions des mammifères soient laissées au hasard seul. Il est beaucoup plus vraisemblable que les femelles sont attirées ou séduites par des mâles particuliers, possédant certains caractères à un degré supérieur aux autres ; mais nous ne pouvons que rarement ou jamais découvrir avec certitude quels peuvent être ces caractères.

[44] *Amœnitates Acad.*, vol. IV, 160, 1788.

CHAPITRE XVIII

CARACTÈRES SEXUELS SECONDAIRES DES MAMMIFÈRES, SUITE.

Les mammifères se servent de leur voix à divers propos, comme signal de danger, comme appel d'un membre d'un troupeau à un autre, ou de la mère à ses petits égarés, ou de ces derniers à la mère; usages sur lesquels nous n'avons pas besoin ici d'insister. Nous n'avons à nous occuper que de la différence entre les voix des deux sexes, celle du lion et de la lionne, ou du taureau et de la vache, par exemple. Presque tous les animaux mâles se servent davantage de leur voix pendant la saison du rut qu'à toute autre époque; il y en a comme la girafe et le porc-épic[1] qu'on dit être absolument muets hors de cette période. La gorge (c'est-à-dire le larynx et les corps thyroïdes[2]) grossissant périodiquement au commencement de la saison de la reproduction chez les cerfs, on pourrait en inférer que leurs

---

[1] Owen, *Anat. of Vertebrates*, III, 585.
[2] *Id.*, 595.

voix alors puissante ait pour eux une haute importance, mais cela est douteux. Il résulte des informations
que m'ont procurées deux observateurs expérimentés,
M. Mc Neill et sir P. Egerton, que les jeunes cerfs au-dessous de trois ans ne mugissent pas ; et que les plus
âgés commencent à le faire à l'origine de la saison de la
reproduction, d'abord occasionnellement et avec modé-
ration, pendant qu'ils errent sans relâche à la recherche
des femelles. Ils préludent à leurs combats par de
forts mugissements prolongés, mais restent silencieux
pendant la lutte elle-même. Les animaux de toutes espèces qui se servent habituellement de leurs voix,
émettent divers bruits sous l'influence de toute forte
émotion, comme lorsqu'ils sont irrités et se préparent
à la bataille ; mais ceci peut n'être que le résultat de
leur excitation nerveuse, qui détermine la contraction
spasmodique de presque tous les muscles, de même
que lorsque l'homme grince des dents et ferme les
poings dans un état d'irritation ou de souffrance. Les
cerfs se provoquent sans doute au mortel combat en
beuglant ; mais il n'est pas probable que cette habitude
ait par sélection sexuelle, c'est-à-dire par le succès dans
la lutte des cerfs à la voix la plus puissante, pu entraîner
à un accroissement périodique des organes vocaux ; car
les cerfs à la plus forte voix, à moins d'être en même
temps les plus puissants, les mieux armés, et les plus
courageux, n'auraient aucun avantage sur leurs concurrents à voix plus faible. Les cerfs doués d'une voix
moins forte, peut-être moins aptes à défier les autres,
seraient d'ailleurs aussi certainement amenés sur le
lieu du combat que ceux à voix plus sonore.

Il est possible que le mugissement du lion ait quelque
utilité réelle pour lui en frappant de terreur ses adversaires ; car lorsqu'il est irrité, il hérisse également sa

crinière et cherche ainsi instinctivement à paraître
aussi terrible qu'il le peut. Mais on ne peut guère supposer que le bramement du cerf, même s'il eût pour lui
une utilité de ce genre, ait assez d'importance pour
avoir déterminé l'élargissement périodique de la gorge.
Quelques auteurs ont suggéré que le bramement servait
d'appel pour les femelles ; mais les observateurs expérimentés mentionnés plus haut m'ont informé que les
femelles ne cherchent point les mâles, bien que ceux-ci
soient ardents à la recherche des femelles, ce à quoi
nous pouvions nous attendre, d'après ce que nous savons des habitudes d'autres mammifères mâles. La voix
de la femelle d'autre part, lui amène promptement deux
ou trois cerfs [5], ce que savent bien les chasseurs dans
les pays sauvages, où ils imitent son cri. Si nous pouvions croire que le mâle exerce une influence sur la femelle par sa voix, l'élargissement périodique de ses organes vocaux serait intelligible par la sélection sexuelle,
jointe à l'hérédité limitée au même sexe et à la même
saison de l'année ; mais cette opinion n'est appuyée par
aucune preuve. Dans l'état actuel des choses, il ne paraît pas que la voix puissante du cerf mâle pendant la
saison de la reproduction, lui soit d'aucune utilité spéciale, soit dans ses assiduités, ses combats, ou de toute
autre manière. Mais ne pouvons-nous pas admettre que
l'usage fréquent de sa voix, dans les excitations de l'a-
mour, la jalousie et la colère, continué pendant de nombreuses générations, n'ait dû à la longue déterminer sur
les organes vocaux du cerf comme d'autres animaux
mâles, un effet héréditaire ? Dans l'état actuel de nos
connaissances, ceci me paraît être ce qu'il y a de plus
probable.

[5] Major W. Ross King (*The sportsman in Canada*, 1866, 53, 131), sur
les mœurs de l'Élan et du Renne sauvage.

Le gorille mâle a une voix effrayante, et possède à l'état adulte un sac laryngien, qu'on trouve aussi chez l'orang mâle adulte [4]. Les Gibbons comptent parmi les singes les plus bruyants, et l'espèce de Sumatra (*Hylobates syndactylus*) est aussi pourvue d'un sac laryngien ; mais M. Blyth, qui a eu occasion de l'observer, ne trouve pas que le mâle soit plus bruyant que la femelle. Ces singes se servent donc probablement de leur voix pour s'appeler mutuellement, comme cela a certainement lieu pour quelques mammifères, le castor par exemple [5]. Un autre Gibbon (*H. agilis*), est fort remarquable par la faculté qu'il possède de pouvoir émettre la série complète et correcte d'une octave de notes musicales [6], et à laquelle nous pouvons raisonnablement attribuer un usage de séduction sexuelle ; sujet sur lequel je reviendrai dans le chapitre suivant. Les organes vocaux du *Mycetes caraya* d'Amérique, sont chez le mâle plus grands d'un tiers que chez la femelle, et d'une puissance étonnante. Lorsque le temps est chaud, ces singes font résonner matin et soir les forêts du bruit écrasant de leur voix. Les mâles commencent le concert, auquel les femelles se joignent quelquefois avec leurs voix moins sonores, et qui peut se prolonger pendant des heures. Un excellent observateur, Rengger [7] n'a pu reconnaître de cause spéciale qui les pousse à commencer leur bruit ; il croit que, comme beaucoup d'oiseaux, ils se délectent de leur propre musique, et cherchent à se surpasser les uns les autres. Les singes dont nous venons de parler, ont-ils acquis leurs voix puissantes pour battre leurs rivaux et séduire les femelles — ou leurs

[4] Owen, *o. c.*, III, 600.

[5] M. Green, *Journal of Linn. Soc.*, X, *Zoology*, 1860, 362.

[6] C. L. Martin, *General Introd. to Nat. Hist. of Mamm. Animals*, 1841, 431.

[7] *Naturg. Säugeth. von Paraguay*, 1830, p. 15, 21.

organes vocaux se sont-ils augmentés et fortifiés par les
effets héréditaires d'un usage soutenu sans avantage
spécial obtenu — c'est ce que je ne prétends point décider ; mais la première opinion paraît la plus probable,
au moins pour l'*Hylobates agilis*.

Je mentionnerai ici deux particularités sexuelles fort
curieuses, qui se rencontrent chez les phoques, et que
quelques auteurs ont supposé devoir affecter la voix. Le
nez du phoque à trompe (*Macrorhinus proboscideus*) mâle
âgé de trois ans, se prolonge dans la saison de la reproduction en une trompe membraneuse et érectile,
qui peut atteindre alors une longueur d'un pied. La femelle ne présente jamais de disposition de ce genre,
et sa voix est différente. Celle du mâle consiste en un
bruit rauque, gargouillant, qui s'entend à une grande
distance et paraît être augmenté par la trompe. Lesson
compare l'érection de cette dernière au gonflement dont
les caroncules des gallinacés mâles sont le siége pendant qu'ils courtisent les femelles. Dans une autre espèce voisine, le phoque à capuchon (*Cystophora cristata*),
la tête est couverte d'une sorte de chaperon ou de vessie,
qui est intérieurement supportée par la cloison du nez
qui se prolonge en arrière et s'élève en une crête de sept
pouces de hauteur. Le capuchon est revêtu de poils
courts, il est musculeux, et peut se gonfler de manière
à dépasser la grosseur de la tête! En rut, les mâles se
battent sur la glace comme des enragés en poussant des
rugissements assez forts pour « qu'on les entende à
quatre milles de distance. » Lorsqu'ils sont attaqués
par l'homme ils rugissent également, et gonflent leur
vessie lorsqu'ils sont irrités. Quelques naturalistes
croient que la voix est fortifiée par cette conformation
extraordinaire, à laquelle on a assigné encore d'autres
usages divers. M. R. Brown pense qu'elle sert de protec-

tion contre des accidents de tous genres. Cette manière
de voir n'est pas probable, si l'assertion que les chasseurs de phoques ont longtemps soutenue est exacte, à
savoir que le capuchon ou vessie est très-faiblement développé chez les femelles et les mâles encore jeunes [8].

Odeur. — Chez quelques animaux, tels que la célèbre
mouffette d'Amérique, l'odeur infecte qu'ils émettent
paraît être un moyen exclusif de défense. Chez les Mu-
saraignes (*Sorex*) les deux sexes possèdent des glandes
odorantes abdominales, et à voir comme les oiseaux
et bêtes de proie rejettent leurs cadavres, il n'y a
aucun doute que cette odeur ne leur soit protectrice;
cependant ces glandes grossissent chez les mâles pendant la saison des amours. Chez beaucoup de quadrupèdes, les glandes ont les mêmes dimensions dans les
deux sexes [9], mais leur usage est inconnu. Dans
d'autres, elles sont ou circonscrites aux mâles, ou plus
développées chez eux que chez les femelles, et augmentent presque toujours d'activité pendant la saison
du rut. A cette époque, les glandes qui occupent les
côtés de la face de l'éléphant mâle, grossissent et
émettent une sécrétion exhalant une forte odeur de
musc.

L'odeur rance du bouc est bien connue, et celle de cer-

[8] Voy. sur l'Éléphant marin (*Phoca proboscidea*) un article de Lesson,
Dict. Class. Hist. Nat., XIII, 418. Sur le *Cystophora* ou *Stemmatopus*,
Docteur Dekay, *Ann. of Lyceum of Nat. Hist. New-York*, I, 94, 1824.
Pennant a aussi recueilli des renseignements sur cet animal des pêcheurs de phoques. La description la plus complète est celle de M. Brown,
qui met en doute l'état rudimentaire de la vessie chez la femelle. *Proc.
Zool. Soc.*, 1868, 435.
[9] Pour le castoreum du castor, voir L. H. Morgan, *The american
Beaver*, 1868, 300. Pallas (*Spic. Zoolog.*, fasc. VIII, 25, 1779) a bien
discuté les glandes odorantes des mammifères. Owen (*Anat. of Vertebrates*, III, 634) donne aussi une description de ces glandes, comprenant celles de l'éléphant, et de la musaraigne (p. 763).

tains cerfs mâles est singulièrement forte et persistante.
Sur les rives du Plata j'ai pu sentir l'air tout imprégné
de l'odeur du *Cervus campestris* mâle, à la distance d'un
demi-mille sous le vent d'un troupeau ; et un foulard
dans lequel j'avais remporté à domicile une peau, bien
qu'ayant beaucoup servi et été lavé nombre de fois depuis, avait conservé au moment où on le dépliait, des
traces de l'odeur pendant un an et sept mois. Cet animal n'émet pas une forte odeur avant d'avoir plus d'un
an, et jamais lorsqu'il a été châtré jeune [10]. Outre l'odeur
générale qui, pendant la saison de la reproduction, paraît
imprégner le corps entier de certains ruminants, beaucoup
de cerfs, antilopes, moutons et chèvres sont pourvues de
glandes odoriférantes dans des situations diverses, plus
spécialement sur la face. Les larmiers ou cavités sous-or-
bitaires se rangent dans cette catégorie. Ces glandes sé-
crètent une matière demi-liquide et fétide, quelquefois en
assez grande abondance pour enduire la face entière, ce
que j'ai observé chez une antilope. Elles sont « ordinairement plus grandes chez les mâles que chez les femelles, et
la castration empêche leur développement [11]. » Elles manquent complétement d'après Desmarest, chez la femelle de
l'*Antilope subgutturosa*. Il ne peut donc y avoir de doute
qu'elles ne soient en rapports intimes avec les fonctions
reproductrices. Elles sont quelquefois présentes et quelquefois absentes chez des formes voisines. Dans le cerf
musqué (*Moschus moschiferus*) mâle adulte, un espace
dénudé autour de la queue est enduit d'un liquide odorant, tandis que dans la femelle adulte, et le mâle jusqu'à
l'âge de deux ans, cet espace est couvert de poils et ne

---

[10] Rengger, *Naturg. d. Säugeth.*, etc., 355, 1830. Cet observateur
donne quelques détails curieux sur l'odeur émise.

[11] Owen, *o. c.*, III, 632. Docteur Murie, observations sur leurs glandes, *Proc. Zool. Soc.*, 340, 1870. Desmarest, sur l'*Antilope subgutturosa*, Mammalogie, 455, 1820.

donne aucune odeur. Le sac du musc proprement dit est, par sa situation, nécessairement limité au mâle, et constitue un organe odorant supplémentaire. La substance que sécrète cette dernière glande offre ceci de singulier que, d'après Pallas, elle ne change jamais de consistance et n'augmente pas de quantité pendant l'époque du rut; cependant, ce naturaliste admet que sa présence est de quelque manière en connexion avec l'acte reproducteur, mais n'explique son usage que d'une manière conjecturale et peu satisfaisante [12].

Dans la plupart des cas, il est probable que lorsque dans la saison du rut, le mâle émet une forte odeur, celle-ci doit servir à exciter et attirer la femelle. Notre goût n'est pas juge compétent sur ce point, car on sait que les rats sont alléchés par certaines huiles essentielles, et les chats par la valériane, des substances qui pour nous ne sont rien moins qu'agréables ; et que les chiens, bien qu'ils ne mangent pas les charognes, aiment à les renifler et à se rouler dessus. Les raisons que nous avons données en discutant la voix du cerf doivent aussi nous faire repousser l'idée que l'odeur des mâles serve à attirer les femelles de loin. Un usage actif et continu n'a pu entrer en jeu ici, comme dans le cas des organes vocaux. L'odeur émise doit avoir de l'importance pour le mâle, d'autant plus que dans quelques cas, il s'est développé des glandes considérables et complexes, pourvues de muscles pour retrousser le sac et pour en ouvrir et fermer l'orifice. Le développement de ces organes devient intelligible par la sélection sexuelle, si les mâles les plus odorants sont ceux qui réussissent le mieux auprès des femelles, et produisent par consé-

---

[12] Pallas, *Spicilegia Zoolog.*, fasc. xiii, 24, 1799. Desmoulins, *Dict. class. Hist. Nat.*, III, 586.

quent des descendants héritant de leurs glandes et
odeurs graduellement perfectionnées.

Développement du poil. — Nous avons vu que les quadrupèdes mâles ont souvent le poil du cou et des épaules
beaucoup plus développé qu'il n'est dans les femelles,
et nous pourrions y ajouter encore beaucoup d'autres
exemples. Bien que cette disposition soit quelquefois
utile au mâle, comme moyen de défense dans ses batailles, il est fort douteux que dans la plupart des cas,
le poil se soit développé spécialement dans ce but.
Nous pouvons être certains que cela n'est pas, lorsque ces poils ne forment qu'une crête mince, suivant
la ligne médiane du dos, ils ne peuvent prêter aucune
protection, le dos n'étant d'ailleurs pas un point exposé ; néanmoins, ces crêtes sont souvent circonscrites
aux mâles et toujours beaucoup plus développées chez
eux que chez les femelles. Deux antilopes, les *Tragelaphus scriptus*[15] (*fig.* 68, p. 314) et *Portax picta* en
offrent des exemples. Les crêtes de certains cerfs et du
bouc sauvage se redressent lorsque ces animaux sont
irrités ou effrayés[14] ; mais on ne pourrait supposer
qu'elles aient été acquises dans le but de faire peur à
leurs ennemis. Une des antilopes précitées, le *Portax
picta*, porte sur la gorge une brosse bien définie de poils
noirs, beaucoup plus grande chez le mâle que chez la femelle. Dans un membre de la famille des moutons, l'*Ammotragus tragelaphus* de l'Afrique du Nord, les membres
antérieurs sont presque dissimulés par la croissance
extraordinaire de poils, partant du cou et de la moitié
supérieure des membres ; mais M. Bartlett ne croit pas

---

[15] Docteur Gray, *Gleanings from Menagerie at Knowsley*, pl. XXVIII.
[14] Judge Caton, sur le Wapiti; *Transact. Ottawa Acad. Nat. Sciences*,
36, 40, 1868. Blyth, *Land and Water*, sur *Capra ægagrus*, 37, 1867.

que ce manteau soit d'aucune utilité au mâle, chez lequel il est beaucoup plus développé que chez la femelle.

Beaucoup de quadrupèdes mâles d'espèces diverses diffèrent des femelles en ce qu'ils ont plus de poils, ou des poils d'un caractère différent, sur certaines parties de la face. Le taureau seul a des poils frisés sur le front[15]. Dans trois sous-genres voisins de la famille des chèvres, les mâles seuls ont une barbe, quelquefois très-grande; dans deux autres sous-genres elle existe dans les deux sexes, mais disparaît dans quelques-unes des races domestiques de la chèvre commune; dans l'*Hemitragus*, aucun des deux sexes n'offre de barbe. Dans le Bouquetin la barbe n'est pas développée en été, et elle est assez petite dans les autres saisons pour qu'on puisse l'appeler rudimentaire[16]. Chez quelques singes, la barbe est restreinte au mâle, comme chez l'Orang, ou est beaucoup plus développée chez lui que dans la femelle, comme chez les *Mycetes caraya* et *Pithecia satanas* (*fig.* 66). Il en est de même des favoris de quelques espèces de Macaques[17] et, comme nous l'avons vu, des crinières de quelques Babouins. Mais chez la plupart des singes les diverses touffes de poils de la face et de la tête sont semblables dans les deux sexes.

Les mâles de divers membres des Bovidés et de certaines antilopes ont un fanon, ou un fort repli de la peau du cou qui est beaucoup moins développé chez les femelles.

Que devons-nous maintenant conclure relativement à des différences sexuelles de ce genre? Personne ne pré-

---

[15] Hunter's, *Essays and Observations*, edited by Owen, 1861, vol. I, 236.

[16] Docteur Gray, *Cat. of Mammalia in Brit. Mus.*, III, 144, 1852.

[17] Rengger, *o. c.*, 14. Desmarest, *Mammalogie*, 66.

tendra que les barbes de certains boucs, le fanon du
taureau, ou les crêtes de poils qui garnissent la ligne
du dos de certains mâles d'antilope , aient une utilité

Fig. 66. — *Pithecia Satanas*, mâle (d'après Brehm, édition française).

directe ou ordinaire pour eux. Il est possible que l'é-
norme barbe du Pithecia mâle, ou celle de l'Orang du
même sexe, puisse leur protéger le cou lorsqu'ils se
battent; car les gardiens du Zoological Gardens m'assurent qu'il y a beaucoup de singes qui s'attaquent par
la gorge; mais il n'est pas probable que la barbe ait été
développée pour un usage différent de celui auquel les
favoris, moustaches et autres garnitures de poils peuvent servir; et personne n'admettra qu'ils soient utiles
au point de vue de la protection. Devons-nous attribuer
à une variabilité du hasard tous ces appendices de la

peau et les poils qui se trouvent chez les mâles ? On ne
peut nier que cela ne soit possible ; car chez beaucoup
d'animaux domestiques, certains caractères qui ne paraissent pas provenir d'un retour vers une forme parente
sauvage, ont apparu chez les mâles et y sont circonscrits, ou au moins y sont plus développés que chez les
femelles — par exemple, la bosse du zébu mâle dans
l'Inde, la queue chez les béliers de la race orientale de
moutons (où cet organe est le siége d'une quantité considérable de graisse), la forte courbure du front des
mâles dans plusieurs races de moutons, la crinière d'un
bélier d'une race africaine, et enfin la crinière, les longs
poils sur les jambes de derrière et le fanon, qui caractérisent le bouc seul de la race de Berbura [18]. La crinière du bélier de la race africaine de mouton précité,
constitue un véritable caractère sexuel secondaire, car
d'après M. Winwood Reade, elle ne se développe pas sur
les mâles ayant subi la castration. Bien qu'ainsi que je
l'ai montré dans mon ouvrage sur *la Variation sous la
domestication*, nous devrions être très-prudents avant
de conclure qu'un caractère donné, même chez des animaux en mains de peuples à demi civilisés, n'ait pas été
l'objet d'une sélection par l'homme, et ainsi augmenté ;
cela est improbable pour les cas que nous venons de signaler, les caractères étant spécialement circonscrits aux
mâles, ou plus développés chez eux que chez les femelles.
Si nous savions d'une manière certaine que le bélier
africain avec sa crinière, descende de la même souche
primitive que les autres races de mouton, ou le bouc de
Berbura avec sa crinière, son fanon, etc. de la même

---

[18] Voy. les chapitres concernant ces animaux dans mes *Variations*, etc.,
vol. I. Dans le vol. II, p. 78 ; aussi le chap. xx sur la sélection pratiquée
par les peuples à demi civilisés. Pour la chèvre Berbura, docteur Gray.
Catal., etc., 157.

souche que les autres races de chèvres ; et que ces caractères n'aient pas subi l'action d'une sélection naturelle, ils doivent alors être dus à une simple variabilité,
jointe à l'hérédité sexuelle limitée.

Il paraît raisonnable dans ce cas d'étendre la même
manière de voir aux nombreux caractères analogues que
présentent les animaux dans l'état de nature ; cependant
je ne puis me persuader qu'elle soit applicable dans
beaucoup de cas, tels que le développement extraordinaire des poils sur la gorge et les membres antérieurs
de l'*Ammotragus* mâle, ou de l'énorme barbe du *Pithecia*
mâle. Pour les antilopes, dont le mâle adulte est plus
fortement coloré que la femelle, et pour les singes qui
se trouvent dans le même cas, et où les poils du visage
sont d'une couleur différente de celui de la tête, et dis-
posés suivant les manières les plus élégantes et diversifiées, il semble probable que les crêtes et touffes de
poils aient été acquises pour l'ornementation, opinion
que partagent quelques naturalistes. Si elle est juste, il
ne peut y avoir de doute qu'elles ne soient le produit
d'une sélection sexuelle, ou au moins, qu'elles n'aient
été modifiées par elle.

Couleur du poil et de la peau nue. — J'indiquerai d'a-
bord brièvement tous les cas qui sont parvenus à ma
connaissance, de quadrupèdes mâles différant de leurs
femelles par la coloration. D'après M. Gould, les sexes
ne diffèrent que rarement sous ce rapport chez les
Marsupiaux ; mais le grand Kangourou rouge fait une
exception marquante, « un bleu tendre chez la femelle
étant la teinte dominante des parties qui sont rouges
chez le mâle [19]. » La femelle du *Didelphis opossum*, de

[19] *Osphranter rufus*, Gould, *Mammals of Australia*, II, 1863. Sur le
Didelphis, Desmarest, *Mammalogie*, p. 256.

Cayenne, est un peu plus rouge que le mâle. Le docteur Gray dit au sujet des Rongeurs : « Les écureuils
africains, surtout ceux des régions tropicales, ont une
fourrure plus claire et plus brillante de couleur, dans
certaines saisons de l'année, et celle des mâles est généralement plus vive que celle des femelles [20]. » Le docteur Gray, m'apprend qu'il a surtout mentionné les écureuils africains, parce que la différence est plus apparente chez eux, en raison de la vivacité extraordinaire de leurs colorations. La femelle du *Mus minutus*,
de Russie, a des tons plus pâles et plus laids que le
mâle. Dans quelques Chauves-souris, la fourrure du
mâle est plus claire et plus brillante que celle de la femelle [21].

Les Carnivores et Insectivores terrestres ne présentent que rarement des différences sexuelles quelconques,
et leurs couleurs sont presque toujours les mêmes dans
les deux sexes. L'ocelot (*Felis pardalis*) fait toutefois une
exception, les couleurs de la femelle comparées à celles
du mâle sont « moins apparentes, le fauve étant plus
terne, le blanc moins pur, les raies ayant moins de largeur et les taches moins de diamètre [22]. » Les sexes de
l'espèce voisine, *F. mitis*, diffèrent aussi, mais à un
moindre degré, les tons généraux de la femelle étant
plus pâles et les taches moins noires que chez le mâle.
Les carnivores marins, ou Phoques, diffèrent d'autre
part considérablement par la couleur, et offrent, comme
nous l'avons déjà vu, d'autres remarquables différences
sexuelles. Ainsi le mâle de l'*Otaria nigrescens* de l'hé-

[20] *Ann. and Mag. of Nat. Hist.*, 325. Nov. 1867. Sur le *Mus minutus*,
Desmarest, *o. c.*, 304.

[21] J. A. Allen, *Bull. Mus. Comp. Zool. of Cambridge, United States*
p. 207, 1869.

[22] Desmarest, *o. c.*, 225, 1820 Sur le *Felis mitis*, Rengger, *o. c.*,
194.

misphère méridional présente sur sa surface supérieure
une teinte d'un riche brun ; tandis que la femelle, qui
revêt beaucoup plus tôt sa coloration adulte que le mâle,
est en dessus d'un gris foncé, les jeunes des deux sexes
étant d'une couleur chocolat intense. Le mâle du *Phoca
groenlandica* est d'un gris fauve, et porte sur le dos une
marque foncée et curieuse par sa forme de selle ; la femelle, plus petite, offre un aspect tout différent, étant
« d'un blanc sale ou de couleur jaune paille, avec une
teinte fauve sur le dos ; » les jeunes sont d'abord d'un
blanc pur, et dans cet état, « peuvent à peine être distingués de la neige et des blocs de glaces au milieu desquels ils se trouvent ; leur couleur ayant ainsi pour eux
une signification protectrice[25]. »

Les différences sexuelles de coloration sont plus fréquentes chez les Ruminants que dans les autres ordres ;
elles sont générales chez les Antilopes à cornes tordues ;
ainsi le nilghau mâle (*Portax picta*) est d'un gris blanc
beaucoup plus foncé que la femelle, et a la tache carrée
blanche de la gorge, les marques de même couleur sur
les fanons, et les taches noires sur les oreilles, toutes
beaucoup plus distinctes. Nous avons déjà vu que, dans
cette espèce, les crêtes et touffes de poils sont également
plus développées chez le mâle que chez la femelle sans
cornes. D'après les informations de M. Blyth, le mâle
prend périodiquement des teintes plus foncées à l'époque
de la reproduction, sans cependant renouveler son poil.
On ne peut distinguer le sexe des jeunes avant qu'ils aient
dépassé l'âge d'un an, et si on émascule le mâle avant
cette époque, il ne change jamais de couleur. L'importance de ce dernier fait, comme distinctif de la colo-

[25] Docteur Murie, sur l'*Otaria*, *Proc. Zool. Soc.*, 108, 1869. M. R.
Brown, sur le *Ph. groenlandica*, 417, 1868. Voy. aussi sur la couleur
des phoques ; Desmarest, *Mammalogie*, 243, 249.

ration sexuelle, devient évidente lorsque nous apprenons[24] que chez le cerf de Virginie, ni le pelage d'été roux, ni celui d'hiver qui est bleu, ne sont affectés par la castration. Dans toutes ou presque toutes les espèces très-ornées de *Tragelaphus*, les mâles sont plus foncés que les femelles sans cornes, et leurs crêtes de poils sont plus développées. Dans la magnifique antilope, (*Oreas derbianus*), le corps est plus rouge, tout le cou beaucoup plus noir, et la bande blanche qui sépare ces deux couleurs beaucoup plus large, chez le mâle que la femelle. Dans l'Élan du Cap (*Oreas canna*), le mâle est légèrement plus foncé que la femelle[25].

Dans une antilope indienne, (*A. bezoartica*), appartenant à une autre tribu de ce groupe, le mâle est très-foncé, presque noir ; la femelle sans cornes étant fauve. Nous observons chez cette espèce, à ce que m'apprend M. Blyth, une série de faits exactement parallèles à ceux du *Portax picta*, à savoir, un changement périodique dans la coloration du mâle, pendant la saison de la reproduction, les mêmes effets de la castration sur ce changement, et l'identité du pelage des jeunes des deux sexes. Dans l'*Antilope niger*, le mâle est noir, la femelle et les jeunes étant de couleur brune; dans l'*A. sing-sing*, la coloration du mâle est beaucoup plus vive que celle de la femelle sans cornes, et son poitrail et abdomen sont plus noirs ; dans le mâle de *A. caama*, les lignes et marques qui occupent divers points du corps sont noirs et bruns chez la femelle ; dans le gnou zébré (*A. gorgon*), « les couleurs du mâle sont presque les mêmes que celles de

---

[24] J. Caton, *Trans. Ottowa Ac. Nat. Sc.*, 4, 1868.

[25] Docteur Gray, *Cat. Mamm. in Brit. Mus.*, III, 134-142, 1852; et dans *Gleanings from Menagerie of Knowsley*; où se trouve un magnifique dessin de l'*Oreas derbianus*; voy. le texte relatif au *Tragelaphus*. Pour l'*Oreas canna*, And. Smith, *Zool. of S. Africa*, pl. XLI et XLII. Ces antilopes sont nombreuses dans les jardins de la Zoological Society.

la femelle, seulement plus intenses, et d'un ton plus brillant[26]. » D'autres exemples analogues pourraient être ajoutés.

Le taureau Banteng (*Bos sondaicus*), de l'archipel Malai, est presque noir avec les jambes et les fesses blanches ; la vache est d'un fauve clair, comme le sont les jeunes mâles jusqu'à trois ans, âge où ils changent rapidement de couleur. Le taureau châtré fait retour à la coloration de la femelle. On remarque, comparées à leurs mâles respectifs, un ton plus pâle chez la chèvre Kemas, et une teinte plus uniforme chez celle de *Capra ægagrus*. Les différences sexuelles de coloration sont rares chez les cerfs. Judge Caton m'apprend cependant que chez les mâles du cerf Wapiti (*Cervus Canadensis*), le cou, le ventre et les membres sont plus foncés que chez les femelles ; mais que ces nuances disparaissent peu à peu pendant l'hiver. Je mentionnerai ici que Judge Caton possède dans son parc trois races du cerf de la Virginie, qui présentent dans leur coloration de légères différences, portant presque exclusivement sur le pelage bleu de l'hiver ou celui de la reproduction ; ce cas peut donc être comparé à ceux déjà donnés dans un chapitre précédent, relatifs à des espèces voisines ou représentatives d'oiseaux ne différant entre eux que par leur plumage de noces[27]. Les femelles de *Cervus paludosus*, de l'Amérique du Sud, ainsi que les jeunes des deux sexes, n'ont pas les raies noires sur les naseaux, et la ligne brun noirâtre sur le poitrail, qui caractérise les mâles adultes[28]. Enfin le mâle développé du cerf Axis,

[26] Sur l'*Ant. niger*, *Proc. Zool. Soc.*, 1850, 133. Sur une espèce voisine présentant une semblable différence sexuelle de couleur, Sir S. Baker, *The Albert Nyanza*, II, p. 327, 1866. Pour l'*A. sing-sing*, Gray, *Cat. Brit. Mus.*, 100. Desmarest, *Mammalogie*, 468, sur *A. caama*. Andrew Smith, *Zool. of S. Africa ;* sur le gnou.

[27] *Ottawa Acad. of Sciences*, 3, 5, Mai 1868.

[28] S. Müller, sur le Banteng, *Zool. d. Indischen Archipel.*, 1839, 44,

si magnifiquement coloré et tacheté, est, à ce que m'apprend M. Blyth, beaucoup plus foncé que la femelle, et n'atteint jamais cette nuance lorsqu'il a subi la castration.

Le dernier ordre que nous ayons à considérer, — car je ne connais pas d'autres groupes de mammifères présentant de différences sexuelles, — est celui des Primates. Le mâle du *Lemur macaco* est d'un noir de jais; la femelle est d'un jaune rougeâtre, mais très-variable de nuances[29]. Parmi les quadrumanes du nouveau monde, les femelles et les jeunes du *Mycetes caraya* sont d'un jaune grisâtre et semblables; les jeunes mâles deviennent d'un brun rougeâtre dans la seconde année, et noirs dans la troisième, à l'exception du poitrail, qui, toutefois, finit par devenir entièrement noir dans les quatrième ou cinquième années. Il y a aussi une différence marquée entre les couleurs des sexes dans les *Mycetes seniculus* et *Cebus capucinus*; les jeunes de la première, et à ce que je crois, ceux de la seconde espèce ressemblant aux femelles. Dans le *Pithecia leucocephala*, les jeunes ressemblent à la femelle, qui est noire en dessus, et en dessous d'une teinte claire de rouille, les mâles adultes étant noirs. Le collier de poils qui entoure le visage de l'*Ateles marginatus* est jaunâtre chez le mâle et blanc chez la femelle. Revenant à l'ancien monde, les mâles de *Hylobates hoolock* sont toujours noirs, une raie blanche sur les sourcils exceptée; les femelles varient d'un brun blanchâtre à une teinte foncée mêlée de blanc, mais ne sont jamais entièrement noires[30]. Dans

---

tab. XXXV. Raffles, cité par M. Blyth, dans *Land and Water*, 476, 1867. Sur les chèvres, Gray, *Cat. Brit. Mus.*, 146. Desmarest, *Mammalogie*, 482. Sur le *Cervus paludosus*, Rengger, *o. c.*, 545.

[29] Sclater, *Proc. Zool. Soc.*, I, 1866. MM. Pollen et Van Dam ont vérifié le même fait.

[30] Sur le *Mycetes*, Rengger, *o. c.*, 14. Brehm, *Illustrirtes Thierleben*,

le beau *Cercopithecus diana*, la tête du mâle adulte est
d'un noir intense, celle de la femelle étant d'un gris
foncé ; dans le premier, le pelage situé entre les cuisses
est d'une élégante couleur fauve, plus pâle chez la dernière. Dans le magnifique et curieux singe à moustache
(*Cercopithecus cephus*), la seule différence entre les sexes
est dans la coloration de la queue, qui est châtaine chez
les mâles et grise chez les femelles ; mais je tiens de
M. Bartlett que toutes les nuances se prononcent davantage dans le mâle adulte, tandis que chez les femelles
elles restent ce qu'elles étaient dans le jeune âge. D'a-
près les figures coloriées données par Salomon Müller,
le mâle du *Semnopithecus chrysomelas* est presque noir,
la femelle étant d'un brun pâle. Dans les *Cercopithecus
cynosurus* et *griseo-viridis*, une partie du corps circonscrite au sexe mâle est d'un vert ou bleu des plus éclatants, et contraste d'une manière frappante avec la peau
nue de sa portion postérieure qui est d'un rouge vif.

Enfin, dans la famille des Babouins, le mâle adulte
du *Cynocephalus hamadryas* diffère de la femelle non-seulement par son énorme crinière, mais aussi un peu
par la couleur du poil et des callosités nues. Dans le
Drille (*Cynocephalus leucophœus*), les femelles et les jeunes sont plus pâles et ont moins de vert dans leur coloration que les mâles adultes. Aucun autre membre de
la classe entière des mammifères ne présente de coloration aussi extraordinaire que le Mandrill mâle
adulte (*Cynocephalus mormon*) (fig. 67). Son visage est
alors d'un beau bleu, le bord et l'extrémité du nez étant
d'un rouge des plus vifs. D'après quelques auteurs il
serait aussi marqué de stries blanchâtres, et ombré par

I, 96, 107. Sur l'*Atèle*, Desmarest, *Mammalogie*. 75. Sur l'*Hylobates*, Blyth,
Land et Water, 135, 1867. Sur le Semnopithèque, S. Müller, *Zoog. Ind.
Archip.*, tab. X.

II.   20

places de noir; mais ces couleurs paraissent variables.
Il porte sur le front une touffe de poils et une barbe
jaune au menton. « Toutes les parties supérieures de

Fig. 67. — Tête du Mandrill, mâle (d'après Gervais, *Hist. nat. des Mammifères*

leurs cuisses et le grand espace nu de leurs fesses sont
également colorés du rouge le plus vif, avec un mélange
de bleu qui ne manque réellement pas d'élégance[31]. »
Lorsque l'animal est excité, toutes ses parties nues de-

[31] Gervais, *Hist. Nat. des Mammifères*, 103, 1854 : il donne des figures du crâne mâle. Desmarest, *Mammal.*, 70. Geoffroy Saint-Hilaire et
F. Cuvier, *Hist. nat. des Mamm.*, 1824, tom. 1.

viennent d'une teinte beaucoup plus vive, dont les couleurs ont été, par plusieurs auteurs, qualifiées des expressions les plus fortes, pour donner une idée de leur éclat, qu'ils comparaient à celui du plumage des oiseaux les plus resplendissants. Une autre particularité des plus remarquables est celle que, lorsque les grosses dents canines ont acquis leur développement complet, d'énormes protubérances osseuses se forment sur chaque joue, lesquelles sont profondément sillonnées longitudinalement, les portions de peau nue colorée qui les recouvrent étant très-vivement colorées, comme nous venons de le dire (*fig.* 67). Ces protubérances sont à peine appréciables chez les femelles adultes et les jeunes des deux sexes ; et les parties nues sont bien moins brillantes par la couleur ; le visage étant presque noir, teinté de bleu. Dans la femelle adulte cependant, à certains intervalles réguliers de temps, le nez se nuance de rouge.

Dans tous les cas jusqu'à présent signalés, c'est le mâle qui est plus fortement ou plus brillamment coloré que la femelle, et diffère à un plus haut degré des jeunes des deux sexes. Mais de même que chez quelques oiseaux, nous avons trouvé le cas inverse de coloration chez les deux sexes, de même chez le Rhesus (*Macacus rhesus*), la femelle a une large surface de peau nue autour de la queue d'un rouge carmin vif, qui devient périodiquement plus éclatant encore, à ce que m'ont assuré les gardiens du Zoological Gardens ; son visage est aussi d'un rouge pâle. D'autre part, ainsi que j'ai pu le constater, chez le mâle adulte et les jeunes des deux sexes, on n'observe pas la moindre trace de rouge ni sur la peau nue de l'extrémité postérieure du corps ni sur le visage. Il paraît cependant, d'après quelques documents publiés, qu'occasionnellement ou à quelques périodes, le mâle peut présenter quelques traces de cette couleur. Bien que moins orné que la femelle, il ne se conforme pas moins à la règle commune, d'après laquelle le mâle l'emporte sur la femelle par sa plus forte taille, des canines plus grandes, des favoris plus développés, et des arcades sourcilières plus proéminentes.

J'ai maintenant donné tous les cas qui me sont connus d'une différence de couleur entre les sexes des mammifères. Les colorations des femelles ne différant pas à un degré suffisant de celles du mâle, ou n'étant pas de nature propre à leur assurer une protection, ne peuvent donc s'expliquer par ce principe. Dans quelques et peut-être dans beaucoup de cas, les différences peuvent être le résultat de variations limitées à un sexe et transmises à ce sexe sans aucun résultat avantageux, et par conséquent sans intervention de la sélection. Nous avons des exemples de ce genre chez nos animaux domestiques, comme chez les mâles de certains chats qui sont d'un rouge de rouille, les femelles étant tricolores. Des cas analogues s'observent dans la nature; M. Bartlett a vu beaucoup de variétés noires du jaguar, léopard, phalanger et wombat, dont il est certain que la plupart, sinon tous, étaient mâles. D'autre part les deux sexes des loups, renards et écureuils américains, naissent à l'occasion noirs. Il est donc tout à fait possible que chez quelques mammifères la coloration des mâles en noir, surtout lorsqu'elle est congénitale, soit simplement le résultat, sans aucune sélection, d'une ou plusieurs variations s'étant effectuées, et ayant dès l'abord été limitées sexuellement dans leur transmission. Toutefois on ne peut guère admettre que les couleurs si diversifiées, vives et contrastantes de certains mammifères, telles que celles des singes et antilopes mentionnés plus haut, puissent s'expliquer ainsi. Ces couleurs n'apparaissent pas chez le mâle dès sa naissance, comme cela est le cas pour les variations plus ordinaires, mais seulement lorsqu'il a atteint l'état adulte ou en approche ; et, contrairement aux variations habituelles, elles n'apparaissent jamais, et ne disparaissent pas subséquemment, lorsque le mâle a été émasculé. En somme, la conclusion la plus probable est que les couleurs fortement accusées et autres ornements des quadrupèdes mâles, leur étant avantageux dans leurs rivalités avec d'autres, seraient donc le résultat d'une sélection sexuelle. La probabilité de cette opinion est augmentée par le fait que les différences de coloration entre les sexes se rencontrent presque exclusivement, comme le montrent les détails précités, dans les groupes et sous-groupes de mammifères présentant d'autres caractères sexuels secondaires distincts, qui sont également le produit de l'action d'une sélection sexuelle.

Les Mammifères font évidemment attention à la couleur. Sir S. Baker a observé à de nombreuses reprises que l'éléphant africain et le rhinocéros attaquaient avec une fureur toute spéciale les chevaux blancs ou gris. J'ai montré ailleurs[32] que les chevaux à demi-sauvages paraissent préférer l'appariage avec ceux de la même couleur ; et que des troupeaux de daims de colorations différentes, bien que vivant ensemble, sont longtemps restés distincts. Un fait plus significatif est celui qu'une femelle de zèbre refusant tout appariage avec un âne, le reçut très-volontiers, comme le remarque John Hunter,

---

[32] *Variation*, etc., II, 111 (trad. française), 1869.

aussitôt qu'il eut été peint de manière à imiter le zèbre.
Dans ce fait fort curieux « nous avons un exemple de
l'instinct excité par la simple couleur, dont l'effet a été
assez puissant pour l'emporter sur tous les autres
moyens. Mais le mâle n'en exigeait pas autant, le fait
que la femelle était un animal ayant de l'analogie avec
lui étant suffisant pour réveiller ses instincts [33]. »

Nous avons vu dans un des premiers chapitres, que
les facultés mentales des animaux les plus supérieurs
ne diffèrent pas en nature, quoique si énormément en
degré, des facultés correspondantes de l'homme, surtout
des races inférieures et barbares ; et il semblerait même
que le goût de ces derniers pour le beau est peu différent de celui des Quadrumanes. De même que le nègre
africain relève la chair de son visage « en crêtes ou cicatrices parallèles saillant fortement au-dessus de la
surface normale, vilaines difformités qu'ils considèrent
comme constituant un grand attrait personnel [34] ; » —
comme les nègres aussi bien que les sauvages de beaucoup de parties du globe peignent sur leurs visages des
bandes rouges, bleues, blanches, ou noires — on peut
de même admettre que le mandrille africain mâle a
acquis son visage profondément sillonné et fastueuse-
ment coloré, parce qu'il est ainsi devenu attrayant pour
la femelle. C'est sans doute pour nous une idée grotesque que la partie postérieure du corps ait été colorée
encore plus vivement que le visage dans un but d'ornementation, mais cela n'est pas plus étrange que les décorations spéciales dont la queue de tant d'oiseaux est
le siége.

Nous n'avons pas maintenant de preuves que les mâles
mammifères prennent peine à étaler leurs charmes devant

[33] *Essays and Observations,* de Hunter, éditées par Owen, I, 194, 1861.
[34] Sir S. Baker, *The Nile tributaries of Abyssinia,* 1867.

les femelles ; tandis que la manière persévérante avec laquelle le font les oiseaux mâles, est un des plus forts arguments en faveur de l'opinion que les femelles admirent ou
sont séduites par la vue des ornements et couleurs dé-
ployés devant elles. Il y a toutefois un parallélisme frappant entre mammifères et oiseaux dans tous leurs caractères sexuels secondaires, à savoir, les armes avec lesquelles ils combattent les mâles rivaux, les appendices
ornementaux et leurs couleurs. Dans les deux classes,
lorsque le mâle diffère de la femelle, les jeunes des deux
sexes se ressemblent presque toujours entre eux, et
dans la majorité des cas, aux femelles adultes. Dans les
deux classes, le mâle revêt les caractères propres à son
sexe peu avant l'âge de la reproduction ; et la castration
ou l'empêche de jamais les acquérir, ou les lui fait perdre plus tard. Dans les deux classes, le changement de
couleur peut dépendre de la saison ; et les teintes des
parties nues peuvent augmenter d'intensité au moment
de l'appariage. Dans les deux classes, le mâle est toujours plus vivement et plus fortement coloré que la femelle, et orné de plus grandes touffes de poils ou de
plumes, ou autres appendices. On trouve cependant
exceptionnellement dans les deux classes quelques cas
où la femelle est plus ornée que le mâle. Chez beaucoup
de mammifères et au moins dans le cas d'un oiseau, le
mâle émet une odeur plus forte que la femelle. Dans les
deux classes la voix du mâle est plus puissante que dans
l'autre sexe. Ce parallélisme nous conduit à admettre
l'action peu douteuse d'une même cause, quelle qu'elle
puisse être, sur les mammifères et les oiseaux ; et il
me semble qu'en ce qui concerne les caractères d'ornementation, le résultat peut avec sûreté être attribué à
une préférence longtemps soutenue, de la part d'individus d'un sexe pour certains individus du sexe opposé,

combinée avec le fait qu'ils auront ainsi réussi à laisser un plus grand nombre de descendants héritant de leurs attraits d'ordre supérieur.

Transmission égale aux deux sexes des caractères d'ornementation. — Les ornements de beaucoup d'oiseaux, que l'analogie nous conduit à regarder comme ayant été primitivement acquis par les mâles, ont été transmis également ou à peu près, aux deux sexes ; nous devons maintenant rechercher, jusqu'à quel point cette opinion peut être étendue aux mammifères? Dans un nombre considérable d'espèces, et surtout les plus petites, les deux sexes ont, en dehors de la sélection sexuelle, acquis des colorations dans un but de protection ; mais autant que j'en puis juger, ni dans autant de cas, ni d'une manière aussi frappante que dans la plupart des classes inférieures. Audubon fait la remarque, qu'il a souvent confondu le rat musqué [55] sur les bords d'un ruisseau boueux, avec une motte de terre, tellement la ressemblance était complète. Le lièvre dans son gîte est un exemple bien connu d'un animal dissimulé par sa couleur ; cependant l'espèce voisine, le lapin, n'est pas dans le même cas, car cet animal se rendant vers son terrier est très-visible pour le chasseur et surtout pour les carnassiers qui le poursuivent, par sa queue blanche redressée. On n'a jamais mis en doute, que les animaux habitant les régions couvertes de neige, ne soient devenus blancs pour être protégés contre leurs ennemis, ou pour favoriser la prise de leur proie. Dans des localités où la neige ne séjourne pas longtemps sur le sol, un pelage blanc serait nuisible, aussi les espèces présentant cette coloration, sont extrêmement rares sur les parties chaudes

[55] *Fiber zibethicus*, Audubon et Bachman, *The Quadrupeds of N. America*, 109, 1846.

du globe. Il faut remarquer que beaucoup de mammifères habitant des régions où le froid est modéré, bien
que ne revêtant pas un manteau d'hiver blanc, deviennent dans cette saison plus pâles ; ce qui selon toute
apparence est un résultat direct des conditions auxquelles ils ont été longtemps exposés. Pallas [36], assure qu'en
Sibérie un changement de ce genre a lieu chez le loup,
deux espèces de Mustela, le cheval domestique, l'hé-
mione, la vache, deux espèces d'antilope, le cerf musqué, le chevreuil, l'élan et le renne. Le chevreuil par
exemple, a un manteau d'été rouge, et l'hiver en porte
un d'un blanc grisâtre, qui doit le protéger dans ses
courses au travers des taillis sans feuilles, saupoudrés
de neige et de givre. Si ces animaux se répandaient peu
à peu dans des régions toujours couvertes de neige, la
sélection naturelle rendrait probablement leur pelage d'hiver de plus en plus blanc jusqu'à le devenir
autant que la neige elle-même.

Bien que nous devions admettre que beaucoup de
mammifères doivent leurs nuances actuelles, à un but
de protection, il y a cependant une foule d'espèces dont
les couleurs sont trop frappantes et trop singulièrement
disposées pour que nous puissions leur attribuer cet
usage. Nous pouvons prendre pour exemple certaines
antilopes ; en effet, lorsque nous voyons que la tache
blanche carrée du poitrail, les marques de même couleur sur les fesses, et les taches noires arrondies sur les
oreilles, sont toutes beaucoup plus distinctes dans le
mâle du *Portax picta* que dans la femelle ; — lorsque
nous voyons que les couleurs sont plus vives, les
étroites lignes blanches du flanc et la large bande blanche
de l'épaule plus marquées chez le mâle de l'*Oreas Der-*

---

[36] *Novæ Species Quadrup. e Glirium ordine*, 7, 1778. Ce que j'ai appelé chevreuil est le *Capreolus Sibiricus subecaudatus* de Pallas.

byanus que chez la femelle ; — lorsque nous voyons une différence semblable entre les sexes du *Tragelaphus scriptus* (*fig.* 68), si curieusement orné ; — nous pouvons conclure que ces colorations et marques diverses ont au

Fig. 68. — *Tragelaphus scriptus*, mâle (Ménagerie de Knowsley).

moins été rendues plus intenses par sélection sexuelle. Il n'est pas concevable que de telles décorations puissent servir habituellement et directement à ces animaux ; et comme elles ont presque certainement été augmentées par sélection sexuelle, il est probable qu'elles ont été primitivement acquises par le même procédé et ensuite partiellement transférées aux femelles. Cette manière de voir admise, il est peu douteux que les couleurs également singulières, ainsi que les marques de beaucoup d'autres antilopes, bien que communes aux deux sexes, ont dû être produites et transmises de même. Les deux sexes par exemple du Coudou (*Strepsiceros Kudu*) (*fig.* 62, p. 267), ont sur leurs flancs postérieurs d'étroites lignes verticales blanches, et une élégante marque blanche angulaire sur le front. Dans le genre *Damalis*, les deux sexes sont bizarrement colorés ; dans le *D. pygarga*, le dos et le cou sont d'un rouge pourpré, virant au noir sur les flancs, et brusquement séparés de l'abdomen blanc et d'un large espace des fesses de même couleur ; la tête est encore plus étrangement colorée, un large masque blanc oblong, entouré d'un bord noir étroit couvrant la face jusqu'à la hauteur des yeux (*fig.* 69); le front porte trois bandes blanches, et les oreilles sont marquées de blanc. Les faons de cette espèce sont d'un brun jaunâtre pâle uniforme. Dans le *Damalis albifrons*, la coloration de la tête diffère de celle de l'espèce précédente, en ce qu'une unique raie blanche remplace les trois, et que les oreilles sont presque entièrement blanches [37]. Après avoir étudié de mon mieux les différences sexuelles d'animaux appartenant à toutes les classes, je ne puis éviter la conclusion que les arrangements bizarres des couleurs chez beaucoup d'antilopes, bien que communs aux deux sexes, sont le résultat d'une sélection sexuelle qui originellement a été appliquée au mâle.

On doit peut être étendre la même conclusion au tigre, un des plus beaux animaux qui existent, et dont même les marchands de bêtes féroces ne peuvent distinguer le sexe

[37] Voy. les belles planches de A. Smith. *Zool. of S. Africa*, et docteur Gray, *Gleanings from the Menagerie of Knowsley.*

par la coloration. M. Wallace admet[38] que le manteau
rayé du tigre « ressemble assez aux tiges verticales du
bambou, pour contribuer beaucoup à le dissimuler aux
regards de la proie qui s'approche de lui. » Cette idée ne

Fig. 69. — *Damalis pygarga*, mâle (Ménagerie de Knowsley

me paraît pas satisfaisante. Nous avons quelques légères
preuves que sa beauté peut être due à une sélection
sexuelle, dans le fait que, chez deux espèces de *Felis*,
des marques et couleurs analogues sont plutôt plus vives dans le mâle que la femelle. Le Zèbre est distinctement rayé, et des raies dans les plaines découvertes de
l'Afrique méridionale ne peuvent constituer aucune

[38] *Westminster Review*, 1, July 1867. p. 5.

protection. Burchell [39] décrivant un troupeau de ces animaux dit : « leurs côtes luisantes étincelant au soleil, et leur manteau brillant, si régulièrement rayé, offrait un tableau d'une magnifique beauté, que ne pourrait probablement surpasser aucun autre quadrupède. » Nous n'avons ici pas de preuve d'une sélection sexuelle, les sexes étant, dans tous les groupes des Équidés, identiques de couleur. Néanmoins, qui attribuera les raies verticales blanches et foncées, occupant les flancs de diverses antilopes, à une sélection sexuelle, sera probablement conduit à étendre la même manière de voir au Tigre royal et au beau Zèbre.

Dans un chapitre précédent, nous avons vu que, lorsque les jeunes animaux, d'une classe quelconque, ayant les mêmes habitudes de vie que leurs parents, présentent une coloration différente, on en peut inférer qu'ils ont conservé celle de quelque ancêtre éloigné et éteint. Dans la famille des Porcidés, et dans le genre Tapir, les jeunes sont marqués de raies longitudinales, et diffèrent ainsi de toutes les espèces adultes faisant partie de ces deux groupes. Dans beaucoup d'espèces de cerfs, les faons sont marqués d'élégants points blancs, dont les parents n'offrent aucune trace. On peut établir, depuis l'Axis, dont les deux sexes sont en toutes saisons et toute âge, magnifiquement tachetés (le mâle étant plus fortement coloré que la femelle), — une série passant par tous les degrés jusqu'à des espèces dans lesquelles ni adultes ni jeunes ne sont tachetés. Voici quelques-uns des termes de cette série. Le Cerf Mantchourien (*Cervus Mantchuricus*) est tacheté toute l'année, mais ainsi que je l'ai observé au Zoological Gardens, les taches sont plus distinctes l'été, où la teinte générale du

---

[39] *Travels in South Africa*, II, 315, 1824.

pelage est plus claire, que l'hiver où elle se fonce, et les cornes acquièrent leur développement complet. Dans le Cerf cochon (*Hyelaphus porcinus*), les taches sont très-apparentes pendant l'été où le manteau est d'un brun-rougeâtre, mais disparaissent entièrement l'hiver, lorsqu'il devient brun [40]. Les jeunes sont tachetés dans les deux espèces. Dans le Cerf de Virginie, les jeunes sont également tachetés, et Judge Caton m'informe qu'environ cinq pour cent des adultes qu'il possède dans son parc, à l'époque où le manteau rouge va être remplacé par celui plus bleuâtre de l'hiver, montrent temporairement, sur chaque flanc, une ligne de taches toujours en même nombre, bien que très-variables quant à leur netteté. De cet état à l'absence complète de taches à toutes saisons chez les adultes, et finalement comme cela arrive à certaines espèces, à leur absence, à tous les âges, il n'y a qu'une très-faible distance. L'existence de cette série parfaite, et surtout le fait du tachetage des faons d'un aussi grand nombre d'espèces, nous permet de conclure que les membres actuels de la famille des Cerfs sont les descendants de quelque espèce ancienne qui, comme l'Axis, était tachetée à tout âge et en toute saison. Un ancêtre, encore plus ancien a probablement dû, jusqu'à un certain point, ressembler au *Hyæmoschus aquaticus*, car cet animal est tacheté, et les mâles, lesquels n'ont pas de cornes, présentent de grandes canines saillantes, dont quelques vrais Cerfs ont encore conservé des rudiments. Il offre aussi un de ces cas intéressants d'une forme rattachant ensemble deux groupes, en ce qu'il est, par certains caractères ostéologiques,

---

[40] Docteur Gray, *Gleanings*, etc., p. 64. M. Blyth (*Land and Water* p. 42, 1869) parlant du cerf-cochon de Ceylan, dit qu'il est dans la saison où il renouvelle ses cornes, beaucoup plus brillamment taché de blanc que l'espèce ordinaire.

intermédiaire entre les pachydermes et les ruminants, qu'on croyait autrefois tout à fait distincts[41].

Il se présente ici une difficulté curieuse. Si nous admettons que les taches et raies de couleurs aient été acquises pour l'ornementation, comment se fait-il que tant de cerfs actuels, descendant d'un animal primitivement tacheté, et toutes les espèces de porcs et tapirs, descendant d'un animal primitivement rayé, aient perdu à l'état adulte leurs ornements d'autrefois? Je ne puis répondre à cette question d'une manière satisfaisante. Nous pouvons être à peu près certains que les taches et les raies ont disparu chez les ancêtres de nos espèces actuelles, à l'état adulte ou à peu près, de sorte qu'elles ont été conservées par les jeunes, et en vertu de la loi d'hérédité aux âges correspondants, par les jeunes de toutes les générations suivantes. Il peut avoir été très-avantageux au lion et au puma, par suite de la nature découverte des localités qu'ils fréquentent habituellement, d'avoir perdu leurs raies, et d'avoir ainsi été rendus moins apparents vis-à-vis de leur proie; et si les variations successives qui ont effectué ce résultat, se sont faites tardivement dans la vie, les jeunes auraient conservé les raies, ce qui, comme nous le savons, est le cas. En ce qui concerne les cerfs, porcs et tapirs, Fritz Müller m'a suggéré que par la disparition de leurs taches et raies provoquée par la sélection naturelle, ces animaux pouvaient être moins facilement aperçus de leurs ennemis, protection qui serait devenue d'autant plus nécessaire, que les carnassiers ont augmenté de taille et de nombre pendant les périodes tertiaires. Cette explication peut être la vraie, mais il serait étrange que les jeunes n'eussent pas été également bien protégés, et

[41] Falconer et Cautley, *Proc. Geolog. Soc.*, 1843; et Falconer, *Pal. Memoirs*, I, 196.

encore plus que, dans quelques espèces, les adultes eussent conservé partiellement ou complétement leurs taches pendant une partie de l'année. Nous savons, sans pouvoir en expliquer la cause, que lorsque l'âne domestique varie et devient d'un brun rougeâtre, gris ou noir, les raies de l'épaule et même celle de l'épine disparaissent fréquemment. Peu de chevaux, les isabelles exceptés, présentent des raies sur le corps, et cependant nous avons de bonnes raisons pour croire que le cheval primitif avait les jambes et la ligne dorsale rayées, et probablement aussi les épaules[42]. La disparition des taches et raies chez nos porcs, cerfs et tapirs adultes, peut donc être due à un changement dans la couleur générale de leur pelage, mais il nous est impossible de décider si ce changement a été effectué par sélection sexuelle ou naturelle, ou s'il est dû à l'action directe des conditions vitales, ou à quelque autre cause inconnue. Une observation faite par M. Sclater montre bien notre ignorance des lois qui règlent l'apparition ou la disparition des raies; les espèces d'*Asinus* habitant le continent asiatique sont dépourvues de ce genre de marques, et n'ont pas même la bande en croix de l'épaule; tandis que celles de l'Afrique sont nettement rayées, avec l'exception partielle de l'*A. tæniopus* qui n'a que la bande en croix sur l'épaule, et quelques traces de barres sur les jambes ; cette espèce occupant la région à peu près intermédiaire de la haute Égypte et de l'Abyssinie[45].

Quadrumanes. — Avant de conclure, nous ajouterons quelques remarques à celles déjà données à propos des

---

[42] *Variation*, etc., vol. I, 65-68 (trad. française), 1869.
[45] *Proc. Zool. Soc.*, 164, 1862. Docteur Hartmann, *Ann. d. Landw.*, XLIII, 222.

caractères d'ornementation des singes. Dans la plupart des espèces les sexes se ressemblent par la couleur, mais les mâles, comme nous l'avons vu, diffèrent des femelles par la couleur des parties nues de la peau, le développe-

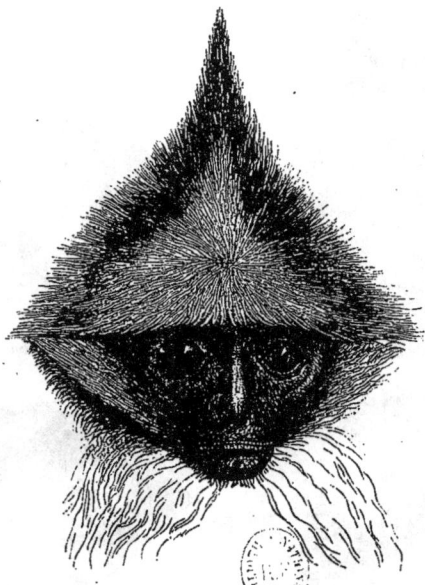

Fig. 70. — Tête du *Semnopithecus rubicundus*.

Cette figure et les suivantes, tirées de l'ouvrage du professeur Gervais, montrent l'arrangement bizarre et le développement des poils sur la tête.)

ment de la barbe, des favoris, et de la crinière. Beaucoup d'espèces sont colorées d'une manière si belle et si extraordinaire, et sont munies de touffes de poils si curieuses et si élégantes, que nous ne pouvons éviter de considérer ces caractères comme ayant été acquis pour l'ornementation. Les figures ci-jointes (*fig.* 70 à 74) montrent l'arrangement des poils sur le visage et la tête de quelques espèces. Il n'est guère concevable que ces crêtes de poil

II.   21

chevelu et les couleurs si contrastantes de fourrure et de
la peau, puissent être un résultat de simple variabilité
sans le concours d'aucune sélection ; et il est inconceva-
ble qu'elles puissent être d'un usage ordinaire pour ces

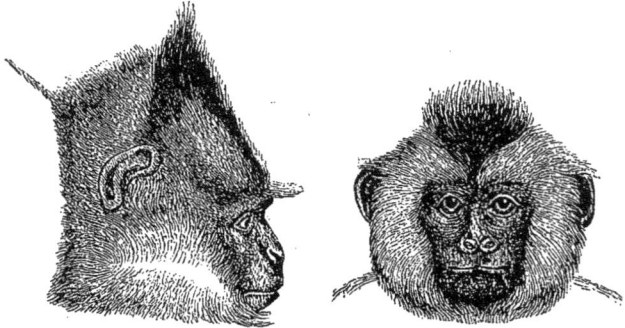

Fig. 71.— Tête de *Semnopithecus comatus*.   Fig. 72. — Tête de *Cebus capucinus*

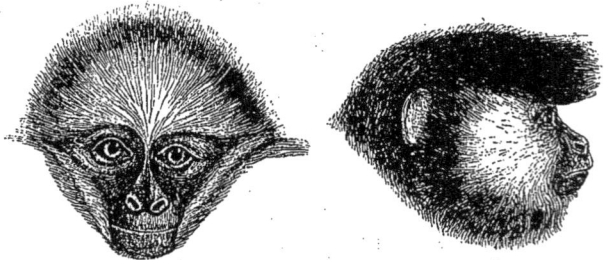

Fig. 73. — Tête d'*Ateles marginatus*.   Fig. 74. — Tête de *Cebus vellerosus*.

animaux. Si cela est, elles ont probablement été acquises
par sélection sexuelle, quoique transmises également
ou presque également aux deux sexes. Chez beaucoup
de Quadrumanes, nous avons des preuves complémen-
taires de l'action de la sélection sexuelle dans la plus
grande taille, la force et le développement des dents canines, des mâles comparés aux femelles.

Quelques exemples suffiront pour faire comprendre
les dispositions étranges que présentent la coloration

Fig. 75. — *Cercopithecus petaurista* (d'après Brehm, édition française)

des deux sexes dans quelques espèces, et la beauté chez
d'autres. Le visage du *Cercopithecus petaurista* (fig. 75)

est noir, les favoris et barbe étant blancs, et porte une
tache arrondie bien distincte sur le nez, couverte de
courts poils blancs, qui donne à l'animal un aspect comique. Le *Semnopithecus frontatus* a un visage noirâtre
avec une longue barbe noire, et sur le front une grande
tache nue d'une couleur blanc bleuâtre. Le visage du
Macacus lasiotus est couleur chair sale, avec une tache
rouge distincte sur chaque joue. L'aspect du *Cercopithecus æthiops* est grotesque avec son visage noir, ses favoris et collier blancs, sa tête marron ; et une grande tache
blanche au-dessus de chaque sourcil. Dans beaucoup
d'espèces, la barbe, les favoris et les crêtes de poils entourant le visage, sont de couleurs fort différentes du
reste de la tête, et alors toujours d'une teinte plus
claire [44], soit tout à fait blanches, soit jaunâtres ou rougeâtres. Tout le visage du *Brachyurus calvus* de l'Amérique du Sud est d'une nuance écarlate éclatante, coloration qui n'apparaît pas avant la maturité du mâle [45].

La couleur des portions du visage à peau nue diffère
étonnamment suivant les espèces. Elle est souvent brune
ou de couleur chair, avec places blanches, quelquefois
noire comme le nègre le plus foncé. Dans le *Brachyurus*
la teinte écarlate est plus vive que celle de la joue de la
plus rougissante Caucasienne ; elle est quelquefois plus
orange que chez aucun Mongolien, et dans plusieurs
espèces elle est bleue, passant au violet ou au gris. Dans
toutes les espèces connues de M. Bartlett, dont les
adultes des deux sexes avaient le visage fortement coloré, les teintes étaient ternes ou manquaient dans la
première jeunesse. Ceci se vérifie aussi chez les Man-

----

[44] J'ai observé ce fait aux Zoological Gardens, et on peut en voir de
nombreux cas dans les planches coloriées de Geoffroy Saint-Hilaire et
F. Cuvier, *Hist. nat. des Mammifères*, t. I, 1824.
[45] Bates, *The Naturalist on the Amazone*, II, 310, 1863.

drill et Rhésus, chez lesquels le visage et la partie postérieure du corps ne sont vivement colorés que dans un seul sexe. Dans ces derniers cas, nous avons toute raison de croire que ces colorations ont été acquises par sélection sexuelle ; et nous sommes naturellement conduits à étendre la même explication aux espèces précédentes, bien que les deux sexes aient le visage coloré de la même manière lorsqu'ils sont adultes.

Bien que, d'après notre goût, beaucoup d'espèces de singes soient loin d'être beaux, d'autres espèces sont universellement admirées pour leur élégant aspect et leurs brillantes couleurs. Le *Semnopithecus nemæus*, quoique très-particulièrement coloré est décrit comme fort joli ; son visage teinté d'orange est entouré de longs favoris d'une blancheur lustrée, avec une ligne rouge-marron sur les sourcils ; le pelage du dos étant d'un gris délicat, avec une tache carrée sur les reins, la queue et l'avant-bras, d'un blanc pur ; un collier-marron surmonte la poitrine ; les cuisses sont noires et les jambes rouge-marron. Je citerai encore deux autres singes remarquables par leur beauté, que je choisis en ce qu'ils offrent de légères différences sexuelles de couleur, qui supposent probablement que les deux sexes doivent à une sélection sexuelle leur élégante apparence. Dans le *Cercopithecus cephus*, la couleur générale du pelage est pommelée, verdâtre, avec la gorge blanche ; l'extrémité de la queue chez le mâle est marron ; mais le visage en est la partie la plus ornée, la peau étant surtout d'un gris bleuâtre, renforcé d'une nuance noirâtre sous les yeux ; la lèvre supérieure d'un bleu délicat, bordée inférieurement d'une mince moustache noire. Les favoris orangés, noirs à la partie supérieure, forment une bande qui va aux oreilles, elles-mêmes revêtues de poils blanchâtres. Les visiteurs du Zoological Gardens admirent

souvent la beauté d'un autre singe, appelé avec raison
Cercopithecus Diana (fig. 76); dont le pelage a une teinte

Fig. 76. — *Cercopithecus Diana* (d'après Brehm, édition française).

générale grise; la poitrine et la face interne des membres antérieurs sont blanches; un grand espace trian-

gulaire bien distinct d'une riche teinte marron occupe
la partie postérieure du dos; les côtés intérieurs des
cuisses, et l'abdomen sont, dans le mâle, d'une délicate
nuance fauve, et le sommet de la tête, noir. Le visage et
les oreilles sont d'un noir intense contrastant très-fine-
ment avec une crête blanche transversale située au-
dessus des sourcils, et une longue barbe à pointe blanche
dont la base est noire [46].

Dans ces singes ainsi que beaucoup d'autres, la
beauté des couleurs, la singularité de leur arrangement, et plus encore les dispositions si diverses et
élégantes des crêtes et touffes de poils sur la tête,
m'imposent la conviction que les caractères de ce
genre ont été acquis exclusivement dans un but
d'ornementation par sélection sexuelle.

Résumé. — La loi du combat pour la possession de la
femelle paraît prévaloir dans toute la grande classe
des mammifères. La plupart des naturalistes admettront que la taille plus grande, la force, le courage, et
le caractère belliqueux du mâle, ses armes offensives
spéciales, ainsi que ses moyens particuliers de défense,
ont tous été acquis ou modifiés par cette forme de sélection que j'appelle la sélection sexuelle.

Ceci ne dépend d'aucune supériorité dans la lutte générale pour l'existence, mais de ce que certains individus d'un sexe, généralement le mâle, ont réussi à l'emporter sur d'autres, et à laisser une descendance plus
nombreuse héritant de leur supériorité, que les mâles
moins favorisés.

---

[46] J'ai vu la plupart des singes ci-dessus décrits au Zoological Society
Gardens. La description du *Semnopithecus nemœus* est empruntée à
W. C. Martin, *Nat. Hist. of Mammalia*, 460, 1841. Voy. aussi les pages
475, 525.

Il est un autre genre de luttes d'une nature plus pacifique, dans lesquelles les mâles cherchent à séduire les femelles par divers charmes. Ceci peut s'effectuer par les odeurs qu'émettent les mâles pendant la saison de la reproduction ; les glandes odorantes ayant été acquises par sélection sexuelle. Il est douteux qu'on puisse étendre à la voix cette manière de voir, car les organes vocaux des mâles peuvent s'être fortifiés par l'usage pendant leur état adulte, sous les puissantes influences excitantes de l'amour, la jalousie ou la colère, et transmis au même sexe. Diverses crêtes, touffes et revêtements de poils, soit circonscrits aux mâles, soit simplement plus développés chez eux que chez les femelles, paraissent, dans la plupart des cas, être purement des produits d'ornementation, bien qu'ils puissent quelquefois servir de défense contre les mâles rivaux. On a même des raisons pour soupçonner que les andouillers ramifiés des cerfs, et les cornes élégantes de quelques antilopes, bien que, servant d'armes offensives et défensives, ont été partiellement modifiées pour l'ornementation.

Lorsque le mâle diffère de la femelle par sa coloration, il offre en général des tons plus foncés et contrastant plus fortement entre eux. Nous ne rencontrons pas dans cette classe ces magnifiques couleurs rouges, bleues, jaunes et vertes, si communes aux oiseaux mâles et à beaucoup d'autres animaux. Il faut cependant en excepter les parties nues de certains Quadrumanes, qui souvent bizarrement situées, présentent dans quelques espèces des couleurs des plus vives. Dans d'autres cas, les couleurs du mâle peuvent être dues à une simple variation, sans le concours de la sélection. Mais, lorsque les couleurs sont diverses et fortement prononcées, qu'elles ne se développent qu'à l'état adulte ; et que la castration les fait disparaître, nous ne pouvons éviter la conclusion qu'elles aient été acquises par sélection sexuelle pour l'ornementation, et se sont transmises exclusivement ou à peu près, au même sexe. Lorsque les deux sexes sont semblablement colorés, et que les couleurs étant très-vives bizarrement disposées sans qu'elles paraissent avoir aucun usage de protection, e t surtout lorsqu'elles sont associées avec d'autres appendices d'ornementation, l'analogie nous conduit à la même conclusion, qu'elles ont été acquises par sélection sexuelle quoique transmises aux deux sexes. Il résulte de l'examen des divers cas donnés dans les deux derniers chapitres qu'en règle générale, les couleurs diverses et marquées, qu'elles soient restreintes aux mâles ou communes aux deux sexes, sont associées dans les mêmes groupes et sous-groupes avec d'autres caractères sexuels secondaires, servant à la lutte ou à l'ornementation.

La loi d'égale transmission des caractères aux deux sexes, en ce qui a trait à la couleur et autres caractères décoratifs, a prévalu d'une manière beaucoup plus étendue chez les Mammifères que chez les Oiseaux ; mais en ce qui concerne les armes, telles que les cornes et les crocs, elles ont été transmises plus souvent, soit exclusivement, soit à un plus haut degré, aux mâles qu'aux femelles. C'est un fait étonnant, car les mâles se servant en général de leurs armes pour se défendre contre des ennemis de tous genres, elles auraient pu rendre le même service aux femelles. Autant que nous en pouvons juger, leur absence chez ce dernier sexe, ne peut s'expliquer que par la forme d'hérédité qui a prévalu. Finalement, les luttes entre individus du même sexe, pacifiques ou sanglantes, ont à de rares exceptions près été limitées chez les mammifères aux mâles; de sorte que ceux-ci ont été modifiés par sélection sexuelle beaucoup plus généralement que les femelles, soit pour se combattre entre eux, soit pour séduire le sexe opposé.

CHAPITRE XIX

Différences entre l'homme et la femme.— Causes de ces différences et de la communauté aux deux sexes de certains caractères. — Loi de combat. — Différences dans la puissance mentale — et la voix. — Influence de la beauté sur les mariages humains. — Attention qu'ont les sauvages pour les ornements. — Leurs idées sur la beauté de la femme. — Tendance à exagérer chaque particularité naturelle.

Les différences entre les sexes sont dans l'espèce humaine plus grandes que dans la plupart des Quadrumanes, mais moindres que dans quelques-uns, comme le Mandrill. L'homme est en moyenne passablement plus haut de taille, plus pesant et plus fort que la femme, avec les épaules plus carrées et des muscles plus prononcés. Par suite des rapports existants entre le développement musculaire et la saillie des sourcils [1], la crête sourcilière est généralement plus fortement accusée chez l'homme que chez la femme. Son corps et surtout son visage, sont plus velus, et sa voix a une intonation différente et plus puissante. Je ne sais si c'est exact, mais on prétend que dans certaines tribus, les femmes diffèrent légèrement des hommes par leur teinte ; chez les Européens elles sont peut-être les plus vivement colorées des deux, comme on peut le voir

[1] Schaaffhausen, traduit dans *Anthrop. Review*, 419, 420, 427, Oct. 1868

lorsque les deux sexes ont été également exposés aux
mêmes intempéries.

L'homme est plus courageux, belliqueux et énergique,
et a un génie plus inventif que la femme. Son cerveau
est, absolument parlant, plus grand que celui de la
femme, mais je ne crois pas qu'on ait des données certaines qu'il le soit relativement aux dimensions plus
considérables de son corps. Le visage plus arrondi
chez la femme ; les mâchoires et la base du crâne plus
petites ; les contours de son corps sont plus ronds, plus
saillants sur certaines parties, et son bassin est plus
large que celui de l'homme[2]. Mais il faut encore tenir
compte de ce dernier caractère comme appartenant beaucoup plus à ceux de l'ordre sexuel primaire, qu'à celui
d'un ordre secondaire. La femme atteint l'état adulte
à un âge plus précoce que l'homme.

Chez l'homme, comme chez les animaux de toutes
classes, les caractères distinctifs du sexe masculin ne
se développent pas complétement avant qu'il soit presque adulte, et n'apparaissent jamais après émascula-
tion ; la barbe, par exemple, est un caractère sexuel secondaire, et les enfants mâles sont sans barbe, quoique ayant dès le jeune âge des cheveux abondants sur la
tête. C'est probablement à l'apparition un peu tardive
dans la vie des variations successives qui ont fourni à
l'homme ses caractères masculins, qu'il faut attribuer
leur transmission au sexe mâle seul. Les enfants des
deux sexes se ressemblent de près, comme les jeunes
de tant d'animaux où les adultes sont différents ; ils ressemblent également à la femelle adulte beaucoup plus
qu'au mâle dans le même état. Ceux du sexe féminin,

[2] Ecker, trad. dans *Anthrop. Review*, 351-356, Oct. 1868. Welcker a
étudié avec soin la comparaison de la forme du crâne chez l'homme et
la femme.

prennent toutefois ultérieurement certains caractères distinctifs, et par la conformation du crâne sont dits être intermédiaires entre l'enfant et l'homme[3]. Encore, nous avons vu que les jeunes d'espèces voisines, quoique distinctes, diffèrent entre eux beaucoup moins que ne le font les adultes, comme il en est de même des enfants des diverses races humaines. Quelques auteurs soutiennent même qu'on ne peut distinguer dans le crâne de l'enfant les différences de race[4]. Quant à la couleur, le nouveau-né nègre est d'un brun rougeâtre qui passe bientôt au gris ardoisé ; la coloration noire est complète à l'âge d'un an dans le Soudan, en Égypte elle ne l'est qu'au bout de trois ans. Les yeux du nègre sont d'abord bleus, et les cheveux plus châtains que noirs, ne sont frisés qu'à leurs extrémités. Les enfants Australiens sont à leur naissance, d'un brun jaunâtre, qui ne se fonce qu'à un âge plus avancé. Ceux des Guaranys dans le Paraguay sont d'abord d'un jaune blanchâtre, mais acquièrent au bout de quelques semaines la nuance brune jaunâtre de leurs parents. Des observations semblables ont été faites dans d'autres parties de l'Amérique[5].

Je suis entré dans quelques détails sur les différences précitées et bien connues entre les deux sexes de l'espèce humaine, parce qu'elles sont singulièrement les mêmes que dans les Quadrumanes. Chez ces animaux, la femelle mûrit à un âge plus précoce que le mâle, c'est du moins certainement le cas du *Cebus Azaræ*[6]. Dans la plupart

---

Ecker et Welcker, *o. c.*, 352, 355. Vogt, *Leçons sur l'homme*, p. 98 trad. française).

[4] Schaafhausen, *Anthrop. Review*, p. 429.

[5] Pruner-Bey, sur les enfants nègres, cité par Vogt, *Leçons sur l'homme* (trad. française, 1865) Voir aussi Lawrence, *Lectures on Physiology*. etc., 451, 1822. Pour les enfants des Guaranys, Rengger, *Säugethiere*, etc., p. 3. Godron, *De l'espèce*, II, 253, 1859. Sur les Australiens, Waitz, *Introd. to Anthropology* (trad. anglaise, p. 99, 1863).

[6] Rengger, *o. c.*, 49, 1830.

des espèces, les mâles sont plus grands et beaucoup plus forts que les femelles, cas dont le Gorille offre un exemple bien connu. Les mâles de certains singes, concordant sur ce point avec l'espèce humaine, diffèrent de leurs femelles même par un caractère aussi insignifiant que peut l'être une proéminence plus forte de l'arcade sourcilière[7]. Dans le Gorille et quelques autres singes, le crâne de l'adulte mâle est pourvu d'une crête sagittale fortement accusée qui manque chez la femelle; et Ecker a trouvé, entre les deux sexes des Australiens les traces d'une différence semblable[8]. Lorsque chez les singes il y a une différence dans la voix, c'est celle du mâle qui est la plus puissante. Nous avons vu que certains singes mâles ont une barbe bien développée, qui fait entièrement défaut, ou n'est que fort peu développée chez les femelles. On ne connaît aucun exemple de barbe, favoris ou moustache ayant été plus développés chez un singe femelle que chez le mâle. Il y a même un parallélisme singulier, entre l'homme et les quadrumanes, jusque dans la couleur de la barbe; car lorsque, ce qui a souvent lieu, la barbe humaine diffère de la chevelure par sa teinte, elle est invariablement d'un ton plus clair, et souvent rougeâtre. J'ai observé ce fait en Angleterre, et le docteur Hooker, qui a bien voulu, à mon instigation, porter son attention sur ce point, en Russie, n'a point rencontré une seule exception à la règle. M. J. Scott, du jardin botanique, a eu l'obligeance d'observer à Calcutta, les nombreuses races d'hommes qu'on peut y voir, ainsi que dans d'autres parties de l'Inde, à savoir : deux races dans le Sikhim, les Bhoteas, Hindous,

---

[7] Comme dans *Macacus cynomolgus* (Desmarest, *Mammalogie*, p. 65) et *Hylobates agilis* (Geoffroy Saint-Hilaire et F. Cuvier, *Hist. nat. des Mamm.* I, 2, 1824).

[8] *Anthropological Review*, 353, Oct. 1868.

Birmans et Chinois. Bien que la plupart de ces races n'aient que fort peu de poil sur le visage, il a toujours trouvé que, lorsqu'il y avait une différence quelconque de couleur entre les cheveux et la barbe, cette dernière était invariablement d'une teinte plus claire. Or, comme nous l'avons déjà constaté, la barbe diffère fréquemment, chez les singes, d'une manière frappante, des poils de la tête par sa couleur, et dans ces cas, elle offre invariablement une teinte plus claire, étant souvent d'un blanc pur, quelquefois jaunâtre ou rougeâtre[9].

Quant au degré de villosité générale du corps, dans toutes les races, elle est moins forte chez les femmes, et dans quelques quadrumanes, la face inférieure du corps de la femelle est moins velue que celle du mâle[10]. Enfin, les singes mâles, comme l'homme, sont plus hardis et plus farouches que les femelles; ils conduisent la bande, et se portent en avant lorsque le danger se présente. Nous voyons, par ce qui précède, combien le parallélisme, entre les différences sexuelles de l'espèce humaine et les quadrumanes est complet. Toutefois, dans certaines espèces de ces derniers, quelques Babouins, le Gorille et l'Orang, les différences entre les sexes, telles que la grosseur des dents canines, le développement et la coloration du poil, et surtout dans celle

---

[9] M. Blyth m'informe qu'il n'a vu qu'un seul cas de la barbe, favoris, etc., d'un singe devenant blancs dans la vieillesse, comme cela est si commun chez nous. Cela est cependant arrivé à un vieux *Macacus cynomolgus* captif, qui portait des moustaches remarquablement longues et semblables à celles d'un homme. Ce vieux singe ressemblait en somme comiquement à un des monarques régnant alors en Europe, du nom duquel il était universellement désigné. Les cheveux grisonnent à peine chez certaines races humaines; ainsi M. D. Forbes m'apprend que, par exemple, il n'en a jamais vu un seul cas chez les Aymaras et Quichuas de l'Amérique du Sud.

[10] C'est le cas pour les femelles de plusieurs espèces de Hylobates; Geoffroy Saint-Hilaire et F. Cuvier, *Hist. nat. des Mamm.*, t. I, voir sur *H. lar.* Penny Encycl., II, 149, 150.

des parties de la peau qui restent nues, sont beaucoup plus considérables que dans l'espèce humaine.

Les caractères sexuels secondaires de l'homme sont tous hautement variables, même dans les limites d'une même race ou sous-espèce ; et ils diffèrent beaucoup dans les diverses races ; ces deux règles se vérifient très-généralement dans le règne animal. Dans les excellentes observations faites à bord de *la Novara*[11], on a trouvé que les Australiens mâles n'excédaient les femmes que de 0^m,065 de hauteur ; tandis que chez les Javanais l'excès moyen était de 0^m,218 ; de sorte que dans cette dernière race, la différence de hauteur entre les deux sexes est plus de trois fois plus forte qu'elle ne l'est chez les Australiens. De nombreuses mesures faites sur diverses races, relatives à la taille, la circonférence du cou et de la poitrine, la longueur de la colonne épinière et des bras, faites avec soin, ont toutes concouru à montrer que les hommes diffèrent beaucoup plus les uns des autres que ne le font les femmes. Le fait indique que, en ce qui touche à ces caractères, c'est le mâle qui a été surtout modifié, depuis que les races ont divergé de leur origine primordiale et commune.

Le développement de la barbe et la villosité du corps peuvent varier d'une manière remarquable dans des hommes appartenant à des races distinctes, et même à des familles différentes d'une même race. Nous voyons cela déjà chez nous, Européens. Dans l'île de Saint-Kilda, d'après Martin[12], les hommes ne prennent pas leur barbe, qui est toujours très-faible, avant l'âge de trente ans et au-dessus. Dans le continent européo-asia-

---

[11] Les résultats ont été calculés par le docteur Weisbach sur les mensurations faites par les docteurs K. Scherzer et Schwarz, *Reise der Novara, Anthrop. Theil*, 216, 231, 234, 236, 239, 269, 1867.

[12] *Voyage à Saint-Kilda* (3ᵉ édit., 1753), p. 57.

tique, la barbe prédomine jusqu'à ce qu'on ait dépassé
l'Inde ; encore est-elle souvent absente chez les indigènes de Ceylan, comme l'avait déjà remarqué Diodore[15]
dans les anciens temps. Au delà de l'Inde la barbe
disparaît, chez les Siamois, Malais, Kalmuks, Chinois
et Japonais ; cependant les Aïnos[14], qui habitent les
îles au nord de l'Archipel du Japon, sont les hommes
les plus velus qu'il y ait sur la terre. La barbe est
claire ou absente chez les nègres, ils n'ont pas de
favoris ; dans les deux sexes, le corps est presque
complétement privé de fin duvet[15]. D'autre part, les
Papous de l'archipel Malai, qui sont presque aussi
noirs que les nègres, ont des barbes bien développées[16]. Dans l'océan Pacifique, les habitants de l'archipel Fidji ont de grandes barbes touffues, pendant
que ceux des archipels peu éloignés, de Tonga et Samoa, sont imberbes ; mais ils appartiennent à des races
distinctes. Dans le groupe d'Ellice tous les habitants
appartiennent à la même race ; cependant sur une île,
celle de Nunemaya, « les hommes ont des barbes magnifiques ; » tandis que dans les autres îles ils ne possèdent généralement, en fait de barbe, » qu'une douzaine
de poils épars[17]. »

On peut dire que sur tout le grand continent américain les hommes sont imberbes ; mais dans presque
toutes les tribus quelques poils courts peuvent apparaî-

[15] Sir J. E Tennent, *Ceylan*, II, 107, 1859.
[14] Quatrefages, *Revue des Cours scientifiques*, 630, 1868. Vogt, *Leçons sur l'homme*, p. 164 (trad. française).
[15] Sur la barbe des nègres, Vogt, *o. c.*, p. 164 ; Waitz, *Introd. to Anthropology* (trad. anglaise, 1, 96, 1863). Il est à remarquer qu'aux États-Unis (*Investigations in Military and Anthropological statistics of American soldiers*, p. 569, 1869) les nègres purs ainsi que leur progéniture croisés, paraissent avoir le corps presque aussi velu que les Européens.
[16] Wallace, *The Malay Archipelago*, II, 178, 1869.
[17] Docteur J. Barnard Davis, sur les races océaniques ; *Anthrop. Review*, 185, 191, Avril 1870.

tre sur le visage, surtout dans un âge avancé. Catlin estime que dans les tribus de l'Amérique du Nord, dix-huit hommes sur vingt sont complétement privés naturellement d'une barbe ; mais on en rencontre occasionnellement un qui, ayant négligé d'arracher les poils à l'âge de puberté, a une barbe molle, longue d'un ou deux pouces. Les Guaranys du Paraguay diffèrent de toutes les tribus environnantes par une petite barbe, même quelques poils sur le corps ; mais ils n'ont pas de favoris [18]. J'apprends de M. D. Forbes, qui s'est particulièrement occupé du sujet, que les Aymaras et Qüichuas des Cordillères sont remarquablement imberbes ; quelques poils égarés apparaissant occasionnellement au menton lorsqu'ils sont vieux. Les hommes de ces deux tribus ont fort peu de poils sur les diverses parties du corps où le poil croît abondamment chez les Européens, et les femmes n'en ont point sur les parties correspondantes. Les cheveux néanmoins atteignent une longueur extraordinaire dans les deux sexes, descendant souvent jusqu'à terre ; et c'est également le cas de quelques tribus de l'Amérique du Nord. Les sexes des indigènes américains ne diffèrent pas entre eux par la quantité de cheveux et la forme générale du corps, autant que la plupart des autres races humaines [19]. Ce fait est analogue à ce qui a lieu dans quelques singes voisins ; ainsi les sexes du Chimpanzé sont moins différents qu'ils ne le sont chez le Gorille et l'Orang [20].

[18] Catlin, *North American Indians*, 3e édit., II, 227, 1842. Sur les Guaranys, Azara. *Voyage dans l'Amérique mérid.*, II, 58, 1809 ; Rengger, *Säugethiere*, etc., 5.

[19] Le professeur et madame Agassiz (*Journey in Brazil*, 530) ont remarqué moins de différences entre les sexes des Indiens américains, que dans ceux des nègres et des races plus élevées. Voir aussi Rengger, *o. c.*, sur les Guaranys.

[20] Rütimeyer, *Die Grenzen der Thierwelt* (considérations sur la loi de Darwin), etc., 1868, p. 54.

Nous avons vu dans les chapitres précédents que, chez les Mammifères, Oiseaux, Poissons, Insectes, etc., un grand nombre de caractères, que nous avons toute raison de croire avoir été primitivement acquis par sélection sexuelle par un sexe seul, ont été transférés aux deux sexes. Cette même forme de transmission ayant en apparence prévalu à un haut degré chez l'espèce humaine, nous éviterons une répétition inutile en examinant les caractères spéciaux au sexe mâle, en même temps que ceux qui sont communs aux deux sexes.

Loi du combat. — Chez les nations barbares, les Australiens, par exemple, les femmes sont un prétexte continuel de guerre entre individus de la même tribu et entre tribus distinctes. Il en était sans doute ainsi dans les temps anciens : « *Nam fuit ante Helenam mulier teterrima belli causa.* » Chez les Indiens de l'Amérique du Nord, la lutte est réduite à l'état de système. Un excellent observateur, Hearne [21], dit : « Parmi ces peuples, il a toujours été d'usage, chez les hommes, de lutter pour toute femme à laquelle ils sont attachés; et naturellement c'est le parti le plus fort qui emporte le prix. Un homme faible, s'il n'est pas bon chasseur et aimé, peut rarement conserver une femme, qu'un homme plus fort croit digne de son attention. Cette coutume prévaut dans toutes les tribus, et développe un grand esprit d'émulation chez leurs jeunes gens, qui, dès leur enfance, profitent de toutes les occasions qui se présentent pour éprouver leur force et leur adresse en luttant. »
Chez les Guanas de l'Amérique du Sud, Azara dit que les hommes ne se marient que rarement avant vingt

[21] *A Journey from Prince of Wales,* 1796, 104. Sir J. Lubbock (*Origin of Civilisation,* 69, 1870) donne d'autres exemples semblables dans l'Amérique du Nord. Pour les Guanas de l'Amérique du Sud, voy. Azara. *o. c.,* II, 94.

ans ou plus, n'étant pas avant cet âge en état de vaincre leurs rivaux.

Nous pourrions encore citer d'autres faits semblables, mais même si les preuves nous manquaient, nous pourrions être presque sûrs, d'après l'analogie avec les Quadrumanes supérieurs [22], que la loi du combat a prévalu chez l'homme pendant les premières phases de son développement. L'apparition occasionnelle encore actuellement de dents canines qui dépassent les autres, avec les traces d'un intervalle ouvert pour la réception des canines opposées, est, selon toute probabilité, un cas de retour vers un état antérieur qui fut celui où les ancêtres de l'homme étaient pourvus de ces défenses, comme tant de Quadrumanes mâles actuels. Précédemment nous avons remarqué qu'à mesure que l'homme se redressait peu à peu, et se servait de ses bras et de ses mains soit pour combattre avec des bâtons et des pierres, soit pour d'autres usages de la vie; il devait de moins en moins employer ses mâchoires et ses dents. Les mâchoires avec leurs muscles, se seront réduites alors par défaut d'usage ainsi que les dents, en vertu des principes encore peu compris de la corrélation et de l'économie de croissance; car partout nous voyons que les parties qui ne servent plus subissent une réduction de grosseur. Une marche de ce genre aurait eu pour résultat définitif de faire disparaître l'inégalité originelle entre les mâchoires et les dents des deux sexes. Le cas correspond presque à celui de beaucoup de Ruminants mâles, chez lesquels les canines se sont réduites à de simples rudiments, ou ont disparu, selon tout apparence, en raison du développement des cornes. Comme la différence

[22] Sur les combats des Gorilles mâles, docteur Savage, *Boston Journal of Nat. Hist.*, V, 423, 1847. Sur *Presbytis entellus*, voy. *Indian Field*, 146, 1859,

prodigieuse qui se remarque entre les crânes des deux
sexes dans le Gorille et l'Orang est en rapports étroits
avec le développement énorme des dents canines chez
les mâles, nous pouvons en inférer que la réduction des
mâchoires et des dents dans les ancêtres primitifs mâles
de l'homme ont déterminé dans son aspect un changement favorable des plus frappants.

Il ne peut y avoir de doutes que la plus grande taille
et force de l'homme comparé à la femme, ainsi que ses
épaules plus larges, ses muscles plus développés, ses
contours plus anguleux, son plus grand courage et ses
dispositions belliqueuses, ne soient dus principalement
à l'héritage de quelque ancêtre mâle qui, comme les
singes anthropomorphes actuels, présentaient les mêmes
caractères. Ceux-ci se seront toutefois conservés, et
même augmentés, pendant les longues périodes où
l'homme était encore dans un état de barbarie profonde ;
les sujets les plus forts et les plus hardis ayant dû le
mieux réussir soit dans la lutte générale pour l'existence,
soit pour la possession des femelles, ont ainsi laissé le
plus de descendants. Il n'est pas probable que la plus
grande force de l'homme ait été primitivement acquise
par les effets héréditaires des travaux, plus pénibles pour
lui que la femme, auxquels il a dû se livrer pour assurer sa subsistance et celle de sa famille ; car, chez tous
les peuples barbares, les femmes sont forcées de travail-
ler au moins aussi laborieusement que les hommes. Si
le combat pour la possession des femmes n'existe plus
depuis longtemps chez les peuples civilisés, les hommes
ont d'autre part en général un travail plus pénible que
les femmes pour leur subsistance réciproque, circonstance qui aura contribué à leur conserver leur force
supérieure.

Différence dans la puissance mentale des deux sexes. —
Il est probable que la sélection sexuelle a pris une part
importante dans les différences de cette nature qui se
remarquent entre l'homme et la femme. Je sais que
quelques auteurs doutent qu'il y ait aucune différence
inhérente; mais cela est rendu au moins probable par
l'analogie avec les animaux plus inférieurs, qui présentent d'autres caractères sexuels secondaires. Personne
ne contestera que le taureau ne diffère de la vache, le
sanglier sauvage de la truie, l'étalon de la jument; et
comme le savent fort bien les gardiens de Ménageries,
les mâles des grands singes des femelles. La femme
paraît différer de l'homme dans ses dispositions mentales, surtout par sa plus grande tendresse et un
égoïsme moindre; et ceci se vérifie même chez les sauvages, comme le montre un passage bien connu des
voyages de Mungo Park, ainsi que des rapports de beaucoup d'autres voyageurs. La femme déploie ces qualités
à un éminent degré à l'égard de ses enfants, par suite de
ses instincts maternels; il est donc vraisemblable qu'elle
puisse souvent les étendre jusqu'à ses semblables.
L'homme est le rival d'autres hommes, il aime la concurrence, qui le conduit à l'ambition, laquelle passe
promptement à l'égoïsme. Ces dernières qualités paraissent être son héritage naturel et malheureux. On
admet généralement que chez la femme les facultés d'in-
tuition, de perception rapide, et peut-être d'imitation,
sont plus fortement marquées que chez l'homme; mais
quelques-unes au moins de ces facultés étant caractéristiques des races inférieures, ont, par conséquent, pu
exister à un état de civilisation inférieur et éteint.

La distinction principale dans la puissance intellec-
tuelle des deux sexes se voit en ce que l'homme, dans
tout ce qu'il entreprend, atteint un niveau supérieur à

celui auquel la femme puisse arriver — qu'il faille une
pensée profonde, de la raison, ou de l'imagination, ou
simplement l'emploi des sens et des mains. Si on dressait
deux listes des hommes et femmes qui se sont le plus
distingués dans la poésie, la peinture, la sculpture, la
musique, y compris la composition et l'exécution,—l'histoire, la science, et la philosophie, et comprenant une
demi-douzaine de noms sous chaque sujet; les deux
listes ne supporteraient pas la comparaison. Nous pouvons aussi inférer d'après la loi de la déviation des
moyennes, si bien expliquée par M. Galton dans son
livre sur le *Génie héréditaire*, que si les hommes ont
une supériorité décidée sur les femmes en beaucoup de
points, la moyenne de puissance mentale chez l'homme
doit excéder celle de la femme.

Les ancêtres semi-humains mâles de l'homme et les
sauvages, ont, pendant bien des générations, lutté pour
la possession des femelles. Mais les seules conditions de
force et de taille corporelles n'auraient pas suffi pour
vaincre, si elles n'avaient pas été associées avec le courage de la persévérance, et une détermination énergique. Chez les animaux sociaux, les jeunes mâles ont plus
d'un combat à livrer pour gagner une femelle, et ce n'est
qu'à force de luttes nouvelles, que les mâles plus vieux
peuvent conserver les leurs. L'homme a encore à défendre les femmes avec leurs enfants d'ennemis de tous
genres, et à chasser pour leur subsistance et la sienne.
Mais pour pouvoir éviter l'ennemi, ou l'attaquer avec
succès, pour capturer des animaux sauvages, inventer
et façonner des armes, il faut le concours des facultés
mentales supérieures, l'observation, la raison, l'invention, ou l'imagination. Ces diverses facultés auront donc
été ainsi continuellement mises à l'épreuve, et sélec-
tées pendant la virilité, période durant laquelle elles au-

ront d'ailleurs été fortifiées par l'usage. En conséquence,
conformément au principe souvent rappelé, nous devons
nous attendre à ce qu'elles aient dû être transmises, à
l'époque correspondante de la virilité, surtout à la descendance mâle.

Maintenant si deux hommes se trouvent en concurrence, ou un homme et une femme, doués de qualités
mentales également parfaites, c'est celui ayant le plus
d'énergie, de persévérance et de courage qui devien-
dra généralement le plus prépondérant, sur quelque
objet que ce soit, et remportera la victoire [25]. On peut
dire qu'il a du génie — car une haute autorité a déclaré
que le génie était la patience ; ce terme signifiant dans
ce sens, une persévérance indomptable et inflexible. Cette
définition du génie est peut-être incomplète ; car sans
les facultés plus élevées de l'imagination et de la raison,
on ne peut arriver à des succès importants sur certains
sujets. Mais ces dernières facultés se sont, comme
les premières, développées chez l'homme, en partie par
sélection sexuelle, — c'est-à-dire par la concurrence
de mâles rivaux — et en partie par sélection naturelle,
c'est-à-dire la réussite dans la lutte générale pour l'existence. Dans les deux cas, cette lutte ayant eu lieu dans
l'âge adulte, les caractères acquis auront été transmis
plus complétement à la descendance mâle qu'à la femelle. Deux faits s'accordent avec l'idée que quelques-
unes de nos facultés mentales ont été modifiées ou ren-
forcées par sélection sexuelle; le premier est qu'elles subissent, comme on l'admet généralement, un changement considérable à l'âge de puberté ; le second que les

---

[25] J. Stuart Mill (*The Subjection of Women*, 122, 1869) remarque « les
choses dans lesquelles l'homme excelle le plus sur la femme sont celles
qui exigent le travail le plus laborieux, et l'insistance sur des pensées
isolées? » Qu'est-ce là d'autre que de l'énergie et de la persévérance ?

eunuques demeurent à ce point de vue toute leur vie à un état inférieur. L'homme est ainsi ultérieurement devenu supérieur à la femme. Il est vraiment heureux que la loi de l'égale transmission des caractères aux deux sexes ait généralement prévalu dans toute la classe des mammifères ; autrement, il est probable que l'homme serait devenu aussi supérieur à la femme par ses facultés mentales, que l'est le plumage décoratif du paon relativement à celui de la femelle.

Il faut se rappeler que la tendance qu'ont les caractères acquis à une époque tardive de la vie par les deux sexes, d'être transmis au même sexe au même âge, et celle qu'ont les caractères acquis de bonne heure à être transmis aux deux sexes, sont des règles qui, quoique générales, ne se vérifient pas toujours. Si cela était, nous pourrions conclure (mais ici je m'éloigne de mes propres limites) que les effets héréditaires de l'éducation des garçons et des filles seraient également transmis aux deux sexes ; de sorte que la présente inégalité de puissance mentale entre eux ne pouvait ni être effacée par un cours d'éducation précoce semblable, ni avoir été causée par une différence dans l'éducation première. Pour que la femme atteignît le même point que l'homme, il faudrait que, presque adulte, elle fût dressée à l'énergie et à la persévérance, que sa raison et son imagination fussent exercées au plus haut degré ; et alors elle pourrait probablement transmettre ces qualités, surtout à ses filles adultes. Le corps entier des femmes cependant ne pourrait ainsi s'élever qu'à la condition que, pendant de nombreuses générations, celles possédant les vertus robustes précitées fussent mariées et produisissent une plus nombreuse descendance que les autres. Ainsi que nous l'avons déjà remarqué à l'occasion de la force corporelle, bien que les hommes ne se battent plus pour obtenir leurs femmes, et que cette forme de sélection a passé, ils ont généralement à subir pendant l'âge mûr, une lutte sévère pour se soutenir eux et leurs familles, ce qui tend à maintenir et même à augmenter leurs facultés mentales, et comme conséquence, l'inégalité actuelle qui se remarque entre les sexes [24].

Voix et facultés musicales. — Il y a dans quelques espèces de Quadrumanes une grande différence entre les deux sexes adultes, dans la puissance de la voix et le développement des organes vocaux ; différence que l'homme paraît avoir hérité de ses premiers ancêtres. Ses cordes vocales sont plus longues d'un tiers que celles de la femme, ou des jeunes garçons ; et la castration produit sur lui les mêmes effets que sur les animaux inférieurs, car elle « arrête l'accroissement qui rend la thyroïde saillante, etc., et accompagne l'allongement des cordes vocales [25]. » Quant à la cause de cette différence entre les sexes, je n'ai rien à ajouter aux remarques faites dans le dernier chapitre sur les effets probables de l'usage longtemps continué des organes vocaux, par les mâles, sous l'influence de l'amour, la colère et la jalousie. D'après Sir Duncan Gibb [26], la voix varie dans les différentes races humaines; et chez les Tartares, Chinois, etc., on dit que celle de l'homme ne diffère pas autant que dans la plupart des autres races de celle de la femme.

[24] Il y a une observation de Vogt qui a trait à ce sujet : « C'est que la différence qui règne entre les deux sexes relativement à la capacité crânienne, augmente avec la perfection de la race, de sorte que l'Européen s'élève plus au-dessus de l'Européenne, que le nègre au-dessus de la négresse. Welcker a trouvé la confirmation de cette proposition émise par Huschke, dans les mesures qu'il a relevées sur les crânes allemands et nègres. » (*Leçons sur l'Homme*, p. 99, trad. française). Mais Vogt admet que ce point réclame encore des observations.

[25] Owen, *Anat. of Vertebrates*, III, 603.

[26] *Journ. of Anthrop. Soc.*, p. LVII et LXVI, Avril 1869.

L'aptitude et le goût du chant ou de la musique, bien que n'étant pas chez l'homme un caractère sexuel, ne doit pas être ici laissé de côté. Quoique les sons qu'émettent les animaux de toute espèce peuvent avoir des buts nombreux, on peut reconnaître que l'usage primitif des organes vocaux s'est, en se perfectionnant toujours plus, maintenu en rapports avec la propagation de l'espèce. Les Insectes et quelques Araignées sont les seuls animaux qui produisent volontairement des sons, et cela au moyen d'organes de stridulation d'une conformation admirable, qui sont souvent limités aux mâles seuls. Les sons ainsi produits consistent, à ce que je crois, dans tous les cas, en une répétition rhythmique de la même note [27] ; qui est quelquefois agréable même à l'oreille humaine. Leur usage principal et, dans certains cas, exclusif, est ou d'appeler ou de séduire le sexe opposé.

Les sons que produisent les Poissons sont dans quelques cas l'apanage des mâles seuls pendant la saison de la reproduction. Tous les vertébrés à respiration aérienne possèdent nécessairement un appareil pour l'inspiration et l'expiration de l'air, pourvu d'un tube pouvant se fermer à son extrémité. Lorsque les membres primordiaux de cette classe auront été fortement excités, et les muscles contractés avec violence, il en sera résulté presque certainement une émission de sons sans but ; mais qui se trouvant être utiles d'une manière quelconque, auront pu être modifiés ou rendus plus intenses par la conservation de variations convenablement adaptées. Les Amphibiens sont les Vertébrés aériens les plus inférieurs ; et un grand nombre d'entre eux, les crapauds et grenouilles ont des organes

[27] Docteur Scudder, *Notes on Stridulation*, dans *Proc. Boston Soc. of Nat. Hist.*, XI, Avril 1868.

vocaux, qui sont constamment en activité pendant la
saison des amours, et sont souvent beaucoup plus développés chez le mâle que chez la femelle. Dans les
mêmes circonstances, le mâle de la tortue émet seul un
bruit, et les alligators mâles rugissent et beuglent.
Chacun sait dans quelle mesure les oiseaux se servent
de leurs organes vocaux comme moyen de faire leur
cour aux femelles ; quelques espèces pratiquant également ce qu'on pourrait appeler de la musique instrumentale.

Dans la classe des Mammifères, dont nous nous occupons plus particulièrement, les mâles de presque toutes
les espèces se servent de leur voix beaucoup plus qu'à
toute autre époque pendant la saison de la reproduction, en dehors de laquelle il y en a même quelques-
uns qui sont absolument muets. Les deux sexes dans
d'autres espèces, ou les femelles seules, emploient
leur voix comme appel d'amour. En considérant tous
ces faits, et que chez quelques mammifères, les organes
vocaux sont beaucoup plus développés dans le mâle que
la femelle, soit d'une manière permanente, ou temporairement pendant la saison de la reproduction ; considérant que dans la plupart des classes inférieures, les
sons produits par les mâles servent à appeler et à séduire
les femelles, il est étonnant que nous n'ayons pas encore
pu reconnaître si ces organes sont employés par les
mammifères mâles dans le même but. Le *Mycetes caraya*
d'Amérique fait peut-être exception, comme aussi un
de ces singes plus voisins de l'homme, l'*Hylobates agilis*. Ce Gibbon a une voix extrêmement puissante, mais
musicale. M. Waterhouse[28] en dit ce qui suit : « Il m'a

---

[28] Donné dans W C. L. Martin, *General Introd to Nat. Hist. of Mamm.
Animals*, 432, 1841 ; Owen, *Anatomy of Vertebrates*, III, 600. (Gervais

semblé qu'en montant et descendant l'échelle musicale,
les intervalles étaient régulièrement d'un demi-ton,
mais je suis certain que la note la plus élevée était l'octave exacte de la plus basse. Les notes ont une qualité
très-musicale, et je ne doute pas qu'un bon violoniste
ne pût reproduire la composition du gibbon, et en donner une idée correcte, sauf en ce qui concerne son intensité. » M. Waterhouse en donne la notation. Le professeur
Owen, qui aussi est musicien, confirme ce qui précède,
et fait remarquer « qu'on peut dire de ce gibbon qu'il
est le seul des mammifères qui chante. » Il paraît très-
surexcité après son exécution. On n'a malheureusement
jamais observé ses habitudes dans l'état naturel ; mais
à en juger d'après l'analogie avec tous les autres animaux, il est infiniment probable qu'il exécute ses notes
musicales surtout à l'époque des amours.

La perception des cadences musicales et du rhythme,
sinon leur jouissance, est probablement commune à
tous les animaux, et dépend sans aucun doute de la nature physiologique également commune de leurs sys-
tèmes nerveux. Même les Crustacés qui ne peuvent produire aucun son volontaire possèdent certains poils
auditifs qu'on a vu vibrer lorsqu'on faisait entendre
les notes musicales voulues [29]. On sait que les chiens
hurlent lorsqu'ils entendent certains tons particuliers.
Les phoques paraissent apprécier la musique, et ce goût
« bien connu des anciens, ne l'est pas moins des chasseurs d'aujourd'hui, qui en tirent souvent parti [30]. » Chez
tous les animaux, Insectes, Amphibiens et Oiseaux dont
les mâles pendant l'époque de la reproduction, émettent

l'a noté également dans son *Histoire nat. des Mammifères*, vol. I, p. 54,
1854). (*Trad.*)

[29] Helmholtz, *Théorie phys. de la Musique*, 187, 1868.

[30] M. R. Brown, *Proc. Zool. Soc.*, 410, 1868.

sans relâche des sons musicaux ou simplement rhythmiques, nous devons croire que les femelles peuvent
les apprécier et en éprouvent quelque charme; car autrement les incessants efforts des mâles et les conformations complexes qu'ils possèdent souvent d'une
manière exclusive, seraient inutiles.

On admet que chez l'homme, la base ou l'origine de
la musique instrumentale est le chant. Comme relativement à ses habitudes ordinaires de la vie, ni l'aptitude à produire des notes musicales, ni la jouissance
qu'elle procure, ne sont d'aucune utilité directe, nous
pouvons ranger ces facultés parmi les plus mystérieuses
dont il soit doué. Elles sont présentes, bien qu'à un
degré fort inférieur et même presque latent, chez les
hommes de toutes races, même les plus sauvages ; mais
le goût des diverses races est si différent, que les sauvages n'éprouvent aucun plaisir à entendre notre musique, et que la leur nous paraît horrible et sans signification. Le docteur Seemann faisant quelques remarques
intéressantes sur ce sujet[31], « met en doute que même
parmi les nations de l'Europe occidentale, si intime-
ment reliées par les rapports continuels qu'elles ont
ensemble, la musique de l'une soit interprétée de la
même manière par une autre. En voyageant vers l'Est,
nous remarquons certainement un langage musical différent. Les chants de joie et les accompagnements de
danses ne sont plus, comme chez nous, dans les tons
majeurs, mais toujours en mineur. » Que les ancêtres
semi-humains de l'homme aient ou non possédé, comme
le gibbon mentionné plus haut, la capacité de produire
et sans doute d'apprécier des notes musicales, nous

---

[31] *Journal of Anthrop. Soc.*, p. ccv, Oct. 1870. Voy. les derniers chapitres des *Temps préhistoriques* de Sir J. Lubbock 2e édit., qui contien-
nent une description remarquable des habitudes des sauvages.

avons toute raison de croire que l'homme a possédé ces facultés à une époque fort reculée, car le chant et la musique sont des arts très-anciens. La poésie, qu'on peut considérer comme la progéniture du chant, est également si ancienne, que beaucoup de personnes sont étonnées qu'elle ait pris naissance pendant les périodes les plus reculées, dont nous ayons conservé quelque document.

Les facultés musicales qui ne font pas entièrement défaut dans aucune race, sont capables d'un prompt et d'un haut développement, ce que nous montrent les Hottentots et les nègres qui deviennent aisément d'excellents musiciens, bien que, dans leur pays natal, ils n'exécutent rien que nous puissions qualifier de musique. Mais il n'y a rien d'anormal dans ce fait; quelques espèces d'oiseaux qui naturellement ne chantent jamais, apprennent à émettre des sons sans grande difficulté. Ainsi un moineau a appris le chant d'une linotte. Ces deux espèces, étant voisines et appartenant à l'ordre des Insessores qui renferme presque tous les oiseaux chanteurs du globe, il est possible et probable qu'un ancêtre du moineau ait été chanteur. Un fait beaucoup plus remarquable encore est celui que les perroquets faisant partie d'un groupe distinct de celui des Insessores, et ayant des organes vocaux d'une conformation toute différente, peuvent apprendre non-seulement à parler, mais à siffler des airs faits par l'homme, ce qui suppose quelque aptitude musicale. Néanmoins, il serait téméraire d'affirmer que les perroquets descendent de quelque ancêtre chanteur. On pourrait indiquer bien des cas analogues d'organes et d'instincts primitivement adaptés à un usage, ayant par la suite été utilisés dans un but tout différent[32]. L'aptitude à un haut dévelop-

[32] Depuis l'impression de ce chapitre j'ai rencontré un article remar-

pement musical que possèdent donc les races sauvages
humaines, peut être due, soit à ce que leurs ancêtres
semi-humains ont pratiqué quelque forme grossière
de musique, soit simplement à ce qu'ils ont acquis des
organes vocaux appropriés, dans quelque but distinct.
Mais, dans ce dernier cas, nous devons admettre qu'ils
possédaient déjà, comme dans le cas précité des perroquets, et comme cela paraît être le cas chez beaucoup
d'animaux, quelque sentiment de mélodie.

La musique affecte toute émotion, mais elle n'excite
pas par elle-même en nous les émotions terribles de
l'horreur, la colère, etc. Elle éveille les sentiments plus
doux de la tendresse et de l'amour, qui passent volontiers au dévouement. Elle remue aussi les sentiments de
triomphe et l'ardeur glorieuse de la guerre. Ces impressions puissantes et mélangées peuvent bien produire le sens de la sublimité. Selon la remarque du
docteur Seemann, nous pouvons résumer et concentrer
dans une seule note de musique une plus grande intensité de sentiment que dans des pages d'écriture. Il est
probable que les oiseaux éprouvent des émotions analogues, mais plus faibles et moins complexes, lorsque
le mâle développe tout son chant, en concurrence avec
d'autres mâles, pour séduire la femelle. L'amour est
encore le thème le plus commun de nos propres chants.
Ainsi que le remarque Herbert Spencer, « la musique
réveille des sentiments endormis dont nous n'aurions

quable de M. Chauncey Wright (*North American Review*, p. 295, Oct.
1870) qui discutant le sujet en question remarque : « Il y a beaucoup de
conséquences des lois finales ou uniformités de la nature par lesquelles
l'acquisition d'une puissance utile amènera avec elle beaucoup d'avantages, ainsi que d'inconvénients actuels ou possibles qui la limitent,
et que le principe d'utilité n'aura pas compris dans son action. » Ce
principe a une portée considérable, ainsi que j'ai cherché à le démontrer dans le second chapitre de cet ouvrage, sur l'acquisition qu'a faite
l'homme de quelques-unes de ses caractéristiques mentales.

pas conçu la possibilité, et dont nous ne connaissons pas
la signification; ou comme le dit Richter, elle nous parle
de choses que nous n'avons pas vues et que nous ne verrons jamais[55]. Réciproquement, lorsque de vives émotions sont éprouvées et exprimées par un orateur ou
même dans le langage ordinaire, on emploie instinctivement un rhythme et des cadences musicales. Les singes
expriment aussi par des tons différents leurs fortes impressions, — la colère et l'impatience par des tons bas, —
la crainte et la douleur par des tons aigus[54]. Les sensations et les idées que la musique ou les cadences d'un
discours passionné peuvent évoquer en nous paraissent,
par leur étendue vague et leur profondeur, comme des
retours vers les émotions et les pensées d'une époque
depuis longtemps passée.

Tous ces faits relatifs à la musique deviennent jusqu'à un certain point compréhensibles, si nous pouvons
admettre que les tons musicaux et le rhythme étaient
employés par les ancêtres semi-humains de l'homme,
pendant l'époque de la reproduction, où tous les animaux sont sous l'influence excitante des passions les
plus fortes. Dans ce cas, d'après le principe profond des

---

[55] Voy. l'intéressante discussion sur l'*Origine et la fonction de la
musique*, par M. Herbert Spencer, dans ses *Essays*, 559, 1858, dans laquelle l'auteur arrive à une supposition exactement contraire à la
mienne. Il conclut que les cadences employées dans un langage ému
fournissent la base sur laquelle la musique s'est développée, tandis que
je conclus que les notes musicales et le rhythme ont été en premier acquis par les ancêtres mâles ou femelles de l'espèce humaine pour charmer le sexe opposé. Des tons musicaux s'associant ainsi fixément à
quelques-uns des sentiments passionnés les plus énergiques que l'animal
puisse ressentir, sont donc émis instinctivement ou par association, lorsque le langage a de fortes émotions à exprimer. Pas plus que moi
M. Spencer ne peut offrir d'explication satisfaisante pourquoi les notes hautes ou basses expriment certaines émotions, tant chez l'homme
que chez les animaux inférieurs. M. Spencer ajoute une discussion intéressante sur les rapports entre la poésie, le récitatif et le chant.
[54] Rengger, *o. c.*, 49.

II.   23

associations héréditaires, les sons musicaux pourraient réveiller en nous, d'une manière vague et indéterminée, les émotions fortes d'un âge reculé. En nous rappelant que les mâles de quelques quadrumanes ont les organes vocaux bien plus développés que les femelles, et qu'une espèce anthropomorphe peut déployer tout un octave de notes musicales, et presque chanter, l'idée n'a rien d'improbable que les ancêtres de l'homme, mâles ou femelles, ou tous deux, avant d'avoir acquis la faculté d'exprimer leurs tendres sentiments en langage articulé, aient cherché à le faire au moyen de notes musicales et d'un rhythme. Nous savons si peu de chose de l'usage que les quadrumanes font de leur voix dans la saison de l'amour, que nous n'avons presque aucun moyen de juger si l'habitude de chanter a été acquise en premier par les ancêtres mâles de l'humanité ou bien par les ancêtres femelles. Les femmes sont généralement pourvues de voix plus douces que les hommes, et autant que ce fait peut nous servir de guide, il nous permet d'en inférer qu'elles ont été les premières à acquérir des facultés musicales pour attirer l'autre sexe [35]. Mais si cela est arrivé, il doit y avoir fort longtemps; c'est avant que les ancêtres de l'homme fussent devenus assez humains pour apprécier et traiter seulement leurs femmes comme des esclaves utiles. L'orateur passionné, le barde ou le musicien lorsque, par ses tons variés et ses cadences, il fait naître chez ses auditeurs les émotions les plus vives, ne se doute pas qu'il emploie les mêmes moyens que ceux dont à une époque extrêmement reculée, ses ancêtres demi-humains se servaient pour réveiller mutuellement leurs passions ardentes, pendant leurs rivalités et leurs assiduités réciproques.

[35] Voy. une discussion intéressante sur ce sujet dans Häckel, *Generelle Morphologie*; II, 246, 1866.

Influence de la beauté sur les mariages humains. —
L'homme, dans la vie civilisée, est largement, mais non
exclusivement, influencé dans le choix de la femme par
son apparence extérieure ; mais, comme nous avons surtout affaire aux temps primitifs, notre seul moyen de
nous former un jugement sur ce sujet est d'étudier les
habitudes des nations demi-civilisées et sauvages actuelles. Si nous pouvons établir que, dans des races différentes, les hommes préfèrent des femmes présentant
quelques traits caractéristiques, ou, inversement, que
les femmes préfèrent certains hommes, nous aurons
alors à chercher si un tel choix, continué pendant de
nombreuses générations, a dû exercer sur la race, sur
un sexe ou sur les deux, quelque effet sensible ; cette
dernière circonstance dépendant de la forme héréditaire
prédominante.

Montrons d'abord avec quelques détails que les sauvages font très-attention à leur apparence personnelle [36]. Il
est notoire qu'ils ont la passion de l'ornementation, et un
philosophe anglais va jusqu'à soutenir que les vêtements
ont été d'abord faits pour servir d'ornements et non
pour conserver la chaleur. Ainsi que le fait remarquer
le professeur Waitz, « si pauvre et si misérable que soit
un homme, il trouve du plaisir à se parer. » Les Indiens
nus de l'Amérique du Sud attachent une importance
considérable à la décoration de leur corps comme le

---

[36] Le professeur Mantegazza donne une description excellente de la
manière dont, dans toutes les parties du globe les sauvages se décorent,
dans « *Rio de la Plata, Viaggj e Studj*, 1867, p. 525-545 ; » et c'est à cet
ouvrage que nous avons emprunté les documents suivants, lorsque nous
n'indiquons pas une autre origine. Voy. Waitz, *Introd. to Anthropology*,
I, 275, 1863 (trad. anglaise). Laurence, *Lectures on Physiology*, 1822,
entre dans de grands détails. Depuis que j'ai écrit ce chapitre, Sir J
Lubbock a publié son *Origin of Civilisation*, 1870, contenant un intéressant chapitre sur le présent sujet, dont j'ai tiré quelques faits (42, 43)
sur l'habitude qu'ont les sauvages de teindre leurs cheveux et leurs
dents, et de percer celles-ci.

montre le cas « d'un homme de haute taille gagnant
avec peine par un travail de quinze jours de quoi payer
le *chica* nécessaire pour se peindre le corps en rouge[37]. »
Les anciens barbares qui vivaient en Europe à l'époque
du Renne rapportaient dans leurs cavernes tous les objets
brillants ou singuliers qu'ils trouvaient. Aujourd'hui les
sauvages se parent partout de plumes, colliers, brace-
lets, boucles d'oreilles, etc. Ils se peignent des manières
les plus diverses. « Si on avait examiné, » remarque
Humboldt, « les nations peintes avec la même attention
que les nations vêtues, on aurait aperçu que l'imagination la plus fertile et le caprice le plus changeant ont
aussi bien crée des modes de peinture, que des modes
de vêtements. »

Dans une partie de l'Afrique, les paupières sont teintes
en noir, dans d'autres les ongles sont colorées en jaune
ou pourpre. Dans beaucoup de localités les cheveux sont
teints de diverses couleurs. Dans quelques pays, les
dents sont colorées en noir, rouge, bleu, etc., et dans
l'archipel Malai on considère comme honteux d'avoir
des dents blanches comme un chien. On ne saurait
nommer un seul grand pays compris entre les régions polaires au Nord, et la Nouvelle-Zélande au
midi où les indigènes ne se tatouent pas. Cet usage a
été pratiqué par les anciens Juifs, et les Bretons d'autrefois. En Afrique, quelques indigènes se tatouent,
mais beaucoup plus fréquemment font naître des protubérances en frottant de sel des incisions faites sur la
peau de diverses parties du corps. Les habitants du Kor-
dofan et du Darfour considèrent cela comme constituant
de « grands attraits personnels. » Dans les pays Arabes

---

[37] Humboldt, *Personal Narrative* (trad. angl.), IV, 515 ; sur l'imagination déployée dans la peinture du corps, p. 522 ; sur les modifications
dans la forme du mollet, p. 466.

il n'y a pas de beauté parfaite « tant que les joues ou tempes n'ont pas été balafrées[58]. » D'après l'observation de Humboldt, dans l'Amérique du Sud, « une mère serait taxée de coupable indifférence envers ses enfants, si elle n'employait pas des moyens artificiels pour donner au mollet la forme qui est à la mode dans le pays. » Dans l'ancien comme dans le nouveau monde, on modifiait autrefois pendant l'enfance la forme du crâne, de la manière la plus extraordinaire, et il existe encore des endroits où ces déformations sont considérées comme un embellissement. Ainsi les sauvages de la Colombie[59] regardent une tête très-aplatie comme « constituant une condition essentielle de la beauté. »

Les cheveux reçoivent des soins tout particuliers dans divers pays ; on les laisse croître de toute longueur jusqu'à atteindre le sol ; ou on les ramène en « une touffe compacte et frisée, ce qui est l'orgueil et la gloire du Papou[40]. » Dans l'Afrique du Nord, un homme a besoin d'une période de huit à dix ans pour parachever sa coiffure. D'autres peuples se rasent la tête ; il y a des parties de l'Amérique du Sud et de l'Afrique où ils s'arrachent même les sourcils. Les indigènes du Nil supérieur se font sauter les quatre incisives inférieures, en disant qu'ils ne veulent pas ressembler à des brutes. Plus au midi, les Batokas se cassent deux incisives supérieures, ce qui, selon la remarque de Livingstone[41], donne au visage un aspect hideux, par suite de l'accroissement de la mâchoire inférieure ; mais ils considèrent la présence des incisives comme une chose fort laide, et crient en voyant les Européens : « Regardez les grosses dents ! » Le grand

---

[58] *The Nile Tributaries*, 1867; *The Albert N'yanza*, I, 218, 1866.
[59] Cité par Prichard, *Phys. Hist. of Mankind*, 4ᵉ éd., I, 321, 1851.
[40] Sur les Papous, Wallace, *Malay Archipelago*, II, 445. Sur la coiffure des Africains, Sir S. Baker, *The Albert N'yanza*, I, 210.
[41] *Travels*, etc., 533.

chef Sebituani a en vain essayé de changer cette mode.
Dans diverses parties de l'Afrique et de l'archipel Malai,
les indigènes liment leurs dents incisives et y pratiquent
des dentelures semblables à celles d'une scie, ou les
percent de trous, dans lesquels ils sertissent des bou-
tons.

Le visage qui chez nous est la partie la plus admirée,
est donc ainsi chez les sauvages le principal siége des
mutilations. Dans toutes les régions du globe, la cloison,
plus rarement les ailes du nez, sont perforées de trous
dans lesquels on insère des anneaux, baguettes, plumes, et autres ornements. Partout les oreilles sont per-
cées et semblablement ornées. Chez les Botocudos et les
Lenguas de l'Amérique du Sud, les oreilles sont graduellement assez agrandies pour que leurs bords inférieurs
touchent l'épaule. Dans les Amériques du Nord et du
Sud et en Afrique, la lèvre supérieure ou inférieure est
percée; chez les Botocudos l'ouverture de la lèvre inférieure est assez grande pour recevoir un disque de bois
de quatre pouces de diamètre que l'on y insère. Mantegazza reproduit un curieux récit de la honte qu'éprouva
un indigène de l'Amérique du Sud, et du ridicule dont
il fut couvert, pour avoir vendu son *tembeta*, grosse
pièce de bois colorée qui occupait le trou de sa lèvre. Dans
l'Afrique centrale, les femmes se percent la lèvre inférieure et y portent un cristal, auquel les mouvements de
la langue communiquent une agitation frétillante, « qui
pendant la conversation est d'un comique indescriptible. » La femme du chef de Latooka a dit à Sir S. Baker[42]
que sa femme serait « bien plus jolie si elle voulait enlever ses quatre incisives inférieures et porter sur la
lèvre correspondante un cristal à longue pointe polie. »

[42] *The Albert N'yanza*, I, 217, 1866.

Plus au midi, chez les Makalolo, c'est la lèvre supérieure
qui est perforée, pour porter un gros anneau en métal et
bambou, qui s'appelle un *pelélé.* « Ceci déterminait chez
une femme une projection de la lèvre qui dépassait de
deux pouces l'extrémité du nez; et la contraction des
muscles lorsque cette femme souriait, relevait sa lèvre
jusqu'au-dessus des yeux. On demanda au chef vénérable
Chinsurdi, pourquoi les femmes portaient de pareils objets. Évidemment étonné d'une question aussi bête, il répondit : « Pour la beauté ! Ce sont les seules belles choses
que les femmes possèdent ; les hommes ont des barbes,
les femmes point. Quel genre de personne seraient-elles
sans le pelélé? Elles ne seraient pas du tout des femmes,
avec une bouche comme l'homme, mais sans barbe[45]. »

Il n'y a pas une partie du corps qui ait échappé
aux modifications artificielles. Elles doivent causer de
très-grandes souffrances, car beaucoup de ces opérations réclament plusieurs années pour être complètes; il
faut donc que l'idée de leur nécessité soit impérative. Les
motifs en sont divers : les hommes se peignent le corps
pour paraître terribles dans les combats ; certaines mutilations se rattachent à des rites religieux; ou marquent
l'âge de puberté, le rang de l'homme, ou bien servent à
distinguer les tribus. Les mêmes modes durant de longues périodes, chez les sauvages[44], des mutilations,
faites à l'origine, dans un but quelconque, prennent
bientôt de la valeur comme marques distinctives. Mais le
besoin de se parer, la vanité et l'admiration d'autrui en
paraissent être les motifs les plus ordinaires. Les mis-

---

[45] Livingstone, *British Association*, 1860; rapport donné dans l'*Athenæum*, July 1860, p. 29.

[44] Sir S. Baker (*o. c.* I, 210) parlant des indigènes de l'Afrique centrale
dit, que chaque tribu a sa mode distincte et invariable pour l'arrangement des cheveux. Voy. sur l'invariabilité du tatouage des Indiens de
l'Amazone, Agassiz (*Journey in Brazil*, 318, 1868).

sionnaires de la Nouvelle-Zélande m'ont dit, au sujet du
tatouage, qu'ayant cherché à persuader quelques jeunes
filles à renoncer à cette pratique, elles avaient répondu :
« Il faut que nous ayons quelques lignes sur nos lèvres,
car autrement nous serions trop laides en devenant vieilles. » Chez les hommes de la Nouvelle-Zélande, un juge
compétent[45] dit que « la grande ambition des jeunes
est d'avoir des figures bien tatouées, tant pour plaire aux
dames que pour se mettre en évidence à la guerre. »
Une étoile tatouée sur le front et une tache sur le
menton sont, dans une partie de l'Afrique, considérées
par les femmes comme des attraits irrésistibles[46].
Dans la plupart des parties du monde, mais pas dans
toutes, les hommes sont plus ornés que les femmes,
et cela souvent d'une manière différente; quelquefois,
mais cela est rare, les femmes ne le sont presque pas
du tout. Les sauvages obligent les femmes à faire la
plus grande portion de leur ouvrage, et ne leur permettent pas de manger les aliments de la meilleure qualité ; l'égoïsme caractéristique de l'homme en déduit
qu'elles ne peuvent porter les plus beaux ornements.
Enfin c'est un fait remarquable et que prouvent les citations précédentes, que les mêmes modes de modifications dans la forme de la tête, l'ornementation de la
chevelure, la peinture et le tatouage du corps, le per-
cement du nez, des lèvres ou des oreilles, l'enlève-
ment ou le limage des dents, etc., prédominent encore,
comme elles l'ont fait depuis longtemps, dans les parties
les plus éloignées du globe. Il est fort improbable que
ces pratiques auxquelles tant de nations distinctes se
livrent, soient dues à une tradition provenant d'une
source commune. Elles indiquent plutôt, de même que

[45] Rev. R. Taylor, *New Zealand and its Inhabitants*, 152, 1855.
[46] Mantegazza, *Viaggj e Studj*, 542.

les habitudes universelles de la danse, des mascarades,
et de l'exécution grossière des images, une ressemblance
étroite de l'esprit de l'homme, à quelque race qu'il ap-
partienne.

Après ces remarques préliminaires sur l'admiration
que les sauvages éprouvent pour divers ornements, et
même pour des déformations qui nous paraissent hideuses, voyons jusqu'à quel point l'aspect de leurs femmes
a de l'attrait pour les hommes, et quelles sont leurs idées
sur la beauté. Comme on a soutenu que les sauvages
sont tout à fait indifférents à la beauté de leurs femmes,
qu'ils ne les regardent que comme des esclaves, il est bon
de remarquer que cette conclusion ne s'accorde nullement avec les soins que les femmes prennent à s'embellir, non plus qu'avec leur vanité. Burchell[47] cite un
amusant exemple d'une femme boschimane qui employait assez de graisse, d'ocre rouge et de poudre brillante « pour ruiner un mari qui ne serait pas très-riche. »
Elle manifestait aussi « beaucoup de vanité, et une conscience trop évidente de sa supériorité. » M. Winwood
Reade m'apprend que sur la côte occidentale, les nègres
discutent souvent la beauté de leurs femmes. Quelques
observateurs compétents attribuent la fréquence ordinaire de l'infanticide au désir qu'ont les femmes de
conserver leur bon air[48]. Dans plusieurs régions les
femmes portent des charmes et des philtres pour gagner
l'affection des hommes ; et M. Brown décrit quatre
plantes qu'emploient à cet usage les femmes du nord-
ouest de l'Amérique[49].

[47] *Travels in S. Africa*, I, 414, 1824.
[48] Voir Gerland, *Ueber das Aussterben der Naturvölker*, 51, 53, 55,
1868 ; Azara, *Voyages*, etc., II, 116.
[49] Sur les Productions végétales employées par les Indiens de l'Amérique du Nord-Ouest, *Pharmaceutical Journal*, X.

Hearne[50] qui a vécu longtemps avec les Indiens d'A-
mérique, et qui était excellent observateur, dit en parlant
des femmes : « Demandez à un Indien du Nord ce qu'est
la beauté, il répondra, un visage large et plat, de petits
yeux, des pommettes saillantes, trois ou quatre lignes
noires assez larges au travers de chaque joue, un front
bas, un gros menton élargi, un nez massif en crochet,
une peau bronzée, et des seins pendant jusqu'à la cein-
ture. » Pallas qui a visité les parties septentrionales de
l'empire chinois, dit : « On préfère les femmes qui ont
le type mandschou ; c'est-à-dire un visage large, de fortes pommettes, le nez très-élargi et d'énormes oreilles[51], » et Vogt fait la remarque que l'obliquité de
l'œil qui est particulière aux Chinois et aux Japonais est
exagérée dans leurs peintures, surtout lorsqu'il s'agit de
faire ressortir la beauté et la splendeur de leur race aux
yeux des barbares à cheveux rouges. Il est bien connu,
ainsi que Huc en a fait plusieurs fois la remarque,
que les Chinois de l'intérieur trouvent que les Européens sont hideux avec leur peau blanche et leur nez
saillant. D'après nos idées, le nez est loin d'être trop
saillant chez les habitants de Ceylan, cependant « au
septième siècle les Chinois habitués aux traits aplatis
des races mongoles, furent si étonnés de la proéminence des nez des Cingalais, que Thsang les a décrits
comme ayant avec le corps d'un homme, le bec d'un
oiseau. »

Finlayson, après avoir minutieusement décrit les habitants de la Cochinchine, remarque qu'ils sont caractérisés par leurs têtes et visages arrondis, et ajoute « la ron-
deur de toute la figure est plus frappante chez les fem-

---

[50] *A Journey from Prince of Wales Fort*, p. 89, 1796.
[51] Cité par Prichard, *Phys. Hist. of Mankind*, 3ᵉ éd., IV, 519, 1844.
Vogt, *Leçons sur l'Homme*, p. 466 (trad. française). Sur l'opinion des
Chinois chez les Cingalais, E. Tennent, *Ceylan*, II, 107, 1859.

mes, dont la beauté est estimée d'autant plus que cette forme est plus prononcée. » Les Siamois ont de petits nez avec narines divergentes, une large bouche, des lèvres un peu épaisses, un très-grand visage, à pommettes très-saillantes et éloignées. Il n'est donc pas étonnant que, « la beauté telle que nous la concevons leur soit étrangère. Ils considèrent cependant leurs femmes comme beaucoup plus belles que les Européennes[52]. » On sait que les femmes hottentotes ont souvent la partie postérieure du corps très-développée, et sont stéatopyges ; — particularité que les hommes, d'après Sir Andrew Smith[53] admirent beaucoup. Il en a vu une regardée comme une beauté, dont les fesses étaient si énormément développées, qu'une fois assise sur un sol horizontal elle ne pouvait plus se relever, et devait pour le faire, ramper jusqu'à ce qu'elle rencontrât une pente. Le même caractère se retrouve chez quelques femmes de diverses tribus nègres ; et d'après Burton les hommes de Somal « choisissent leurs femmes en les rangeant en ligne, et prenant celle qui *a tergo* fait la plus forte saillie. Rien ne peut paraître plus détestable à un nègre que la forme opposée[54]. »

En ce qui concerne la couleur, les nègres raillèrent Mungo Park sur la blancheur de sa peau et la saillie de son nez, deux conformations qui leur paraissaient « laides et pas naturelles. » Quant à lui, il loua le reflet brillant de leur peau et la gracieuse dépression de leur nez ; ce qu'ils prirent pour une flatterie. Ils lui don-

---

[52] Prichard, emprunté à Crawfurd et Finlayson, *Phys. Hist. of Mankind*, IV, 554, 555.

[53] « Idem illustrissimus viator dixit mihi præcinctorium vel tabulam feminae quod nobis teterrimum est, quondam permagno æstimari ab hominibus in hac gente. Nunc res mutata est, et censent talem conformationem minime optandam esse. »

[54] *Anthrop. Review*, p. 237, Nov. 1864. Waitz, *Introd. to Anthropology*, I, 105, 1863 (trad. anglaise).

nèrent pourtant de la nourriture. Les Maures africains
fronçaient les sourcils et paraissaient frissonner à la vue
de sa peau blanche. Sur la côte orientale, lorsque les
enfants nègres virent Burton, ils s'écrièrent : « Voyez
l'homme blanc, ne ressemble-t-il pas à un singe blanc? »
Sur la côte occidentale, à ce que je tiens de M. Winwood Reade, les nègres admirent une peau très-noire
beaucoup plus qu'une peau ayant une teinte plus claire.
Le même voyageur croit qu'on peut attribuer en partie
leur horreur de la couleur blanche à la croyance qu'ont
la plupart des nègres que c'est celle des démons et des
esprits.

Les Banyai sont des nègres habitant la partie la plus
méridionale du continent, mais « un grand nombre
d'entre eux sont d'une couleur café au lait claire, qui est
considérée, dans tout le pays, comme belle. » Il y a donc
là un autre type de goût. Chez les Cafres qui diffèrent
beaucoup des nègres, « les tribus de la baie Delagoa
exceptées, la peau n'est pas habituellement noire, sa
couleur dominante étant un mélange de noir et de rouge,
et sa nuance la plus commune celle du chocolat. Les
tons foncés étant les plus répandus sont naturellement
les plus estimés, et un Cafre croirait recevoir un mauvais compliment si on lui disait qu'il est clair de couleur,
ou qu'il ressemble à un blanc. On m'a parlé d'un in-
fortuné qui était si peu coloré qu'aucune femme ne voulait l'épouser. » Un des titres du roi Zulu est « Toi qui
es noir [55]. » M. Galton en me parlant des indigènes de
l'Afrique méridionale, me fit remarquer que leurs idées
sur la beauté sont fort différentes des nôtres ; car il a

---

[55] Mungo Park, *Travels in Africa*, 55, 131, 1816. L'assertion de Burton
est citée par Schaaffhausen, *Archiv. für Anthropolog.*, 1866, 163. Sur les
Banyai, *Livingstone*, *Travels*, 64. Sur les Cafres, le Rev. J. Shooter, *The
Kafirs of Natal and the Zulu country*, I, 1857.

vu dans une tribu deux jeunes filles minces, sveltes et jolies, que les indigènes n'admiraient point du tout.

Si nous passons à d'autres parties du globe, à Java, d'après madame Pfeiffer, une femme jaune et non pas blanche, est considérée comme une beauté. Un Cochin-chinois « parla dédaigneusement de la femme de l'ambassadeur anglais à cause de ses dents blanches semblables à celles d'un chien, et de son teint rose comme celui des fleurs de pommes de terre. » Nous avons vu que les Chinois n'aiment pas notre peau blanche, et que les Américains du Nord admirent une « peau basanée. » Dans l'Amérique du Sud, les Yura-caras qui habitent les pentes boisées et humides des Cordillères orientales, sont remarquablement pâles de couleurs, ce que leur nom exprime dans leur langue ; néanmoins ils considèrent les femmes Européennes comme très-inférieures aux leurs [56].

Dans plusieurs tribus de l'Amérique du Nord, les cheveux atteignent une longueur remarquable, et Catlin cite comme une preuve curieuse de l'importance qu'on attache à ce fait, l'élection du chef des Crows. Il fut choisi parce que c'était l'homme de la tribu ayant les cheveux les plus longs ; ces cheveux mesuraient 10 pieds et 7 pouces (5^m,225). Les Aymaras et Quichuas de l'Amérique du Sud ont également des cheveux très-longs, et je tiens de M. D. Forbes qu'ils les considèrent comme une telle marque de beauté, que la punition la plus sévère qu'on puisse leur infliger est de les couper. Dans les deux moitiés du continent les indigènes augmentent la longueur apparente de leur chevelure en y entrelaçant des matières fibreuses. Bien que les cheveux soient ainsi esti-

---

[56] Pour les Javanais et Cochinchinois, Waitz, o. c., I, 505. Sur les Yura-caras, A. d'Orbigny cité par Prichard dans *Phys. Hist.*, etc., V, 476, 3e édit.

més, les Indiens du nord de l'Amérique regardent comme
« très-vulgaires » les poils du visage, et ils les arrachent
avec grand soin. Cette pratique règne dans tout le continent américain, de l'île Vancouver au nord, à la Terre-
de-Feu au midi. Lorsque York Minster, un Fuégien à
bord du *Beagle*, fut ramené dans son pays, les indigènes
lui conseillèrent d'arracher les quelques poils qu'il
avait sur le visage. Ils menacèrent aussi un jeune missionnaire de le déshabiller et de lui enlever tous les poils
du visage et du corps, bien qu'il ne fût pourtant pas un
homme très-velu. Cette mode est poussée à un tel extrême chez les Indiens du Paraguay, qu'ils s'arrachent
les poils des sourcils et les cils, pour ne pas ressembler
à des chevaux[57].

Il est remarquable que, dans le monde entier, les
races qui sont complétement privées de barbe n'aiment
pas les poils sur le visage et le corps, et se donnent la
peine de les arracher. Les Kalmouks sont sans barbe,
et, comme les Américains, s'enlèvent tous les poils épar-
pillés ; il en est de même chez les Polynésiens, quelques
Malais, et les Siamois. M. Veitch constate que les dames
japonaises « nous reprochaient nos favoris, les regardant comme fort laids, et voulaient que nous les enle-
vions, pour être comme les Japonais. » Les Nouveaux-
Zélandais sont sans barbe ; ils s'arrachent avec soin les
poils du visage, et ont pour dicton « qu'il n'y a pas de
femme pour un homme velu[58]. »

D'autre part, les races qui possèdent la barbe l'admi-

---

[57] *North American Indians*, par G. Catlin, I, 40 ; II, 237, 5ᵉ édit.,
1842. Sur les naturels de l'île Vancouver, voy. Sproat, *Scenes and Studies of Savage life*, 25, 1868. Sur les Indiens du Paraguay, Azara,
Voyages, etc., II, 105.

[58] Sur les Siamois, Prichard, *o. c.*, IV, 533. Japonais, Veitch, dans
Gardener's Chronicle, p. 1104, 1860. Nouveaux-Zélandais, Mantegazza,
Viaggj, etc., 526, 1867. Pour les autres nations voy. les références dans
Lawrence, *Lectures on Physiology*, etc. 272, 1822.

rent et l'estiment beaucoup. Chaque partie du corps, d'après les lois des Anglo-Saxons, avait une valeur reconnue, « la perte de la barbe étant estimée à vingt schellings, tandis que la fracture d'une cuisse n'était fixée qu'à douze[59]. »

En Orient, les hommes jurent solennellement par leur barbe. Nous avons vu que Chinsurdi, chef des Makalolos en Afrique, regardait la barbe comme un grand ornement. Chez les Fidjiens, dans le Pacifique, « la barbe est abondante et touffue, et ils en sont très-fiers; » « tandis que les habitants des archipels voisins de Tonga et Samoa sont sans barbe et détestent un menton velu. » Dans une seule île du groupe Ellice, « les hommes ont de fortes et grosses barbes dont ils ne sont pas peu fiers[60]. »

Nous voyons donc combien les diverses races humaines diffèrent dans leur goût pour le beau. Dans toute nation assez avancée pour façonner des effigies de ses dieux ou de ses législateurs déifiés, les sculpteurs se sont sans doute efforcés d'exprimer leur idéal le plus élevé du beau et de la grandeur[61]. Sous ce point de vue, nous pouvons comparer le Jupiter ou l'Apollon des Grecs aux statues égyptiennes ou assyriennes, et celles-ci avec les affreux bas-reliefs des monuments en ruines de l'Amérique centrale.

Je n'ai rencontré que peu d'assertions contraires à cette conclusion. M. Winwood Read, cependant, qui a eu de nombreuses occasions d'observer, non-seulement les nègres de la côte occidentale d'Afrique, mais aussi ceux de l'intérieur, qui n'ont jamais été en relations avec les

---

[59] Lubbock, *Origin.*, etc., 321, 1870.

[60] Le docteur Barnard Davis cite Prichard et d'autres pour ce qui est relatif aux Polynésiens, dans *Anthrop. Review*, 185; 191, 1870.

[61] Ch. Comte fait quelques remarques sur ce sujet dans son *Traité de législation*, 136; 3e édit.; 1857.

Européens, est convaincu que leurs idées sur la beauté
sont *en somme* les mêmes que les nôtres. Il a, à plusieurs reprises, trouvé qu'il était d'accord avec les nègres sur l'estimation de la beauté des jeunes filles indigènes, et que leur appréciation de celle des femmes
européennes correspondait avec la nôtre. Ils admirent
les longs cheveux et emploient des moyens artificiels
pour en augmenter en apparence l'abondance ; ils admirent aussi la barbe, bien qu'ils n'en aient que fort peu.
M. Reade est resté dans le doute sur le genre de nez qui
est le plus apprécié. Une femme ayant déclaré qu'elle ne
voulait « pas épouser un homme parce qu'il n'avait pas
de nez, » il semble résulter de là qu'un nez très-aplati
n'est pas très-admiré. Il faut toutefois se rappeler que les
types à nez déprimés très-larges et à mâchoires saillantes
des nègres de la côte occidentale, sont exceptionnels
parmi les habitants de l'Afrique. Malgré les assertions
qui précèdent, M. Reade ne croit pas probable que les
nègres préférassent jamais, « par les seuls motifs d'admiration physique, la plus belle Européenne à une négresse d'une belle venue[62]. »

Un grand nombre de faits montrent la vérité du principe déjà énoncé par Humboldt[63], que l'homme admire
et cherche souvent à exagérer les caractères quelconques
qui lui ont été départis par la nature. L'usage des races
imberbes d'extirper toute trace de poils sur le visage et

---

[62] Les Fuégiens, d'après le rapport d'un missionnaire qui a longtemps
résidé chez eux, regardent les femmes européennes comme fort belles ;
mais d'après ce que j'ai vu du jugement d'autres indigènes américains, il me semble que cela doit être erroné, à moins qu'il ne s'agisse de
quelques Fuégiens qui, ayant vécu pendant quelque temps avec des Européens, doivent les considérer comme des êtres supérieurs. J'ajouterai
qu'un observateur expérimenté, le cap. Burton, croit qu'une femme que
nous considérons comme belle est admirée dans le monde entier. *Anthrop. Review*, March, 245, 1864.

[63] *Personal Narrative*, IV, 518 (trad. ang.). Mantegazza, *Viaggi e
Studj*, 1867, insiste fortement sur ce même principe.

généralement sur tout le corps en est un exemple.
Beaucoup de peuples anciens et modernes ont fortement modifié la forme du crâne, et il est assez probable
qu'ils ont, surtout dans l'Amérique du Nord et du Sud,
pratiqué cet usage pour exagérer quelque particularité
naturelle et recherchée. Beaucoup d'Indiens américains
admirent une tête assez aplatie pour nous paraître semblable à celle d'un idiot. Les indigènes de la côte nord-
ouest compriment la tête pour lui donner la forme d'un
cône pointu. En outre, ils ramènent constamment leurs
cheveux pour en former un nœud à l'extrémité de la
tête, dans le but, comme le fait remarquer le docteur
Wilson, « d'accroître l'élévation apparente de la forme
conoïde, qu'ils affectionnent. » Les habitants d'Arakhan
admirent « un front large et lisse, et, pour le produire,
attachent une lame de plomb sur la tête des enfants
nouveau-nés. » D'autre part, « un occiput large et bien
arrondi est considéré comme une grande beauté chez
les indigènes des îles Fidji[64]. »

Il en est du nez comme du crâne. A l'époque d'Attila,
les anciens Huns avaient l'habitude d'aplatir par des
bandages le nez de leurs enfants « afin d'exagérer une
conformation naturelle. » A Tahiti, la qualification de
nez long est une insulte, et, en vue de la beauté, les
Tahitiens compriment le nez et le front de leurs enfants. Il en est de même chez les Malais de Sumatra, les
Hottentots, certains nègres et les naturels du Brésil[65].

[64] Sur les crânes des tribus américaines, Nott et Gliddon, _Types of
Mankind_, 440, 1854; Prichard, _o. c._, I, 321; sur les natifs d'Arakhan,
_id._, IV, 537. Wilson, _Physical Ethnology, Smithsonian Inst._, 288, 1863;
sur les Fidjiens, 290, Sir J. Lubbock (_Prehistoric Times_, 2e éd., 506,
1869) donne un excellent résumé sur ce sujet

[65] Sur les Huns, Godron, _De l'Espèce_, II, 300, 1859. Sur les Tahitiens,
Waitz, _Anthropologie_, I, 305 (tr. angl.). Marsden cité dans Prichard,
_o. c._, V, 67. Lawrence, _o. c._, 537.

II.   24

Les Chinois ont naturellement les pieds fort petits[66], et il est bien connu que les femmes des classes élevées déforment leurs pieds pour en réduire encore les dimensions. Enfin Humboldt croit que les Indiens de l'Amérique aiment à se colorer le corps avec un vernis rouge pour exagérer leur teinte naturelle, comme les femmes européennes ont souvent cherché à augmenter leurs couleurs déjà vives par l'emploi de cosmétiques rouges et blancs. Je doute pourtant que telle ait été l'intention de beaucoup de peuples barbares en se peignant ainsi.

Nous trouvons exactement le même principe et les mêmes tendances vers le désir de tout exagérer à l'extrême dans nos propres modes, qui manifestent ainsi le même esprit d'émulation. Mais les modes des sauvages sont bien plus permanentes que les nôtres, ce qui est nécessairement le cas lorsqu'elles ont artificiellement modifié leur corps. Les femmes arabes du Nil supérieur mettent environ trois jours pour arranger leurs cheveux ; elles n'imitent jamais les femmes d'autres tribus, « mais rivalisent entre elles pour la perfection de leur propre style. » Le docteur Wilson, parlant des crânes comprimés de diverses races américaines, ajoute : « de tels usages sont de ceux qu'on peut le moins déraciner, ils survivent longtemps au choc des révolutions qui changent les dynasties et effacent des particularités nationales d'une bien autre importance[67]. » Ce même principe joue un grand rôle dans l'art de la sélection et nous fait comprendre, ainsi que je l'ai expliqué ailleurs[68], le développement étonnant de toutes les races d'animaux et de plantes

---

[66] Ce fait a été vérifié dans le voyage de la *Novara*; partie Anthropologique; docteur Weisbach, 265, 1867.

[67] *Smithsonian Institution*, 289, 1863. Sur les modes des femmes arabes, Sir S. Baker, *The Nile Tributaries*, 121, 1867.

[68] *La Variation des Animaux et Plantes*, etc., vol. I; 227; II; 254.

qu'on élève dans un unique but de fantaisie et de luxe. Les amateurs d'élevage désirent toujours que chaque caractère soit quelque peu augmenté; ils ne font aucun cas d'un type moyen; ils ne cherchent pas non plus un changement brusque et très-prononcé dans le caractère de leurs races; ils n'admirent que ce qu'ils sont habitués à contempler, tout en désirant ardemment de voir toujours chaque trait caractéristique se développer de plus en plus.

Il n'est pas douteux que les facultés perceptives de l'homme et des animaux ne soient constituées de manière à ce que les couleurs brillantes et certaines formes, aussi bien que des sons rhythmiques et harmonieux, leur procurent du plaisir et soient regardées comme choses belles; mais nous ne savons pas plus pourquoi il en est ainsi, que pourquoi certaines sensations corporelles sont agréables et d'autres désagréables. Certainement il n'existe dans l'esprit de l'homme aucun type universel de beauté en ce qui concerne le corps humain. Il est toutefois possible qu'avec le temps, certains goûts puissent être transmis par hérédité, bien que je n'aie connaissance d'aucune preuve du fait. Chaque race posséderait donc son type idéal inné de beauté. On a avancé[60] que la laideur consiste en un rapprochement vers la conformation des animaux inférieurs, ce qui est sans doute vrai pour les nations civilisées, où l'intelligence est hautement appréciée; mais un nez deux fois plus long ou des yeux deux fois plus grands, sans être un rapprochement vers la structure d'aucun animal inférieur, n'en seraient pas moins hideux. Dans chaque race, l'homme préfère ce qu'il a l'habitude de voir, il n'admet pas de grands changements; mais il

---

[60] Schaaffhausen, *Archiv für Anthropologie*, 164, 1866.

aime la variété et apprécie tout trait caractéristique
nettement tranché sans être trop exagéré[70]. Les hommes
accoutumés à une figure ovale, à des traits réguliers et
droits, et aux couleurs claires , admirent, comme nous
Européens le savons, ces points lorsqu'ils sont bien
développés. D'autre part, les hommes habitués à un visage large, à pommettes saillantes, nez déprimé, et peau
noire, admirent ces caractères lorsqu'ils sont fortement
prononcés. Les caractères de toute espèce peuvent sans
doute facilement dépasser les limites exigées pour la
beauté. Une beauté parfaite, impliquant des modifications particulières d'un grand nombre de caractères,
sera donc dans toute race un prodige. Comme l'a dit, il y
a longtemps, le grand anatomiste Bichat, si tous les êtres
étaient coulés dans le même moule, la beauté n'existe-
rait pas. Si toutes nos femmes devenaient aussi belles
que la Vénus de Médicis, nous serions pendant quelque
temps sous le charme, mais nous désirerions bientôt
de la variété, et dès qu'elle serait réalisée, nous vou-
drions voir chez nos femmes certains caractères s'exagérer un peu au delà du type commun.

[70] M. Bain a recueilli (*Mental and Moral Science*, 304–314, 1868) environ une douzaine de théories plus ou moins différentes sur l'idée de
beauté ; mais aucune n'est identique avec celle donnée ici.

CHAPITRE XX

Nous venons de voir, dans le chapitre précédent, que
toutes les races barbares apprécient hautement les ornements, les vêtements et l'apparence extérieure, et que
les hommes jugent de la beauté de leurs femmes d'a-
près des types fort différents. Nous avons maintenant à
rechercher si cette préférence des femmes considérées
par les hommes dans chaque race comme les plus attrayantes et la sélection soutenue qui en a été la conséquence, pendant de nombreuses générations, ont altéré
seulement les caractères des femmes, ou ceux des deux
sexes. La règle générale chez les mammifères paraissant
être l'égale hérédité des caractères de tous genres par
les mâles et les femelles, nous pourrions donc nous attendre à ce que, dans l'espèce humaine, tous les caractères acquis par sélection sexuelle par les femmes, auront ordinairement été transmis aux descendants des
deux sexes. S'il y a eu des changements réalisés de cette
manière, il est presque certain que les diverses races

auront été différemment modifiées, chacune suivant son type propre de beauté.

Dans l'espèce humaine, surtout chez les sauvages, de nombreuses causes viennent s'immiscer dans les effets de la sélection sexuelle, en ce qui concerne l'ensemble du corps. Les hommes civilisés sont largement attirés par les charmes de l'esprit des femmes, leur fortune et surtout leur position sociale ; car ils se marient rarement dans un rang social beaucoup inférieur à celui qu'ils occupent. Les hommes qui réussissent à avoir les femmes les plus belles n'ont pas une meilleure chance que d'autres de laisser une longue lignée de descendants, à l'exception du petit nombre qui lèguent leur fortune selon la primogéniture. Quant à la forme opposée de la sélection, celle des hommes par les femmes, bien que dans les pays civilisés celles-ci aient le choix entièrement ou à peu près libre, ce qui n'est pas le cas chez les races barbares, ce choix est cependant largement influencé par la position sociale et la fortune de l'homme, dont le succès dans la vie dépend beaucoup de ses facultés intellectuelles et de son énergie, ou des fruits que ces mêmes facultés ont produit chez ses aïeux.

Il y a toutefois des raisons de croire que la sélection sexuelle a fait quelque chose chez certaines nations civilisées ou à moitié civilisées. Beaucoup de personnes ont la conviction, qui me paraît juste, que les membres de notre aristocratie, en comprenant sous ce terme toutes les familles opulentes chez lesquelles la primogéniture a longtemps prévalu, sont devenus plus beaux selon le type de beauté européen admis, que les membres des classes moyennes, par le fait qu'ils ont, pendant de nombreuses générations, choisi dans toutes les classes les femmes les plus belles pour les épouser ; les classes moyennes étant cependant placées dans des conditions également favo-

rables à un parfait développement du corps. Cook fait
la remarque que la supériorité de l'apparence personnelle « qu'on observe chez les nobles de toutes les autres
îles du Pacifique se retrouve dans les îles Sandwich ; »
ce qui peut pourtant être dû à une meilleure nourriture
et à un autre genre de vie.

L'ancien voyageur Chardin, décrivant les Persans, dit
que « leur sang est actuellement très-amélioré par de
fréquents mélanges avec les Géorgiens et les Circassiens,
deux peuples qui l'emportent sur l'univers entier par
leur beauté personnelle. Il y a en Perse peu d'hommes
d'un rang élevé qui ne soient nés d'une mère géor-
gienne ou circassienne. » Il ajoute « qu'ils héritent de
la beauté de leurs mères, et non de leurs ancêtres ; car
sans le mélange en question, les Persans de distinction,
qui sont descendants des Tartares, seraient fort laids[1]. »
Voici un cas plus curieux : les prêtresses attachées au
temple de Vénus Erycina à San-Giuliano en Sicile, choisies dans toute la Grèce entre les plus belles, n'étant pas
assujetties aux mêmes obligations que les vestales, il en
est résulté, suivant de Quatrefages[2], qu'encore aujour-
d'hui les femmes de San-Giuliano sont célèbres comme
les plus belles de l'île et recherchées comme modèles
par les artistes. Les preuves cependant sont douteuses
dans les deux cas que nous venons de citer.

Le cas suivant, bien qu'ayant trait à des sauvages,
mérite, à cause de sa curiosité, d'être rapporté. M. Winwood Reade m'apprend que les Jollofs, tribu nègre de la
côte occidentale d'Afrique « sont remarquables par leur
aspect général de beauté. » Un des amis de M. W. Reade

---

[1] Ces citations sont prises dans Lawrence (*Lectures on Physiology*, etc.,
505, 1822), qui attribue la beauté des classes supérieures en Angleterre,
au fait que les hommes ont longtemps choisi les femmes les plus belles.
[2] Anthropologie, *Rev. des Cours scientifiques*, 721, Oct. 1868.

ayant demandé à l'un de ces nègres : « Comment se fait-il
que vous ayez tous si bonne façon, non-seulement vos
hommes, mais aussi vos femmes? » Le Jollof répondit :
« C'est facile à comprendre : nous avons toujours eu l'habitude de trier nos esclaves les plus laides pour les ven-
dre. » Il est inutile d'ajouter que, chez tous les sauvages, les femmes esclaves servent de concubines. Que ce
nègre ait, à tort ou à raison, attribué la belle apparence
de sa tribu à une élimination longtemps continuée des
femmes laides, ce n'est pas si étonnant que cela peut
paraître tout d'abord, car j'ai montré ailleurs[5] que les
nègres apprécient pleinement l'importance de la sélection dans l'élevage de leurs animaux domestiques, fait
pour lequel je pourrais emprunter à M. Reade de nouvelles preuves.

*Sur les causes qui empêchent et limitent l'action de la
sélection sexuelle chez les sauvages.* — Les causes principales sont premièrement, la promiscuité; secondement,
l'infanticide, surtout des enfants du sexe féminin; troisièmement, les fiançailles précoces; enfin le peu de cas
qu'on fait des femmes, que l'on considère comme de
simples esclaves. Ces quatre points méritent d'être examinés avec quelques détails.

Il est évident qu'aussi longtemps que l'appariage de
l'homme ou de tout autre animal est laissé au hasard,
sans que l'un des deux sexes fasse de choix, il n'y a
pas de sélection sexuelle; car aucun effet ne sera produit sur la descendance par la réussite de certains individus. On assure maintenant qu'il existe des tribus qui
pratiquent ce que Sir J. Lubbock appelle des mariages
communaux; c'est-à-dire que tous les hommes et toutes
les femmes de la tribu sont réciproquement maris et

---

[5] *De la Variation*, etc., vol. II, p. 240 (trad. franç., 1868).

épouses vis-à-vis les uns des autres. Bien que le dé-
réglement soit très-grand chez les sauvages, il me
semble pourtant que de nouvelles preuves seraient nécessaires avant d'admettre la promiscuité absolue dans
leurs relations. Néanmoins tous les auteurs qui ont étudié de près le sujet [4], et dont les appréciations ont plus
de valeur que les miennes, croient que le mariage commun a dû être la forme primitive et universelle régnant
dans le monde entier, comprenant même les relations
entre frères et sœurs. Les preuves indirectes appuyant
cette opinion sont très-fortes, et reposent surtout sur
les termes exprimant les rapports de parenté employés
par les membres d'une même tribu, et qui impliquent
une relation avec la tribu seule, et non avec des parents
distincts. Ce sujet est trop étendu et trop compliqué
pour que je puisse même en donner ici un aperçu ; je me
bornerai donc à présenter quelques observations. Il
est évident que dans le cas des mariages communs, ou
de ceux où le lien conjugal est très-relâché, la parenté
de l'enfant vis-à-vis de son père reste inconnue. Mais il
serait incroyable que celle de l'enfant avec sa mère pût
jamais avoir été ignorée complétement, d'autant moins
que dans la plupart des tribus sauvages, les femmes
nourrissent leurs enfants très-longtemps. Aussi dans
beaucoup de cas, les lignes de descendance ne se tra-
cent que par la mère seule, à l'exclusion du père. Mais

---

[4] Sir J. Lubbock, *Origin of Civilisation*, chap. III, p. 60-67, 1870.
M. M'Lennan dans son ouvrage estimable *Primitive Marriage*, 163, 1865 ;
parle des unions des sexes comme ayant été dans les temps anciens fort
relâchées, transitoires, et à certains degrés entachées de promiscuité.
M. M'Lennan et Sir J. Lubbock ont recueilli beaucoup de preuves du dé-
réglement des sauvages de nos jours. M. L. H. Morgan, dans son mémoire
intéressant sur le système de classification par la parenté (*Proc. American
Acad. of Sciences*, VII, 475, 1868), conclut que, dans les temps primitifs,
la polygamie ainsi que le mariage sous toutes ses formes, étaient absolument
inconnus. Il paraît, d'après Sir J. Lubbock, que Bachofen partage également l'opinion que primordialement la promiscuité a été prépondérante.

dans beaucoup d'autres, les termes employés expriment une connexion avec la tribu seule, à l'exclusion même de la mère. Il semble possible que les connexions entre les membres de la même tribu sauvage, exposée à toutes sortes de dangers, auraient une importance beaucoup plus grande, à cause de la nécessité d'aide et de protection réciproques, que celles entre la mère et l'enfant, ce qui conduirait à l'emploi de termes de parenté exprimant plutôt les rapports avec la tribu. M. Morgan pourtant a la conviction que cette manière d'envisager ce cas n'est nullement suffisante.

D'après cet auteur, on peut grouper les termes exprimant dans toutes les parties du monde les rapports de parenté, en deux grandes classes, l'une classificatoire, l'autre descriptive, — c'est cette dernière que nous employons. C'est le système classificateur qui conduit à conclure que les mariages communs ou de formes très-relâchées étaient originellement universels. Mais, autant que je puis le voir, il n'en résulte pas la nécessité de croire à des rapports de promiscuité absolus. Les hommes et les femmes, comme beaucoup d'animaux plus inférieurs, auraient pu autrefois contracter des unions rigoureuses quoique temporaires, en vue de chaque naissance, et dans ce cas, il se serait introduit dans les termes exprimant la parenté presque autant de confusion que dans celui de la promiscuité. En ce qui concerne la sélection sexuelle, il suffit que le choix soit exercé avant l'union des parents, et il importe peu que les unions durent toute la vie, ou une saison seulement.

Outre les preuves tirées des termes de parenté, d'autres raisons viennent indiquer que le mariage commun a eu autrefois la prépondérance. Sir J. Lubbock[5] ex-

---

[5] Adresse à l'Association Britannique, On Social and religious Condition of the lower Races of Man; 20, 1870.

plique d'une manière ingénieuse l'habitude étrange
et si répandue de l'exogamie, — c'est-à-dire, du fait que
les hommes d'une tribu prennent toujours leurs femmes dans une autre tribu, — comme étant le résultat du communisme qui a été la forme primitive du mariage. L'homme en effet ne pouvait avoir une femme à
lui seul à moins de l'enlever à une tribu voisine et hos-
tile, elle devenait naturellement alors sa propriété particulière. Le rapt des femmes a pu naître ainsi, et devenir ultérieurement une habitude universelle en raison
de l'honneur qu'il procurait. Nous pouvons aussi, d'a-
près Sir J. Lubbock comprendre « la nécessité d'une
expiation pour le mariage, qui était une infraction aux
rites de la tribu, puisque dans les idées anciennes, un
homme n'avait aucun droit à s'approprier ce qui appartenait à la tribu entière. » Sir J. Lubbock ajoute un ensemble de faits des plus curieux, montrant que dans
les temps anciens, on honorait hautement les femmes
les plus licencieuses, ce qui, comme il l'explique, est
seulement intelligible, si nous admettons que la promiscuité fut une coutume primitive et par conséquent dès
longtemps respectée de la tribu[6].

Bien que le mode de développement du lien conjugal
soit un sujet obscur, comme nous pouvons l'inférer de
la divergence sur divers points des opinions des trois
auteurs qui l'ont étudié avec le plus de soins, MM. Morgan, M'Lennan et Sir J. Lubbock, il paraît cependant
résulter de diverses séries de preuves que l'habitude du
mariage ne s'est développée que graduellement, et que
la promiscuité était autrefois très-commune dans le
monde. Néanmoins, par l'analogie des animaux, et surtout de ceux qui dans la série sont les plus voisins

[6] *Origin of Civilisation*, p. 86; 1870. Voir les ouvrages précités sur la
parenté rattachée au sexe féminin, ou à la tribu seulement.

de l'homme , je ne puis croire que cette habitude ait prévalu à une époque extrêmement reculée où l'homme avait à peine atteint son rang actuel dans l'échelle zoologique. L'homme, comme j'ai cherché à le montrer, descend certainement de quelque être simien. Autant que les habitudes des Quadrumanes nous sont connues, les mâles de quelques espèces sont monogames, mais ne vivent avec les femelles qu'une partie de l'année, ce qui paraît être le cas de l'Orang. D'autres espèces de singes indiens et américains sont strictement monogames et vivent l'année entière avec leur femelle. D'autres sont polygames comme le Gorille et plusieurs espèces américaines, chaque famille vivant à part. Même lorsque ceci a lieu, les familles habitant le même district sont probablement sociales à un certain degré ; on rencontre par exemple occasionnellement de grandes bandes de Chimpanzés. D'autres espèces encore sont polygames, et plusieurs mâles ayant chacun leurs femelles vivent associés en corps, c'est le cas de plusieurs espèces de Babouins [7]. Nous pouvons même conclure de ce que nous savons de la jalousie de tous les mâles de mammifères, dont un grand nombre sont pourvus d'armes propres à combattre leurs rivaux, qu'à l'état de nature la promiscuité est extrêmement improbable. L'appariage peut n'être pas pour la vie, mais seulement pour chaque portée ; cependant si les mâles les plus forts et les plus capables de protéger ou assister leurs femelles et leur progéniture, choisissaient les femelles les plus attrayantes, ceci suffirait pour déterminer la sélection sexuelle.

[7] Brehm (*Illust. Thierleben,* I, 77) dit que le *Cynocephalus hamadryas* vit en grandes bandes contenant deux fois autant de femelles que de mâles adultes. Voy. Rengger, sur les espèces polygames américaines, et Owen (*Anat. of Vert.* III, 746), sur les monogames du même pays.

Si par conséquent nous remontons assez haut dans le cours des temps, il ne semble pas probable que la promiscuité ait régné chez les hommes primitifs. A en juger par les habitudes sociales de l'homme actuel, et la polygamie de presque tous les sauvages, l'opinion la plus probable est celle que l'homme primitif a originellement vécu en petites communautés, chaque mâle ayant autant de femmes qu'il en pouvait entretenir ou se procurer, et qu'il a dû par jalousie défendre contre tout autre homme. Ou bien il peut avoir vécu seul avec plusieurs femmes comme le Gorille, au sujet duquel les indigènes s'accordent à dire « qu'on ne voit jamais qu'un mâle adulte dans la bande, et que lorsqu'un jeune mâle s'est développé, il y a lutte pour le pouvoir, et le plus fort, après avoir tué ou chassé les autres, se met à la tête de la communauté[8]. » Les jeunes mâles étant ainsi expulsés et errants réussissent à la fin à trouver une compagne, ce qui évite ainsi des entre-croisements trop rapprochés dans les limites de la même famille.

Bien que les sauvages soient actuellement très-licencieux et que la promiscuité ait pu autrefois régner sur une vaste échelle, il existe cependant chez quelques tribus certaines formes de mariage, mais de nature bien plus relâchée que dans les nations civilisées. La polygamie est presque toujours habituelle chez les chefs de chaque tribu. Il y a néanmoins des peuples, quoique occupant le bas de l'échelle, qui sont strictement monogames. C'est le cas des Veddahs de Ceylan, chez lesquels, d'après Sir J. Lubbock[9], on dit « que la mort seule peut séparer le mari de la femme. » Un chef Kandyan intelligent et polygamiste « était fort scandalisé du fait barbare de vivre

[8] Docteur Savage, *Boston Journ. Nat. Hist.*, V, 423, 1845-47.
[9] *Prehistoric Times*, 1869, 424.

avec une seule femme, et de ne s'en séparer qu'à la
mort, comme les singes Ouanderous. » Je ne prétends
nullement faire de conjectures sur le fait de savoir si
les sauvages qui actuellement pratiquent le mariage
sous une forme quelconque, soit polygame ou monogame, ont conservé cette habitude depuis les temps primitifs, ou s'ils y sont revenus après avoir passé par une
phase de promiscuité.

Infanticide. — Encore très-répandu dans le monde,
nous avons des raisons de croire que l'infanticide a
été bien plus largement pratiqué dans les temps anciens [10]. Les sauvages ayant de la difficulté à s'entretenir, eux et leurs enfants, trouvent tout simple de les tuer.
Quelques tribus de l'Amérique du Sud, d'après Azara,
avaient détruit tant d'enfants des deux sexes, qu'elles
étaient sur le point de s'éteindre. Dans les îles polyné-
siennes, il y a des femmes qui ont tué quatre, cinq et
même jusqu'à dix de leurs enfants. Ellis n'a pu rencontrer une seule femme qui n'en eût pas tué au moins
un. Partout où l'infanticide se pratique, la lutte pour
l'existence devient d'autant moins rigoureuse, et tous
les membres de la tribu ont une chance également
bonne d'élever leurs quelques enfants survivants. Dans
la plupart des cas, on détruit un plus grand nombre
d'enfants du sexe femelle que du sexe opposé, ces derniers ayant évidemment plus de valeur pour la tribu,
en ce qu'une fois adultes ils peuvent concourir à sa défense, et pourvoir eux-mêmes à leur entretien. Mais plusieurs observateurs assignent, comme motifs additionnels déterminant la suppression des enfants, de la part
des femmes elles-mêmes, la peine que les mères ont à les

[10] M.M'Lennan, *Primitive Marriage*, 1865. Voy. surtout, sur l'exogamie
et l'infanticide, p. 130, 138, 165.

élever, la perte de beauté qui en résulte pour elles, la
plus grande valeur et un meilleur sort pour les filles devenues moins nombreuses. En Australie où l'infanticide
des filles est encore fréquent, Sir G. Grey estimait que la
proportion des femmes indigènes aux hommes était de
une à trois ; d'autres disent de deux à trois. Dans un
village situé sur la frontière orientale de l'Inde, le colonel Macculloch n'a pas trouvé un seul enfant du sexe
féminin[11].

La pratique de l'infanticide des filles, diminuant le
nombre des femmes dans une tribu, a dû naturellement
faire naître la coutume d'enlever celles des tribus voisines. Toutefois, Sir J. Lubbock, comme nous l'avons
vu, attribue cet usage surtout à l'existence antérieure
de la promiscuité, qui poussait les hommes à s'emparer
des femmes d'autres tribus, afin qu'elles fussent de fait
leur propriété exclusive. On peut encore indiquer d'autres causes, telles que les cas où la communauté étant
petite, les femmes à marier devaient souvent faire
défaut. On voit clairement que l'habitude d'enlever les
femmes a été autrefois très-répandue, même chez les
ancêtres des pays civilisés, par la conservation de
nombreuses coutumes et de cérémonies curieuses dont
M. M'Lennan donne un intéressant récit. Dans nos
mariages mêmes, la force et la beauté paraissent primitivement avoir été la principale condition du succès du
prétendant. D'un autre côté, tant que les hommes se
procuraient leurs femmes par la ruse et la violence, il
n'est pas probable qu'ils aient pu choisir les plus attrayantes, ils ont dû se contenter de celles qu'ils pou-

[11] Docteur Gerland (Ueber das Aussterben der Naturvölker, 1868) a
recueilli beaucoup d'informations sur l'infanticide; voy. les p. 27, 51,
54. Azara (Voyages, etc., II, 94, 116) entre dans les détails sur ses causes.
Voy. aussi M'Lennan (o. c., 159) pour des cas dans l'Inde.

vaient prendre. Mais dès que l'usage de se procurer des femmes d'une autre tribu s'est effectué par voix d'échange et est devenu un trafic, ce qui a encore lieu dans bien des endroits, ce sont les femmes les plus attrayantes qui ont dû être généralement achetées de préférence. Le croisement constant entre les tribus résultant de tout commerce de ce genre, aura eu pour conséquence de provoquer et de maintenir une certaine uniformité de caractère, chez tous les peuples habitant le même pays, fait qui doit avoir beaucoup influé en diminuant l'action de la sélection sexuelle sur la différenciation des tribus.

La disette de femmes, conséquence de l'infanticide dont les enfants de ce sexe sont l'objet, entraîne à une autre coutume, la polyandrie, qui est encore répandue dans bien des parties du globe, et qui selon M. M'Lennan, a universellement prévalu autrefois; conclusion que mettent en doute M. Morgan et Sir J. Lubbock [12]. Lorsque deux ou plusieurs hommes sont obligés d'épouser la même femme il est certain que toutes les femmes de la tribu seront mariées, et il n'y aura pas de sélection par l'autre sexe des femmes les plus attrayantes. Mais il n'est pas douteux que dans ces circonstances, les femmes de leur côté n'exercent quelque choix, et préfèrent les hommes qui leur plairont le plus. Azara décrit par exemple les soins avec lesquels une femme Guana marchande pour avoir toutes sortes de priviléges, avant d'accepter un ou plusieurs maris; aussi les hommes prennent-ils pour cette raison un soin tout spécial de leur apparence personnelle [15].

[12] M'Lennan, *Primitive Marriage*, 208; Sir J. Lubbock, *Origin*, etc., p. 100. Voy. aussi M. Morgan (*o. c.*) sur la prévalence qu'a eue autrefois la polyandrie.

[15] *Voyages*, etc., II, 92-95.

Les hommes très-laids pourraient peut-être ne jamais obtenir de femme, ou n'en obtenir que tard dans leur vie; quant aux plus beaux, quoique réussissant mieux à en avoir, ils ne laisseraient pas, à ce qu'il nous semble, plus de descendants des mêmes femmes héritant de leur beauté, que les maris qui seraient moins bien partagés sous ce rapport.

Fiançailles précoces et esclavage des femmes. — Chez beaucoup de sauvages il est d'usage de fiancer les femmes lorsqu'elles sont en bas âge, ce qui empêche des deux côtés, d'une manière effective, toute préférence motivée sur l'apparence personnelle; mais cela n'empêche pas les femmes plus attrayantes d'être plus tard enlevées à leur maris par d'autres hommes plus forts, ce qui arrive souvent en Australie, en Amérique, et dans d'autres parties du globe. Les mêmes conséquences, quant à ce qui touche à la sélection sexuelle, seraient jusqu'à un certain point le résultat de l'usage presque exclusif que font la plupart des sauvages de la femme comme esclave ou bête de somme. Toutefois, les hommes choisiraient toujours les femmes esclaves d'après leur degré de beauté.

Nous voyons ainsi qu'il règne chez les sauvages plusieurs coutumes qui peuvent considérablement influencer ou même arrêter complétement l'action de la sélection sexuelle. D'autre part, les conditions de vie des sauvages et quelques-unes de leurs habitudes sont favorables à la sélection naturelle, qui entre toujours en jeu avec la sélection sexuelle. Ils souffrent souvent du retour de famines rigoureuses; ils n'augmentent pas leur nourriture par des moyens artificiels; ils s'abstiennent rarement du mariage[14] et se marient ordinairement jeunes. Ils sont par conséquent soumis occasionnellement à des luttes très-rigoureuses pour l'existence, luttes auxquelles ne pourront résister et survivre que les individus les plus favorisés.

Pour en revenir aux temps primitifs où l'homme avait à peine atteint le rang humain, il a probablement vécu comme polygame, ou temporairement comme monogame. A en juger par analogie, la promiscuité n'aurait pas existé alors. Les hommes auront sans doute défendu de leur mieux leurs femelles contre des ennemis de tout genre et se seront livrés à la chasse pour les nourrir ainsi que leurs enfants. Les mâles les plus forts et les plus aptes auront le mieux réussi dans la lutte pour l'existence et dans le choix des femelles attrayantes. A cette période primitive, les ancêtres de l'homme, n'ayant la raison que peu développée, n'auront pas dirigé leurs regards vers des éventualités éloignées, étant plus que les sauvages d'aujourd'hui gouvernés par leurs instincts et même moins par leur raison. Ils n'auraient pas à cette époque, partiellement perdu un des instincts les plus puissants, commun à tous les animaux inférieurs, celui de l'amour de la progéniture, et par conséquent n'auraient pas pratiqué l'infanticide. Il n'y aurait eu aucune rareté artificielle de femmes, et pas de polyandrie, pas de fiançailles prématurées et pas d'esclavage des femmes ; les deux sexes, si les femelles et les mâles étaient à même de le faire, auraient choisi leur compagnon, non pour ses charmes de l'esprit, sa fortune, sa position sociale, mais presque uniquement d'après son apparence exté-

[14] Burchell (*Travels in S. Africa*, II, 58, 1824) dit que chez les peuples sauvages de l'Afrique du Sud, le célibat ne s'observe jamais, ni chez les hommes ni chez les femmes. Azara (*o. c.*, II, 21, 1805) fait précisément la même remarque à propos des Indiens sauvages de l'Amérique méridionale.

rieure. Tous les adultes se seraient appariés ou mariés,
toute la progéniture aurait été autant que possible élevée ; de sorte que la lutte pour l'existence serait périodiquement devenue extrêmement rigoureuse. Pendant ces
temps primitifs toutes les conditions requises pour la
sélection sexuelle auraient donc été beaucoup plus
favorables que plus tard, lorsque l'homme ayant progressé quant à ses aptitudes intellectuelles, aurait ré-
trogradé quant à ses instincts. Par conséquent, quelle
qu'ait pu être l'influence de la sélection sexuelle sur la
production des différences existant entre les races humaines et entre l'homme et les quadrumanes supérieurs, elle aura été en tout cas, à une époque fort reculée, beaucoup plus puissante qu'aujourd'hui.

*Mode d'action de la sélection sexuelle dans l'espèce hu-
maine.* — Chez l'homme primitif placé dans les conditions favorables que nous venons d'établir, et chez les
sauvages qui, de nos jours, contractent un lien nuptial quelconque (mais sujet à être en partie troublé
par la pratique plus ou moins étendue de l'infanticide
femelle, des fiançailles prématurées, etc.), la sélection
sexuelle a dû probablement agir de la manière suivante : les hommes les plus forts et les plus vigoureux
— ceux pouvant le mieux défendre et nourrir leur famille — plus tard les premiers ou les chefs de tribus
— ceux pourvus des meilleures armes et de plus de
biens, tels qu'un plus grand nombre de chiens ou
autres animaux, auront pu parvenir à élever une
plus forte moyenne de descendants que les membres
plus pauvres et plus faibles de ces mêmes tribus. Il ne
peut non plus y avoir de doute que de tels hommes ont dû
généralement choisir les femelles les plus attrayantes.
Actuellement, dans presque toutes les tribus du globe,

les chefs possèdent plus d'une femme. Jusqu'à ces derniers temps, me dit M. Mantell, presque toute jeune fille de la Nouvelle-Zélande, jolie ou promettant de l'être, était *tapu* de quelque chef. D'après M. C. Hamilton[15], chez les Cafres « les chefs ont généralement le choix des femmes à plusieurs lieues à la ronde, et sont très-persévérants pour établir ou confirmer leur privilége. » Nous avons vu que chaque race a son propre idéal de beauté, et nous savons qu'il est naturel chez l'homme d'admirer surtout chaque trait caractéristique de ses animaux domestiques, de son costume, de ses ornements, et de son apparence personnelle, lorsqu'ils dépassent un peu la moyenne habituelle. Si on admet donc les propositions précédentes, qui ne paraissent pas douteuses, il serait inexplicable que la sélection des femmes les plus belles par les hommes les plus forts de chaque tribu, produisant des enfants d'une moyenne plus élevée, ne modifiât pas jusqu'à un certain point le caractère de la tribu, à la suite de nombreuses générations.

Chez nos animaux domestiques, lorsqu'une nouvelle race est introduite dans un pays nouveau, ou qu'une race indigène a été l'objet de soins prolongés et soutenus soit pour l'usage ou le luxe, on remarque, lorsque les termes de comparaison existent, qu'après quelques générations, elle a éprouvé plus ou moins de changements. Cela résulte d'une sélection inconsciente poursuivie pendant une longue série de générations — c'est-à-dire la conservation des individus les plus améliorés — sans que l'éleveur ait désiré ou attendu un pareil résultat. Ainsi encore, deux éleveurs produisant pendant des années des animaux de la même famille sans les

---

[15] *Anthrop. Review*, p. xvi, Janv. 1870.

comparer à un étalon commun, trouvent-ils, à leur
grande surprise, qu'après quelque temps ils sont devenus un peu différents [16]. Chaque éleveur, comme
le dit avec raison Nathusius, imprime à ses animaux
le caractère de son esprit, de son goût et de son jugement. Quelle raison pourrait-on donc donner pour
prouver que la sélection des femmes les plus admirées, par les hommes capables d'élever dans chaque
tribu le plus grand nombre d'enfants, continuée pendant longtemps, n'aurait pas les mêmes résultats? Ce
serait une sélection inconsciente, car elle produirait un
effet indépendant de toute intention et inattendue,
pour les hommes ayant manifesté une préférence pour
certaines femmes.

Supposons que les membres d'une tribu, dans laquelle
il existe une forme de mariage quelconque, se répan-
dent sur un continent inoccupé ; ils ne tarderont pas
à se fractionner en hordes distinctes, séparées par diverses barrières, et plus réellement encore par les
guerres continuelles que se livrent toutes les nations
barbares. Ces hordes étant ainsi exposées à des conditions et à des habitudes légèrement différentes, vien-
dront à différer quelque peu entre elles. Chaque tribu
isolée se constituerait alors un idéal de beauté un peu
différent [17], et ensuite, par le fait que les hommes les
plus forts et les plus influents finiraient par manifester des préférences pour certaines femmes, la sélection
inconsciente entrerait en jeu. Ainsi les différences entre
les tribus d'abord fort légères, seraient graduellement
et inévitablement augmentées de plus en plus.

[16] *De la Variation*, etc., II, p. 225-229 (édit. française).
[17] Un auteur ingénieux conclut d'une comparaison des tableaux de Raphaël, Rubens, et des artistes français modernes, que l'idée de la beauté
n'est pas absolument la même dans toute l'Europe : voir les *Vies de
Haydn et Mozart*, par M. Bombet (p. 278 de la traduction anglaise).

Bien des caractères propres aux mâles, tels que la taille, la force, les défenses particulières, le courage et les dispositions belliqueuses, ont été acquises par la loi du combat chez les animaux à l'état de nature. Les ancêtres sémi-humains de l'homme, ainsi que leurs voisins les Quadrumanes, ont presque certainement été modifiés ainsi ; et comme les sauvages se battent encore pour la possession de leurs femmes, une marche semblable de sélection a probablement continué à un degré plus ou moins prononcé jusqu'à nos jours. D'autres caractères propres aux mâles des animaux inférieurs, telles que les couleurs vives et les ornements divers, ont été acquis par les mâles plus attrayants qui ont été préférés par les femelles. Il y a toutefois quelques cas exceptionnels où ce sont les mâles qui au lieu d'être l'objectif d'une sélection, ont été les sélecteurs. Nous reconnaissons ces cas lorsque ce sont les femelles qui sont plus brillamment décorées que les mâles — leur caractère d'ornementation ayant été transmis exclusivement ou principalement à leur descendance femelle. Nous avons décrit un cas de ce genre relatif au singe Rhesus, dans l'ordre auquel appartient l'homme.

L'homme a plus de puissance de corps et d'esprit que la femme, et dans la vie sauvage il la tient dans un état d'assujettissement beaucoup plus abject que ne le font les mâles de toute autre espèce ; il n'est donc pas surprenant qu'il ait acquis la puissance de sélection. Partout les femmes ont le sentiment de la valeur de leur beauté et lorsqu'elles en ont les moyens, elles aiment plus que les hommes à se parer d'ornements de toute nature. Elles empruntent aux oiseaux mâles les plumes que la nature leur a fournies pour fasciner leurs femelles. Comme elles ont été pendant longtemps des objets de sélection à cause de leur beauté, il n'est pas

étonnant que quelques-unes de leurs variations successives aient été transmises d'une façon limitée et à un
degré plus élevé à leur descendance féminine qu'à la
masculine. Les femmes sont donc devenues. ainsi qu'on
l'admet généralement, plus belles que les hommes. Toutefois elles transmettent la plupart de leurs caractères,
la beauté comprise, à leur progéniture des deux sexes ;
de sorte que la préférence continue que les hommes de
chaque race ont pour les femmes les plus attrayantes
d'après leur idéal, tend à modifier de la même manière
tous les individus des deux sexes.

Quant à l'autre forme de sélection sexuelle (la plus
commune chez les animaux inférieurs), celle où les femelles exercent leur choix et n'acceptent que les mâles
qui les séduisent et les attirent le plus, nous pouvons
croire qu'elle a autrefois agi sur les ancêtres de l'homme.
Probablement l'homme doit héréditairement sa barbe et
quelques autres caractères à un ancien aïeul qui avait acquis sa parure de cette manière. Mais cette forme de sélection peut avoir agi occasionnellement plus tard, car
chez les tribus très-barbares, les femmes ont plus de
pouvoir qu'on n'aurait pu s'y attendre, de choisir, rejeter, ou séduire leurs amoureux, ou de changer ensuite
leurs maris. Ce point ayant quelque importance, je donnerai avec détails ce que j'ai pu recueillir à son sujet.

Hearne décrit le cas d'une femme d'une des tribus de
l'Amérique arctique qui s'était sauvée plusieurs fois de
chez son mari pour rejoindre un homme qu'elle aimait ;
et Azara nous apprend que chez les Charruas de l'Amérique du Sud, le divorce est entièrement libre. Chez les
Abipones, l'homme qui choisit une femme en débat le
prix avec les parents. Mais « il arrive souvent que la
fille annule les transactions intervenues entre les parents et son futur, et repousse obstinément tout ma-

riage. » Elle se sauve fréquemment, se cache, et échappe ainsi à son prétendant. Dans les îles Fidji, l'homme qui désire prendre une femme la saisit réellement ou en apparence par la force ; mais, « arrivée au domicile de son ravisseur, si elle n'approuve pas l'alliance, elle va chez quelqu'un qui puisse la protéger ; si, au contraire, elle est satisfaite, l'affaire est désormais réglée. » A la Terre-de-Feu, le jeune homme commence par rendre quelques services aux parents pour avoir leur consentement, après lequel il cherche à enlever la fille, mais si elle ne consent pas, « elle se cache dans les bois jusqu'à ce que son admirateur se lasse de la chercher, et abandonne la poursuite, ce qui pourtant est rare. » Chez les Kalmucks, il y a course régulière entre la fiancée et le fiancé, la première ayant une avance équitable, et Blarke dit « qu'on l'avait assuré qu'il n'y avait pas d'exemple qu'une fille ait été rattrapée, à moins d'être favorable à son poursuivant. » Il y a un assaut de course semblable chez les tribus sauvages de l'archipel Malais, et il résulte du récit qu'en donne M. Bourien, selon la remarque de Sir J. Lubbock, « que la course n'est pas pour le coureur rapide, ni la lutte pour le fort, mais pour le jeune homme qui a la bonne fortune de plaire à celle qu'il a choisi pour fiancée. »

En Afrique, les Cafres achètent leurs femmes, et les filles sont cruellement battues par leur père si elles refusent d'accepter un mari choisi ; cependant il paraît résulter de plusieurs faits signalés par le Rév. Shooter, qu'elles peuvent encore faire leur choix. Ainsi des hommes très-laids, quoique riches, n'ont pas pu se procurer des femmes. Les filles avant de consentir aux fiançailles obligent les hommes à se montrer d'abord par devant puis par derrière et à « exhiber leurs allures. » Elles font souvent des propositions à un homme et se sauvent

ensuite avec un amoureux favorisé. Chez les femmes
dégradées des Boschimans, dans l'Afrique méridionale,
« lorsqu'une fille est devenue femme sans avoir été
fiancée, ce qui arrive rarement, son amant pour l'obtenir doit avoir son approbation et celle des parents [18]. »
M. Winwood Reade qui, sur ma demande, a pris des renseignements chez les nègres de l'Afrique occidentale,
m'apprend que, « au moins dans les tribus païennes les
plus intelligentes, les femmes n'ont pas de peine à obtenir les maris qu'elles désirent, bien qu'on considère
comme peu digne de la femme de demander à un
homme de l'épouser. Elles sont très-capables d'éprouver de l'amour, de former des attachements tendres,
passionnés et fidèles. »

Nous voyons ainsi que, chez les sauvages, les femmes
ne sont pas, en ce qui concerne le mariage, dans une
position aussi abjecte qu'on l'a souvent supposé. Elles
peuvent séduire les hommes qu'elles préfèrent, et quelquefois rejeter ceux qui leur déplaisent avant ou après
le mariage. La préférence de la part des femmes agissant résolûment dans une direction donnée affecte-
rait par la suite le caractère de la tribu ; car les femmes choisiraient généralement non-seulement les plus
beaux hommes selon leur idéal, mais encore les plus
capables de les défendre et de les soutenir. Des couples
ainsi bien dotés doivent en général produire plus de
descendants que ceux qui le sont moins. Le même résultat serait évidemment encore plus prononcé s'il y

---

[18] Azara, *Voyages*, etc., II, 23. Dobrizhoffer, *An Account of the Abi-
pones*, II, 207, 1822. Williams, Sur les habitants des îles Fidji, cités par
Lubbock, *Origin of Civilisation*, 79, 1870. Sur les Fuégiens, King and
Fitzroy, *Voyages of the Adventure and Beagle*, II, 182, 1839. Sur les
Kalmucks, M. Lennan, *Primit. Marriage*, 32, 1865. Sur les Malais, Lub-
bock, *o. c.*, 76. Le Rev. J. Shooter, *On the Kafirs of Natal*, 52-60, 1857.
Sur les femmes boschimanes, Burchell, *Trav. in S. Africa*, II, 59, 1824.

avait sélection des deux côtés, et si les hommes les plus
forts et les plus attrayants, en choisissant les femmes
les plus séduisantes, étaient eux-mêmes préférés par
celle-ci. Ces deux formes de sélection semblent avoir
réellement dominé, simultanément ou non, chez l'espèce
humaine, surtout dans les premières périodes de sa
longue histoire.

Nous allons considérer avec un peu plus de détails
quelques-uns des caractères qui distinguent les diverses
races humaines entre elles et d'avec les animaux inférieurs, relativement à la sélection sexuelle, à savoir l'absence plus ou moins complète de poil sur le corps et la
coloration de la peau. Nous n'aurons pas besoin de parler
de la grande diversité dans la forme des traits et du
crâne entre les différentes races, car nous avons vu dans
le chapitre précédent combien l'idéal de la beauté peut
varier sur ces points. Ces caractères auront par conséquent éprouvé l'action de la sélection sexuelle, mais
il n'y pas moyen de juger, autant que je puis le voir, si
elle a agi principalement sur le côté mâle ou le côté
femelle. Nous avons aussi déjà discuté les facultés musicales de l'homme.

*Absence du poil sur le corps, et son développement sur
le visage et la tête.* — La présence du duvet ou lanugo
sur le fœtus humain, et des poils rudimentaires qui,
à l'âge d'adulte, sont disséminés sur le corps, nous permettent d'inférer que l'homme descend de quelque animal né velu et restant tel sa vie durant.

La perte du poil est un inconvénient nuisible à
l'homme, même sous un climat chaud, où il se trouve
exposé à des refroidissements brusques, surtout pendant
le temps humide. Ainsi que le remarque M. Wallace,
dans tous les pays, les indigènes sont contents de pouvoir

protéger leur dos et leurs épaules nues avec quelque légère couverture. Personne ne suppose que la nudité de la peau ait un avantage direct pour l'homme, son corps ne peut donc avoir été dépouillé de poils par sélection naturelle [19].

Nous n'avons pas non plus de raisons pour croire, comme nous l'avons vu dans un chapitre précédent, que la nudité puisse être due à l'action directe des conditions auxquelles l'homme a été longtemps exposé, ou qu'elle soit un résultat de développement corrélatif.

L'absence de poils sur le corps est jusqu'à un certain point, un caractère sexuel secondaire ; car dans toutes les parties du monde les femmes sont moins velues que les hommes. Nous pouvons donc raisonnablement soupçonner que ce caractère est le résultat d'une sélection sexuelle. Nous savons que les visages de plusieurs espèces de singes, ainsi que de larges surfaces de la peau de l'extrémité du corps chez d'autres espèces, sont privées de poils ; ce que nous pouvons avec sécurité attribuer à la sélection sexuelle, car ces endroits sont non-seulement vivement colorés, mais quelquefois, comme chez le Mandrill mâle et le Rhesus femelle, le sont beaucoup

---

[19] *Contributions to the Theory of Natural Selection* (trad. française, p. 361 et suiv.). M. Wallace croit « que quelque pouvoir intelligent a guidé ou déterminé le développement de l'homme, » et considère l'absence de poils sur la peau comme résultant de ce fait. Le Rév. T. Stebbing, dans un commentaire sur cette opinion (*Transactions of Devonshire Assoc. for Science*, 1870) fait la remarque que si M. Wallace « avait appliqué son ingéniosité usuelle à la question de la nudité de la peau humaine, il aurait pu entrevoir la possibilité de sa sélection par la beauté supérieure qui en résulte, ou par l'avantage que procure une plus grande propreté. En tous cas il est singulier qu'il imagine une intelligence supérieure dépouillant de ses poils le dos d'hommes sauvages (auxquels selon lui ils devaient être utiles et avantageux), pour que les descendants de ces pauvres tondus fussent, après de nombreux cas de mort causés pendant un long cours de générations par le froid et l'humidité, forcés de s'élever dans l'échelle de la civilisation par la pratique de divers arts, comme l'indique M. Wallace. »

plus brillamment dans un sexe que dans l'autre. Lorsque
ces animaux approchent graduellement de l'âge adulte,
les surfaces nues augmentent d'étendue relativement à
la grosseur du corps, à ce que m'apprend M. Bartlett. Le
poil toutefois dans ce cas, paraît avoir été éloigné, non
en vue de la nudité, mais pour permettre un déploiement plus complet de la couleur de la peau. De même
chez beaucoup d'oiseaux, la tête et le cou ont été privés
de leurs plumes par sélection sexuelle pour mieux étaler les brillantes couleurs de la peau.

Le caractère que la femme a le corps moins velu que
l'homme, étant commun à toutes les races, nous pouvons conclure que nos ancêtres semi-humains du sexe
féminin étaient probablement d'abord partiellement
privés de poils, et que ce fait devait remonter à une
époque très-reculée, avant que les diverses races aient
divergé de la souche commune. A mesure que nos ancêtres femelles ont peu à peu acquis ce caractère de nudité, elles doivent l'avoir transmis à un degré à peu
près égal à leur jeune descendance des deux sexes ; de
sorte que cette transmission n'a été limitée ni par l'âge
ni par le sexe, comme cela est le cas d'une foule d'ornements chez les mammifères et oiseaux. Il n'y a rien
de surprenant dans le fait qu'une perte partielle de
poils ait été considérée comme ornementale par les ancêtres simiens de l'homme, car nous avons vu chez des
animaux de toutes espèces, que de nombreux caractères
étranges étaient considérés ainsi, et ont par conséquent
été modifiés par sélection sexuelle. Il n'est pas non plus
surprenant qu'un caractère quelque peu nuisible ait pu
être acquis ainsi, car nous savons qu'il en est de même
des pennes de quelques oiseaux, et des bois de quelques
cerfs.

Les femelles de certains singes anthropomorphes,

comme nous l'avons vu dans un chapitre précédent, sont
un peu moins velues à la surface inférieure que ne le sont
les mâles, et nous démontrent ainsi ce qui pourrait
être un commencement de la marche de la dénudation.
Quant à son achèvement par sélection sexuelle, il n'y a
qu'à se rappeler le proverbe de la Nouvelle-Zélande : « Il
n'y a pas de femme pour un homme velu. » Tous ceux
qui ont vu les photographies de la famille siamoise velue, reconnaîtront que l'extrême développement du poil
est comiquement hideux. Aussi le roi de Siam eut à donner de l'argent à un homme pour épouser la première
femme velue de la famille, laquelle transmit ce caractère à ses enfants des deux sexes [20].

Quelques races, surtout du côté masculin, sont beaucoup plus velues que d'autres ; mais on ne doit pas supposer que celles qui le sont davantage, comme les Européens, aient conservé un état primordial plus complètement que les races nues, tels que les Kalmucks ou
Américains. Il est plus probable que le développement
du poil chez les premiers est dû à un retour partiel ;
les caractères qui ont été longtemps héréditaires étant
toujours aptes à faire retour.

Un cas curieux rapporté par Pinel est celui d'un idiot
dégradé à l'égal d'une brute, dont le dos, les reins et les
épaules étaient couverts de poils ayant de 1 à 2 pouces
de longueur. On connaît encore quelques cas analogues.

Il ne paraît pas qu'un climat froid ait exercé quelque influence sur cette réapparition ; sauf peut-être chez les nègres élevés depuis plusieurs générations dans les États-
Unis [21], et les Aïnos habitant les îles septentrionales de

---

[20] *La Variation*, etc., II, 340 (trad. française).
[21] *Investigations into Military and Anthropological Statistics of American soldiers;* de B. A. Gould, p. 568, 1869.—Un grand nombre d'ob-

l'archipel du Japon. Mais les lois de l'hérédité sont si
complexes que nous ne pouvons que rarement nous rendre compte de leur action. Si la plus grande villosité de
certaines races est le résultat d'un retour non limité
par quelque forme de sélection, la variabilité considérable de ce caractère, même dans les limites d'une même
race, cesse d'être remarquable.

En ce qui concerne la barbe, les Quadrumanes, nos
meilleurs guides, nous fournissent des cas de barbes
également bien développées chez les deux sexes de beaucoup d'espèces ; dans d'autres pourtant elles sont ou circonscrites aux mâles seuls, ou plus développées chez eux
que dans le sexe opposé. Ce fait, ainsi que le singulier
arrangement et les vives couleurs des cheveux de la
tête de beaucoup de singes, rend probable que les mâles
ont d'abord acquis leurs barbes par sélection sexuelle
et comme ornement, et qu'ils les ont ordinairement
transmises à un degré égal ou presque égal à leurs descendants des deux sexes. Nous savons par Eschricht [22]
que chez l'homme, le fœtus des deux sexes est pourvu de
beaucoup de poils sur le visage surtout autour de la bouche, indiquant que nous descendons d'ancêtres dont les
deux sexes étaient barbus. Il paraît donc à première
vue probable, que tandis que l'homme a conservé sa

servations faites avec soin sur la pilosité de 2,129 soldats noirs et de
couleur pendant le bain, donnent ce résultat, « qu'au premier coup
d'œil il y a fort peu de différence, si même il y en a une, entre les races
noires et blanches sous ce rapport. » Il est cependant certain que, dans
leur pays natal de l'Afrique, beaucoup plus chaud, les nègres ont des
corps remarquablement glabres. Il faut d'ailleurs faire attention que les
noirs purs et les mulâtres sont compris dans cette énumération. Ce mélange constitue une circonstance fâcheuse, en ce que, d'après le principe
dont j'ai ailleurs démontré la vérité, les races croisées seraient éminemment sujettes à faire retour au caractère primitivement velu de leurs ancêtres originels demi-simiens.

[22] *Ueber die Richtung der Haare am menschlichen Körper*, dans *Müller's Archiv für Anat. und Phys.*; 40, 1857.

barbe dès une période fort éloignée, la femme l'a perdue
lorsque son corps s'est presque dépouillé de ses poils.
Même la couleur de la barbe de l'espèce humaine paraît
être l'héritage de quelque ancêtre simien ; car lorsqu'il
y a une différence de teinte entre les cheveux et la barbe,
cette dernière est chez tous les singes et chez l'homme,
de nuance plus claire.

Il est plus probable que les hommes des races à barbe
aient conservé la barbe et non les poils du corps depuis les temps primordiaux ; car chez les Quadrumanes,
où le mâle a une barbe plus forte que celle de la femelle, elle ne se développe qu'à l'âge mûr ; les dernières phases du développement peuvent avoir été exclusivement transmises à l'humanité. Nous verrons
ainsi ce qui a lieu effectivement, que nos enfants du
sexe masculin, avant d'avoir atteint l'état adulte, sont
aussi imberbes que ceux du sexe féminin. D'autre part,
la grande variabilité qui affecte la barbe dans les limites
de la même race et de races différentes, nous indique
une influence de retour. Quoi qu'il en soit, il ne faut pas
méconnaître le rôle que la sélection sexuelle peut avoir
joué, même dans des temps plus récents ; car nous
savons que chez les sauvages, les races sans barbe se
donnent une peine infinie pour arracher comme quelque chose d'odieux, tout poil de leur visage ; tandis que
les hommes des races barbues sont tout fiers de leurs
barbes. Les femmes sans doute, partagent ces sentiments, et par conséquent la sélection sexuelle ne peut
manquer d'avoir produit quelques effets dans le cours
des temps plus récents [25].

---

[25] M. Sproat (*Scenes and Studies of Savage Life*, 25, 1868), suggère à
propos des indigènes imberbes de l'île de Vancouver, que l'usage d'arracher les poils du visage « continué d'une génération à l'autre produirait
peut-être finalement une race dont la barbe serait rare et faible. » Mais

Il est difficile de s'expliquer comment se sont développés les longs cheveux de nos têtes. Eschricht[24] assure, qu'au cinquième mois, le fœtus humain a les poils du visage plus longs que ceux de la tête ; ce qui implique que nos ancêtres semi-humains n'avaient pas de longues tresses, qui par conséquent seraient une acquisition postérieure. Nous trouvons une indication analogue dans les différences que présentent les cheveux des diverses races dans leur longueur ; ils ne forment chez les nègres qu'un simple matelas frisé ; chez nous, ils sont déjà fort longs, et chez les indigènes américains, il n'est pas rare qu'il descendent jusqu'au sol. Quelques espèces de Semnopithèques ont leurs têtes couvertes de poils de longueur modérée, qui leur servent d'ornement, et qui ont probablement été acquis par sélection sexuelle. On peut étendre la même manière de voir à l'espèce humaine, car les longues tresses sont encore de nos jours fort admirées, comme elles l'étaient déjà autrefois ; les œuvres de presque tous les poëtes en font foi. Saint Paul dit : « Si une femme a de longs cheveux, c'est une gloire pour elle ; » et nous avons vu précédemment que dans l'Amérique du Nord un chef avait dû son élection uniquement à la longueur de ses cheveux.

Coloration de la peau. — Pour ce qui regarde l'espèce

la coutume ne se serait pas établie avant que la barbe, pour une cause indépendante, se fût déjà réduite. Nous n'avons d'ailleurs aucune preuve directe que l'épilation continue puisse avoir un effet héréditaire. Ce motif de doute m'a jusqu'à présent empêché de parler de l'opinion de quelques ethnologistes distingués, entre autres, M. Gosse, de Genève, que les modifications artificielles du crâne tendent à devenir héréditaires. Je ne veux point contester cette conclusion, depuis les observations remarquables du docteur Brown-Séquard, surtout celles communiquées récemment à l'Association Britannique (1870), prouvant que les effets d'opérations pratiquées sur des cochons d'Indes sont héréditaires.

[24] *Ueber die Richtung*, etc., 40.

humaine, les preuves convaincantes que la coloration de la peau est due à des modifications résultant d'une sélection sexuelle, nous manquent ; car les sexes ne diffèrent pas sous ce rapport, ou ne le font que très-légèrement et d'une manière douteuse. D'autre part beaucoup de faits déjà donnés nous ont appris que, dans toutes les races, les hommes considèrent la coloration de leur peau comme un élément d'une haute importance pour leur beauté ; c'est donc un caractère très-exposé à être modifié par sélection, ainsi que les animaux inférieurs nous le montrent par d'innombrables exemples. La supposition que la coloration noir jais du nègre ait été le résultat d'une sélection sexuelle, peut à première vue paraître monstrueuse ; mais elle est appuyée par une foule d'analogies, et les nègres comme nous le savons, admirent beaucoup leur couleur noire. Lorsque chez les mammifères, les sexes diffèrent de coloration, le mâle est souvent noir ou plus foncé que la femelle, et la transmission, aux deux sexes ou à un seul, de telle ou telle nuance dépend uniquement de la forme de l'hérédité. La ressemblance qu'offre avec un nègre en miniature, le *Pithecia satanas* avec sa peau noire comme du jais, ses yeux blancs, et sa chevelure séparée en deux par une raie au milieu, est des plus comiques.

La couleur du visage varie beaucoup plus chez les diverses espèces de singes que dans les races humaines : et nous avons toute raison de croire que les teintes rouges, bleues, oranges, blanches ou noires des peaux des singes, même lorsqu'elles sont communes aux deux sexes, les vives couleurs de leur pelage, ainsi que les touffes de poils qui ornent leurs têtes, sont tous des produits de la sélection sexuelle. Les enfants nouveau-nés des races les plus distinctes étant bien loin de différer autant en couleur que les adultes, bien

que leur corps soit complétement dépourvu de poils,
nous y trouvons une légère indication que les teintes
des différentes races ont été acquises postérieurement à la
disparition du poil, ce qui, comme nous l'avons déjà
constaté, a dû se faire à une époque très-reculée.

Résumé. — Nous pouvons conclure que la plus grande
taille, la force, le courage, le caractère belliqueux et
l'énergie de l'homme, sont des qualités, qui comparées
à ce qu'elles sont chez la femme, ont été acquises
pendant l'époque primitive, et se sont ensuite augmentées, surtout par les luttes des mâles rivalisant
pour la possession des femelles. La vigueur intellec-
tuelle et la puissance d'invention plus grandes de
l'homme, sont probablement dues à la sélection naturelle, combinée avec les effets héréditaires de l'habitude; car ce sont les hommes les plus capables qui auront le mieux réussi à se défendre et à soutenir leurs
femmes et leur descendance. Autant que l'excessive
complication du sujet nous permet d'en juger, il semble
que nos ancêtres demi-simiens mâles ont acquis leur
barbe comme un ornement servant à attirer et à séduire
le sexe opposé, et l'ont transmise à l'homme tel qu'il
existe actuellement. Les femmes étaient d'abord privées
de poils, par suite de l'ornementation sexuelle,
et elles devaient transmettre ce caractère presque
également aux deux sexes. Il n'est pas improbable que,
par les mêmes moyens et dans le même but, elles aient
dû être modifiées sur d'autres points; et qu'elles aient
ainsi acquis des voix plus douces, et soient devenues
plus belles que l'homme.

Il faut faire tout particulièrement attention que chez
l'espèce humaine, toutes les conditions de la sélection
sexuelle ont été beaucoup plus favorables à l'époque

très-primitive où l'homme venait de s'élever au rang humain que plus tard. Nous pouvons conclure en effet avec sécurité qu'alors il devait être plutôt dirigé par ses passions instinctives que par la prévoyance ou la raison. Il ne devait pas être aussi licencieux que le sont aujourd'hui beaucoup de sauvages, et chaque mâle devait garder avec jalousie sa femme ou ses femmes. Il ne devait pas alors pratiquer l'infanticide, ni considérer ses femmes simplement comme des esclaves utiles; ni leur être fiancé pendant son enfance. Nous en pouvons donc inférer que les races humaines se sont différenciées par l'effet de la sélection sexuelle, surtout à une époque fort reculée. Cette conclusion jette du jour sur le fait remarquable que dans la période la plus ancienne sur laquelle nous possédions des documents, les races humaines différaient entre elles presque ou même tout autant qu'elles le font aujourd'hui.

Les idées émises ici sur le rôle que la sélection sexuelle a joué dans l'histoire de l'homme, manquent de précision scientifique. Celui qui n'admet pas son action chez les animaux inférieurs, devra ne tenir aucun compte de ce que renferment nos derniers chapitres sur l'homme. Nous ne pouvons pas dire que tel caractère et non tel autre, ait été ainsi modifié; mais nous avons montré que les races humaines, différant entre elles et d'avec leurs voisins les plus rapprochés parmi les animaux, par des caractères qui n'ont aucune utilité pour ces races dans le cours ordinaire de la vie, ont probablement été modifiées par sélection sexuelle. Nous avons vu que chez les sauvages les plus inférieurs, les peuples de chaque tribu admirent leurs propres qualités caractéristiques — la forme de la tête et du visage, la saillie des pommettes, la proéminence ou la dépression du nez, la couleur de la peau, la longueur des cheveux, l'absence de poils sur le visage et le corps, ou la présence d'une grande barbe, etc. Ces caractères et d'autres semblables ne peuvent donc manquer d'avoir été lentement et graduellement exagérés chez les hommes les plus forts et les plus actifs de la tribu. Ces hommes auront réussi à élever le nombre le plus considérable de descendants, en choisissant pendant beaucoup de générations pour compagnes celles qui étaient le plus nettement caractérisées, et par conséquent les plus attrayantes. Je conclus donc que parmi toutes les causes qui ont déterminé les différences d'aspect extérieur existant entre les races humaines, et jusqu'à un certain point entre l'homme et les animaux qui lui sont inférieurs, à mon avis, la sélection sexuelle a été la plus active et la plus efficace.

CHAPITRE XXI

RÉSUMÉ GÉNÉRAL ET CONCLUSION.

Conclusion capitale de la descendance de l'homme de quelque forme inférieure. — Mode de développement. — Généalogie de l'homme. — Facultés intellectuelles et morales. — Sélection sexuelle. — Remarques finales.

Je rappellerai dans un court résumé les points les plus saillants qui ont fait le sujet de cet ouvrage. Beaucoup d'idées qui y sont émises sont d'un ordre spéculatif, et il s'en trouvera sans doute qui seront reconnues inexactes; mais, dans chaque cas, j'ai indiqué les raisons qui m'ont conduit à préférer une opinion à une autre. Il m'a paru valoir la peine de rechercher jusqu'à quel point le principe de l'évolution pouvait jeter du jour sur quelques-uns des problèmes complexes que présente l'histoire naturelle de l'homme. Les faits faux sont très-nuisibles aux progrès de la science, car ils persistent souvent fort longtemps; mais les opinions erronées, appuyées sur une certaine évidence, ne font guère de mal, chacun se donnant le plaisir utile d'en démontrer la fausseté; ce qui, en fermant une voie qui conduisait à l'erreur, ouvre souvent en même temps le chemin de la vérité.

La conclusion capitale à laquelle nous arrivons dans cet ouvrage et que soutiennent actuellement beaucoup de naturalistes compétents, est celle que l'homme descend d'une forme moins parfaitement organisée

Les bases sur lesquelles repose cette conclusion sont
inébranlables, car la similitude étroite qui existe entre
l'homme et les animaux inférieurs dans leur développement embryonnaire, ainsi que dans d'innombrables
points de structure et de constitution, tantôt d'une haute
importance et tantôt insignifiants; — les rudiments que
l'homme conserve, et les retours anormaux auxquels il
est occasionnellement sujet, — sont des faits qu'on ne
peut plus contester. Bien que connus depuis longtemps,
ils ne nous disaient rien de relatif à l'origine de l'homme
jusqu'à une époque toute récente. Maintenant, éclairés
par nos connaissances sur l'ensemble du monde organique dans son entier, on ne peut plus se méprendre sur
leur signification. Le grand principe de l'évolution ressort
clairement de la connexion de ces groupes de faits avec
d'autres, tels que les affinités mutuelles des membres
d'un même groupe, leur distribution géographique dans
les temps passés et présents, et leur succession géolo-
gique. Il serait incroyable que tous ces faits réunis dussent parler faux. Celui qui ne se contente pas, comme
fait le sauvage, de regarder les phénomènes de la nature
comme séparés et sans connexion les uns avec les autres, ne peut croire plus longtemps que l'homme soit le
produit d'un acte séparé de création. Il sera forcé d'admettre que l'étroite ressemblance entre l'embryon humain et celui d'un chien, par exemple, — la conformation de son crâne, de ses membres et de toute sa char-
pente d'après le même plan que celui des autres
mammifères, quels que soient les usages de ses différentes parties — la réapparition occasionnelle de diverses structures, comme celle de plusieurs muscles
distincts que l'homme ne possède pas normalement,
mais qui sont communs à tous les Quadrumanes, —
et une foule d'autres faits analogues — que tout mène

de la manière la plus claire à la conclusion que l'homme descend ainsi que d'autres mammifères d'un ancêtre commun.

Nous avons vu que l'homme présente constamment des différences individuelles dans toutes les parties de son corps, et dans ses facultés mentales. Ces différences ou variations paraissent être provoquées par les mêmes causes générales, et obéir aux mêmes lois que chez les animaux inférieurs. Dans les deux cas, les lois de l'hérédité sont semblables. L'homme tend à s'accroître numériquement plus rapidement que ses moyens de subsistance; il est par conséquent occasionnellement exposé à une lutte rigoureuse pour l'existence, ce qui aura forcé la sélection naturelle d'agir sur tout ce qui était de son domaine. Une succession de variations très-prononcées et de la même nature, n'est aucunement nécessaire pour cela, de légères fluctuations différentes dans l'individu suffisent à l'œuvre de la sélection naturelle. Nous pouvons croire que les effets héréditaires de l'usage ou du défaut d'usage longtemps continués, ont agi puissamment dans le même sens que la sélection naturelle. Des modifications autrefois importantes, bien qu'ayant perdu aujourd'hui leur utilité spéciale, peuvent être héritées de longue main. Lorsqu'une partie est modifiée, d'autres changeront en vertu du principe de la corrélation, fait qui est démontré par un grand nombre de cas curieux de monstruosités corrélatives. On peut attribuer quelque effet à l'action directe et définie des conditions ambiantes, telles que l'abondance de nourriture, la chaleur, ou l'humidité; et enfin, bien des caractères n'ayant qu'une faible importance physiologique, aussi bien que d'autres qui en ont au contraire une très-grande, ont pu être acquis par sélection sexuelle.

Il n'y a pas de doute que l'homme, comme tous les

autres animaux, ne présente des conformations qui, autant que nos connaissances nous permettent d'en juger, ne lui sont plus utiles actuellement, et ne l'ont été, dans une période antérieure, ni au point de vue de ses conditions générales de vie, ni à celui des rapports entre les sexes. Aucune forme de sélection, non plus que les effets héréditaires et du défaut d'usage des parties, ne peuvent rendre compte des conformations de cette nature. Nous savons, toutefois, qu'un grand nombre de particularités bizarres et très-prononcées de conformation, apparaissent à l'occasion dans nos produits domestiques, et deviendraient probablement communes à tous les individus de l'espèce, si les causes inconnues qui les provoquent agissaient d'une manière plus uniforme. Nous pouvons espérer d'arriver par la suite à comprendre quelque chose des causes de ces modifications occasionnelles, surtout par l'étude des monstruosités; aussi les travaux d'expérimentateurs, tels que ceux de M. Camille Dareste sont-ils pleins de promesses pour l'avenir. Tout ce que nous pouvons dire, dans le plus grand nombre de cas, c'est que la cause de chaque variation légère et de chaque monstruosité dépend plus de la nature ou de la constitution de l'organisme, que des conditions ambiantes; bien que des conditions nouvelles et modifiées prennent une part certaine et importante dans les changements organiques de tous genres.

L'homme s'est donc élevé à son état actuel, par les moyens que nous venons d'indiquer, aidés peut-être par d'autres qui sont encore à découvrir. Mais depuis qu'il a atteint le rang humain, il a divergé en races distinctes, qu'on peut encore mieux qualifier de sous-espèces. Quelques-unes d'entre elles, le Nègre et l'Européen, par exemple, sont assez distinctes pour que,

mises sans autre information sous les yeux d'un naturaliste, il dût les considérer comme de bonnes et véritables espèces. Néanmoins, toutes les races concordent par
tant de détails de conformation et de particularités mentales, qu'on ne peut les expliquer que comme étant un
résultat de l'hérédité d'un ancêtre commun, caractérisé de manière à pouvoir selon toute probabilité mériter la qualification d'homme.

Il ne faut pas supposer qu'on puisse faire remonter
jusqu'à une paire donnée d'ancêtres, la divergence de
chaque race d'avec les autres races. Au contraire, à
chaque phase de la série des modifications, tous les
individus en quelque façon, les mieux adaptés à leurs
conditions d'existence, quoiqu'à des degrés différents,
auront survécu en nombre plus grand que ceux qui l'é-
taient moins. La marche aura été analogue à celle que
nous suivons, lorsque parmi les animaux domestiques
nous ne choisissons pas avec intention des individus
particuliers pour la reproduction, et n'affectons à cet
emploi que les individus supérieurs, en laissant de côté
les inférieurs. Nous modifions ainsi lentement mais sûrement la souche, et en formons une nouvelle d'une
manière inconsciente. Ainsi, aucune paire donnée
n'aura été modifiée à un degré plus prononcé que les
autres paires du même endroit par les modifications
effectuées en dehors de toute sélection, et dues à la nature de l'organisme et à l'influence qu'exercent sur lui
les conditions extérieures et les changements dans ses
habitudes. Car tous devaient se trouver continuellement
mélangés par libre entre-croisement.

En considérant la conformation embryologique de
l'homme, — ses homologies avec les animaux inférieurs,
— les rudiments qu'il conserve, — et les retours dont
il est susceptible, nous pouvons en partie rappeler et

reconstruire dans notre imagination les conditions de nos
premiers ancêtres, et assigner approximativement leur
place dans la série zoologique. Nous apprenons ainsi
que l'homme descend d'un mammifère velu, pourvu
d'une queue et d'oreilles pointues, vivant probablement
sur les arbres, et habitant l'ancien monde. Cet être
examiné dans son entière organisation par un naturaliste, aurait été classé parmi les Quadrumanes aussi
sûrement que l'ancêtre commun et encore plus ancien
des singes de l'ancien et du nouveau monde. Ceux-ci
et tous les mammifères supérieurs dérivent probablement d'un Marsupial ancien, lui-même provenant, au
travers d'un longue ligne de formes diverses, de quelque être semblable à un reptile ou à un amphibien, et
celui-ci dérivant d'un être semblable à un poisson. Dans
l'obscurité du passé, nous entrevoyons que l'ancêtre des
vertébrés a dû être un animal aquatique, muni de bran-
chies, ayant les deux sexes réunis sur le même individu,
et les organes les plus essentiels du corps (tels que le
cerveau et le cœur) imparfaitement développés. Cet animal paraît avoir ressemblé, plus qu'à toute autre forme
connue, aux larves de nos Ascidies marines actuelles.

La conclusion à laquelle nous sommes ainsi conduits
sur l'origine de l'homme, rencontre sa plus grande difficulté dans la hauteur du niveau intellectuel et des dispositions morales auxquels s'est élevé l'homme. Mais
celui qui admet le principe général de l'évolution doit reconnaître que, chez les animaux supérieurs, les facultés
mentales, quoique si différentes par le degré, sont néanmoins de même nature et susceptibles de développement
comme dans l'espèce humaine. Ainsi l'intervalle qui sépare ces facultés entre un des singes supérieurs et le poisson, ou entre une fourmi et un insecte parasite, est im-

mense. La progression de ces facultés chez les animaux
n'offre pas de difficulté spéciale, car, chez nos animaux
domestiques, elles sont certainement variables, et ces variations sont héréditaires. Il est incontestable que la
haute importance que ces facultés ont pour les animaux à
l'état de nature constitue une condition favorable à ce
que la sélection naturelle puisse les perfectionner. La
même conclusion s'applique à l'homme; l'intelligence
a dû avoir pour lui-même, à une époque fort reculée,
une très-grande importance, en lui permettant de se
servir d'un langage, d'inventer et de fabriquer des armes, des outils, des piéges, etc. Au moyen du produit de
son industrie et de ses habitudes sociales, il a pu depuis
longtemps devenir l'être vivant dominant tous les autres.

Le développement intellectuel aura fait un pas immense lorsque, après un progrès antérieur déjà considérable, un rudiment instinctif de langage aura commencé
à paraître; car l'usage continu du langage agissant sur
le cerveau avec des effets héréditaires, ces effets auront
à leur tour poussé au perfectionnement du langage. La
grosseur que le cerveau de l'homme présente relativement aux dimensions du corps, comparé à celui des
animaux inférieurs, peut être principalement attribuée,
comme le fait remarquer avec justesse M. Chauncey
Wright [1], à l'emploi précoce de quelque simple forme de
langage, — cette machine merveilleuse qui attachant des
signes à tous les objets et à leurs qualités, suscite des
courants de pensées que ne saurait produire la simple impression des sens, et qui d'ailleurs ne pourraient être
suivis si même ils étaient provoqués. Les aptitudes intellectuelles les plus élevées de l'homme, comme celles
du raisonnement, de l'abstraction, de la conscience de

[1] *Limits of Natural Selection*, dans *North American Review*, oct. 1870,
p. 295.

soi, etc., auront été la conséquence de l'amélioration continue des autres facultés mentales ; mais il est douteux que ces hautes facultés aient pu être exercées et ainsi complétement acquises, sans une culture considérable de l'esprit, tant dans la race que dans l'individu.

Le développement des qualités morales est un problème plus intéressant et plus difficile. Leur base se trouve dans les instincts sociaux, expression qui englobe les liens de famille. Ces instincts sont d'une nature fort complexe, et, chez les animaux inférieurs, ils déterminent des tendances spéciales vers certains actes définis; mais dont les éléments les plus importants pour nous sont l'amour et le sentiment spécial de la sympathie. Les animaux doués d'instincts sociaux se plaisent dans leur mutuelle société, s'avertissent du danger, et se défendent ou s'entre-aident d'une foule de manières. Ces instincts ne s'étendent pas à tous les individus de l'espèce, mais seulement à ceux de la même communauté. Comme ils sont fort avantageux à l'espèce, il est probable qu'ils ont été acquis par sélection naturelle.

Un être moral est celui qui peut comparer ses actions et apprécier leurs motifs passés et futurs, il approuve les unes et désapprouve les autres. Le fait que l'homme est l'être unique auquel on puisse reconnaître cette faculté, constitue la plus grande de toutes les distinctions qu'on puisse faire entre lui et les animaux inférieurs. J'ai cherché à montrer dans le troisième chapitre, que le sens moral résulte premièrement, de la nature des instincts sociaux toujours présents et persistants, point sur lequel l'homme concorde avec les animaux inférieurs; et secondement de la haute activité des facultés mentales de l'homme et de la vivacité de l'impression des événements passés, points par lesquels il diffère complétement des autres animaux. Cette disposition d'esprit entraîne

l'homme malgré lui à regarder en arrière, et à comparer
les impressions des événements et des actes passés. Il
regarde aussi continuellement en avant. Aussi lorsqu'un
désir ou une passion l'aura emporté sur ses instincts
sociaux, il réfléchira et comparera les impressions maintenant affaiblies de ces impulsions passées, avec l'instinct
social qui est toujours présent, et éprouvera alors ce sentiment de mécontentement que laissent après eux tous
les instincts auxquels on n'a pas obéi. Il prendra en
conséquence la résolution d'agir différemment à l'avenir — c'est la conscience. Tout instinct qui est constamment le plus fort ou le plus persistant éveille un
sentiment que nous exprimons en disant qu'il doit être
obéi. Un chien d'arrêt, si toutefois il était capable de ré-
fléchir sur sa conduite passée, pourrait se dire, j'aurais
dû (c'est ce que nous disons de lui) tomber en arrêt devant ce lièvre, au lieu de céder à la tentation momen-
tanée de lui donner la chasse.

Les animaux sociaux sont partiellement poussés par
le désir d'aider les membres de leur communauté d'une
manière générale, mais plus ordinairement pour leur faire
réaliser certains actes définis. L'homme obéit à ce même
désir général d'aider ses compagnons, mais il n'a que peu
ou point d'instincts spéciaux. Il diffère aussi des animaux
inférieurs, en ce qu'il peut exprimer ses désirs par des
mots qui deviennent l'intermédiaire de l'aide requise et
accordée. Le motif à s'entre-aider est également un
peu modifié chez l'homme; il n'est plus seulement une
impulsion instinctive aveugle, mais est fortement influencé par la louange ou le blâme de ses semblables.
L'appréciation ainsi que la dispensation de la louange
et du blâme reposent toutes deux sur la sympathie; sentiment qui, ainsi que nous l'avons vu, est un des éléments
les plus importants des instincts sociaux. La sympathie

quoique acquise comme instinct, se fortifie aussi beaucoup par l'exercice et l'habitude. Comme tous les hommes désirent leur propre bonheur, ils accordent louange
ou blâme aux actions et à leurs motifs suivant qu'elles
mènent à ce résultat ; et comme le bonheur est une partie essentielle du bien général, le principe du plus
grand bonheur sert indirectement comme étalon assez
exact du bien et du mal. A mesure que le raisonnement
progresse et que l'expérience s'acquiert, on aperçoit les
effets plus éloignés de certaines lignes de conduite sur le
caractère de l'individu, et sur le bien général ; et alors les
vertus personnelles entrent dans le domaine de l'opinion
publique, et sont louées, leurs opposées étant blâmées.
Cependant, chez les nations moins civilisées, la raison
peut souvent errer et faire entrer dans le même domaine
des mauvaises coutumes et d'absurdes superstitions, qui
par conséquent sont tenues pour de hautes vertus, et
leur infraction pour un crime.

On estime généralement et avec raison, les facultés
morales comme ayant plus de valeur que les facultés intellectuelles. Mais ne perdons pas de vue que l'activité
de l'esprit à se rappeler nettement des impressions passées, est une des bases fondamentales, bien que secondaires, de la conscience. C'est là que gît l'argument
le plus puissant qu'on puisse invoquer pour que les facultés intellectuelles de chaque être humain soient développées et stimulées de toutes les manières possibles. Il
est certain qu'un homme à esprit engourdi, pourra
avoir une conscience sensible et être conduit à de bonnes actions, si ses affections et sympathies sociales
sont bien développées. Mais tout ce qui pourra rendre
l'imagination plus active, fortifier l'habitude de se rappeler et de comparer les impressions passées, tendra à
donner plus de sensibilité à la conscience, et à compen-

ser jusqu'à un certain point, des affections et des sympathies sociales faibles.

La nature morale de l'homme a atteint le niveau le
plus élevé auquel elle soit encore arrivée, en partie par
les progrès du raisonnement et par conséquent d'une
juste opinion publique, mais surtout par la nature plus
sensible des sympathies et leur grande diffusion par
l'habitude, l'exemple, l'instruction et la réflexion. Il
n'est pas improbable que les tendances vertueuses puissent par une longue pratique devenir héréditaires. Chez
les races les plus civilisées, la conviction de l'existence
d'une divinité omnisciente a exercé une influence puissante sur le progrès de la moralité. A la fin l'homme
ne se laisse plus guider principalement par la louange
ou le blâme de ses semblables, bien que peu échappent
à cette influence ; mais c'est dans ses convictions habituelles, contrôlées par la raison, qu'il trouve sa règle de
conduite la plus sûre. Sa conscience alors devient son
juge et conseiller suprême. Néanmoins les bases ou
l'origine du sens moral sont dans les instincts sociaux,
y compris la sympathie ; instincts qui ont sans doute été
gagnés primitivement, comme chez les animaux inférieurs, par sélection naturelle.

On a souvent affirmé que la croyance en Dieu était
non-seulement la plus grande, mais la plus complète de
toutes les distinctions à établir entre l'homme et les animaux. Il est toutefois impossible de soutenir, comme nous
l'avons vu, que cette croyance soit innée ou instinctive
chez l'homme. D'autre part la croyance à des agents spiri-
tuels pénétrant partout paraît être universelle, et résulte
selon toute apparence des progrès importants faits par
les facultés du raisonnement, surtout de ceux de l'imagination, de la curiosité et de l'étonnement. Je n'ignore

pas que beaucoup de personnes ont invoqué comme argument en faveur de son existence, la croyance supposée instinctive en Dieu. Mais c'est là un argument téméraire, car il nous obligerait à croire à l'existence d'une foule d'esprits cruels et malfaisants, un peu plus puissants que l'homme, puisque cette croyance est encore bien plus généralement répandue que celle d'une divinité bienfaisante. L'idée d'un Créateur universel et bienveillant de l'univers ne paraît surgir dans l'esprit de l'homme, que lorsqu'il s'est élevé à un haut degré par une culture de longue durée.

Celui qui admet que l'homme tire son origine de quelque forme d'organisation inférieure, demandera naturellement quelle sera la portée de ce fait sur la croyance à l'immortalité de l'âme. Ainsi que le démontre Sir J. Lubbock, les races barbares de l'humanité n'ont aucune croyance claire de ce genre, mais comme nous venons de le voir, les arguments tirés des croyances primitives des sauvages n'ont que peu ou point de valeur. Peu de personnes s'inquiètent de l'impossibilité de déterminer à quel instant précis du développement depuis le premier vestige qui paraît sur la vésicule germinative, jusqu'à l'enfant avant ou après la naissance, l'homme devient immortel. Il n'y a pas de raison pour s'inquiéter davantage de ce qu'on ne puisse pas déterminer cette même période dans l'échelle organique pendant sa marche graduellement ascendante[2].

Je n'ignore pas que les conclusions auxquelles nous arrivons dans cet ouvrage, seront dénoncées par quelques-uns comme hautement irréligieuses ; mais ceux qui soutiendront cette thèse devraient être tenus de démontrer pourquoi il est plus irréligieux d'expliquer l'ori-

---

[2] Le Rév. J. A. Picton discute ce sujet dans son livre intitulé *New Theories and Old Taith*, 1870.

gine de l'homme comme espèce, descendant d'une forme
inférieure, en vertu des lois de la variation et de la sélection naturelles, que d'expliquer par les lois de la reproduction ordinaire la formation et la naissance de l'individu.

La naissance de l'espèce comme celle de l'individu
sont également des parties de cette vaste suite de phénomènes, que notre esprit se refuse à considérer comme
le résultat d'un aveugle hasard. La raison se révolte
contre une pareille conclusion, que nous pussions ou
non croire que chaque légère variation de conformation
— l'appariage de chaque paire — la dispersion de chaque graine, — et autres phénomènes pareils, aient tous
été décrétés dans quelque but spécial.

La sélection sexuelle a été longuement traitée dans
cet ouvrage, parce que, ainsi que j'ai cherché à le démontrer, elle a joué un rôle important dans l'histoire
du monde organique. Ayant déjà terminé chaque chapitre par un résumé particulier, il est inutile d'en ajouter
un nouveau détaillé ; sachant combien il reste encore
de choses douteuses, j'ai cependant cherché à donner
une vue loyale de l'ensemble. La sélection sexuelle paraît n'avoir exercé aucun effet sur les divisions inférieures
du règne animal ; les êtres qui composent ces divisions
restant souvent fixés pour la vie à la même place, ou
ayant les deux sexes réunis dans le même individu, ou,
ce qui est plus important, leurs facultés perceptives et
intellectuelles n'étant pas assez développées pour permettre soit des sentiments d'amour et de jalousie, soit
l'exercice d'un choix.

Lorsque nous arrivons cependant aux Arthropodes et
aux Vertébrés, même dans les classes les plus inférieures de ces deux grands sous-règnes, nous voyons que la
sélection sexuelle a produit de grands effets ; et il est à

remarquer que nous y trouvons un développement des
facultés intellectuelles poussé au niveau le plus élevé,
dans deux classes distinctes, à savoir chez les Hyméno-
ptères (Fourmis, Abeilles, etc.), parmi les Arthropodes,
et chez les Mammifères, l'homme compris, parmi les
Vertébrés.

Dans les classes les plus distinctes du règne animal,
Mammifères, Oiseaux, Reptiles, Poissons, Insectes,
et même Crustacés, les différences entre les sexes suivent presque exactement les mêmes règles. Les mâles
presque toujours cherchent les femelles, et seuls
sont armés de moyens spéciaux pour combattre
leurs rivaux. Ils sont généralement plus grands et plus
forts que les femelles, et doués des qualités courageuses
et belliqueuses nécessaires. Ils sont pourvus, soit exclusivement soit à un plus haut degré que les femelles,
d'organes propres à produire une musique vocale ou
instrumentale, ainsi que de glandes odorantes. Ils sont
ornés d'appendices infiniment diversifiés et de colorations vives et apparentes, disposées souvent avec
une grande élégance, tandis que les femelles restent sans ornementation. Lorsque les sexes diffèrent
de structure, c'est le mâle qui possède des organes de
sens spéciaux pour découvrir la femelle, des organes
de locomotion pour la joindre et souvent des organes
de préhension pour la tenir. Ces diverses conformations
destinées à charmer les femelles et à s'en assurer, ne
sont souvent développées chez le mâle que pendant une
période de l'année, celle de la reproduction. Dans
bien des cas elles ont été transmises à un degré plus ou
moins prononcé aux femelles, chez lesquelles pourtant elles ne représentent alors que de simples rudiments. La castration les fait disparaître chez les mâles.
En général, elles ne sont pas développées chez les jeunes

mâles, et n'apparaissent que peu de temps avant l'âge où ils sont en état de reproduire. Aussi dans la plupart des cas les jeunes des deux sexes se ressemblent, et la femelle ressemble toute sa vie à sa progéniture. On rencontre dans presque chaque grande classe, quelques cas anormaux dans lesquels on remarque une transposition presque complète des caractères particuliers aux deux sexes, les femelles revêtant alors des caractères qui appartiennent proprement aux mâles. Cette uniformité étonnante des lois qui règlent les différences entre sexes dans tant de classes fort éloignées les unes des autres, se comprend si nous admettons, dans toutes les divisions supérieures du règne animal, l'action d'une cause commune : la sélection sexuelle.

La sélection sexuelle dépend du succès qu'ont, en ce qui est relatif à la propagation de l'espèce, certains individus sur d'autres du même sexe, tandis que la sélection naturelle dépend du succès des deux sexes, à tout âge, dans les conditions générales de la vie. La lutte sexuelle est de deux espèces : elle a lieu entre individus du même sexe, ordinairement le sexe masculin, dans le but de chasser ou de tuer des rivaux, les femelles demeurant passives ; ou bien la lutte a également lieu entre individus de même sexe, pour séduire et attirer ceux du sexe opposé ; généralement les femelles ne restant point passives dans ce cas, choisissent les mâles qui ont pour elles le plus d'attrait. Cette dernière sorte de sélection est analogue à celle que l'homme exerce sur les produits d'animaux domestiques, d'une manière réelle quoique inconsciente, alors qu'il choisit pendant longtemps les individus qui lui plaisent ou qui ont le plus d'utilité pour lui, sans aucune intention de modifier la race.

Les lois de l'hérédité déterminent quels sont les caractères acquis par sélection sexuelle dans chaque sexe, qui seront transmis au même sexe ou aux deux, ainsi què l'âge auquel ils doivent se développer. Il paraît que les variations tardives sont ordinairement transmises à un seul et même sexe. La variabilité est la base indispensable de l'action de la sélection, et en est entièrement indépendante. Il en résulte que des variations d'une même nature générale ont été l'objet de la sélection sexuelle et accumulées par elle par rapport à la propagation de l'espèce, ainsi que par la sélection naturelle par rapport aux conditions de l'existence. Il n'y a donc que l'analogie qui nous permette de distinguer des caractères spécifiques ordinaires, les caractères secondaires sexuels, lorsqu'ils ont été également transmis aux deux sexes. Les modifications résultant de l'action de la sélection sexuelle sont souvent si prononcées, qu'on a fort souvent rapporté les deux sexes à des espèces, et même des genres distincts. Ces différences doivent en quelque manière, avoir une haute importance, et nous savons que dans certains cas elles n'ont pu être acquises qu'au prix non-seulement d'inconvénients, mais d'un danger réel.

L'admission de la puissance de la sélection sexuelle repose surtout sur les considérations suivantes. Les caractères que nous pouvons supposer avec le plus de raison d'avoir été ainsi acquis sont limités à un seul sexe; ce qui suffit pour rendre probable qu'ils ont quelques connexions avec l'acte reproducteur. Ces caractères dans une foule de cas ne sont développés qu'à l'état adulte; souvent dans une saison seulement, laquelle est toujours celle de la reproduction. Les mâles (sauf quelques cas exceptionnels) sont les plus empressés auprès des femelles, ils sont mieux armés, et plus séduisants sous divers rapports. Il faut observer spécialement que les mâles déploient leurs attraits avec le plus grand soin,

dans la présence des femelles ; et qu'ils ne le font que
rarement ou jamais en dehors de la saison d'amour.
On ne peut croire que tout cet étalage soit sans but.
Enfin nous avons les preuves par quelques quadrupèdes
et différents oiseaux que les, individus d'un sexe peuvent éprouver une forte antipathie ou une forte préférence pour certains individus du sexe opposé. D'après
ces faits et en n'oubliant pas les résultats marqués que
donne la sélection inconsciente exercée par l'homme, il
me paraît presque certain que, si les individus d'un sexe
préféraient, pendant une longue série de générations,
s'apparier avec certains individus de l'autre sexe d'un
caractère particulier, leurs descendants se modifieraient
lentement et sûrement de la même manière. Je n'ai pas
cherché à dissimuler que, excepté les cas où les mâles
sont plus nombreux que les femelles, et ceux où la polygamie prévaut, nous ne pouvons affirmer comment les
mâles les plus séduisants réussissent à laisser plus de
descendants héritiers de leurs avantages d'ornementation ou d'autres moyens de séduction, que les mâles
moins bien doués sous ce rapport ; mais j'ai montré que
cela devait probablement résulter de ce que les femelles,
— surtout les plus vigoureuses comme étant les premières à reproduire, — préfèrent non-seulement les
mâles les plus attrayants, mais en même temps les
vainqueurs les plus vigoureux.

Bien que nous ayons quelques preuves positives que
les Oiseaux apprécient les objets beaux et brillants,
comme les Oiseaux d'Australie qui construisent des berceaux, qu'ils apprécient certainement le chant, j'admets
cependant qu'il est étonnant que les femelles de beaucoup d'oiseaux et de quelques mammifères soient douées
d'assez de goût pour produire ce que la sélection sexuelle
paraît avoir effectué. Le fait est encore plus surprenant

dans les cas où il s'agit de reptiles, de poissons et d'insectes. Mais nous ne savons que bien peu de chose de
l'esprit des animaux inférieurs. On ne peut supposer,
par exemple, que les Oiseaux de Paradis ou les Paons
mâles se donnent, sans aucun but, tant de peine pour
redresser, étaler et agiter leurs belles plumes en présence des femelles. Nous devons nous rappeler le fait
indiqué dans un précédent chapitre, d'après une excellente autorité, de plusieurs paonnes, qui séparées d'un
mâle préféré par elles, restèrent veuves pendant toute
une saison, plutôt que de s'apparier avec un autre
mâle.

Je ne connais néanmoins en histoire naturelle aucun
fait plus étonnant que celui de l'aptitude qu'a la femelle du faisan Argus d'apprécier les teintes délicates
des ornements en ocelles et les dessins élégants des rémiges des mâles. Qui admet que les Argus aient été créés
tels qu'ils sont actuellement, doit admettre aussi que les
grandes pennes, qui empêchent le vol, et qui sont étalées par le mâle avec les rémiges primaires, d'une
façon tout à fait particulière à cette espèce, seulement
lorsqu'il fait sa cour, lui ont été données à titre
d'ornement. Il doit donc admettre également que la
femelle a été créée avec l'aptitude d'apprécier ce
genre de décoration. Je ne diffère que par la conviction que les mâles du faisan Argus ont graduellement acquis leur beauté, parce que pendant de nombreuses générations, les femelles ont préféré les individus les plus ornés; leur capacité esthétique a donc
progressé par l'exercice ou l'habitude, de la même manière que notre goût s'améliore peu à peu. Grâce au
fait heureux que quelques plumes du mâle n'ont pas
été modifiées, nous pouvons distinctement voir comment de simples taches légèrement ombrées d'une

nuance fauve d'un côté peuvent s'être développées peu
à peu de façon à devenir de merveilleux ornements
ocellaires figurant une sphère dans une cavité. Tout
fait croire qu'elles furent réellement développées de
cette manière.

Celui qui admet le principe de l'évolution, et cependant éprouve de la difficulté à croire que les femelles
des mammifères, oiseaux, reptiles et poissons aient pu
atteindre au niveau du goût que suppose la beauté des
mâles, et qui en général s'accorde avec le nôtre, doit se
rappeler que dans chaque membre de la série des vertébrés, les cellules nerveuses du cerveau sont des rejetons directs de celles que possédait l'ancêtre commun
du groupe entier. On comprend ainsi que le cerveau et
les facultés mentales puissent parcourir un cours de
développement analogue dans des conditions semblables, et pourront par conséquent remplir à peu près les
mêmes fonctions.

Le lecteur qui aura pris la peine de lire les divers chapitres consacrés à la sélection sexuelle, pourra juger de
la suffisance des preuves que j'ai apportées à l'appui
des conclusions déduites. S'il les accepte, il peut sans
crainte, je le crois, les appliquer à l'espèce humaine. Il
serait inutile de répéter ici ce que j'ai déjà dit : comment la sélection sexuelle a agi sur les deux sexes, pour
provoquer leurs différences corporelles et mentales ; et
comment elle a agi sur les diverses races pour les différencier par des caractères variables soit entre elles, soit
d'avec leurs ancêtres anciens et plus inférieurs par
leur organisation.

L'admission du principe de la sélection sexuelle conduit à la conclusion remarquable, que le système cérébral règle non-seulement la plupart des fonctions actuelles du corps, mais a indirectement influencé le dé-

veloppement progressif de diverses conformations corporelles et de certaines qualités mentales. Le courage,
le caractère belliqueux, la persévérance, la force et la
grandeur du corps, les armes de tous genres, les organes
musicaux, vocaux et instrumentaux, les couleurs vives,
les raies, les marques et appendices d'ornementation ont
tous été acquis indirectement par l'un ou l'autre sexe,
sous l'influence de l'amour ou de la jalousie, par l'appréciation du beau dans le son, la couleur ou la
forme, et par l'exercice d'un choix, facultés de l'esprit
qui dépendent évidemment du développement du système cérébral.

L'homme épluche avec la plus scrupuleuse attention
les caractères et la généalogie de ses chevaux, de son
bétail et de ses chiens avant de les apparier : précau-
tion qu'il prend rarement ou jamais, quand il s'agit de
son propre mariage. Il y est poussé à peu près par les
mêmes motifs que ceux qui agissent chez les animaux
inférieurs lorsqu'ils ont le choix libre, bien qu'il leur
soit très-supérieur par sa haute appréciation des charmes
de l'esprit et de la vertu. D'autre part, il est fortement
sollicité par la fortune ou le rang. Il pourrait cependant
par la sélection faire quelque chose de favorable non-
seulement à la constitution physique de sa descendance,
mais à ses qualités intellectuelles et morales. Les deux
sexes devraient s'interdire le mariage lorsqu'ils sont à
un état trop marqué d'infériorité de corps ou d'esprit ;
mais de pareilles espérances sont utopiques et ne se réa-
liseront même pas partiellement, tant que les lois de
l'hérédité ne seront pas connues à fond. Tous ceux qui
peuvent contribuer à cette fin rendent service. Lorsqu'on aura mieux compris les principes de la reproduction et de l'hérédité, nous n'entendrons plus des

législateurs ignorants repousser avec dédain un plan destiné à vérifier par une méthode facile si les mariages consanguins sont ou non nuisibles à l'homme.

L'amélioration du bien-être de l'humanité est un problème des plus complexes ; tous ceux qui ne peuvent éviter une abjecte pauvreté à leurs enfants devraient éviter de se marier ; car la pauvreté est non-seulement un grand mal, mais tend à s'accroître en entraînant à l'insouciance dans le mariage. D'autre part, selon la remarque de M. Galton, si les gens prudents évitent le mariage, pendant que les insouciants font le contraire, les membres inférieurs de la société tendront à supplanter les supérieurs. Comme tous les autres animaux, l'homme est certainement arrivé à son haut degré de développement actuel par la lutte pour l'existence qui est la conséquence de sa multiplication rapide; et pour arriver plus haut encore, il faut qu'il continue à être soumis à une lutte rigoureuse. Autrement il tomberait dans un état d'indolence, où les mieux doués ne réussiraient pas mieux dans le combat de la vie que les moins doués. Notre taux naturel d'accroissement, bien qu'entraînant de nombreux maux, ne doit donc pas être diminué de beaucoup par aucun moyen. Il devrait y avoir concurrence ouverte pour tous les hommes, et pas de lois ou de coutumes empêchant les plus capables de réussir et d'élever le plus grand nombre de descendants. Si importante que la lutte pour l'existence ait été et soit encore, d'autres influences plus importantes sont intervenues en ce qui concerne la partie la plus élevée de la nature humaine. Les qualités morales progressent en effet directement ou indirectement, bien plus par les effets de l'habitude, par le raisonnement, l'instruction, la religion, etc., que par sélection naturelle ; bien qu'on puisse avec certitude attribuer à l'action de cette dernière les instincts sociaux, qui sont la base du développement du sens moral.

La conclusion fondamentale à laquelle nous sommes arrivés dans cet ouvrage, à savoir que l'homme descend de quelque forme d'une organisation inférieure, sera, je regrette de le penser, fort désagréable à beaucoup de personnes. Il n'y a cependant pas lieu de douter que nous ne descendions de barbares. Je n'oublierai jamais l'étonnement que j'ai ressenti en voyant pour la première fois une réunion de Fuégiens sur une rive sauvage et aride, car aussitôt la pensée vint à mon esprit que tels étaient nos ancêtres. Ces hommes absolument nus, barbouillés de peinture, avec des cheveux longs et emmêlés, la bouche écumante, avaient une expression sauvage, effrayée et défiante. Ils ne possédaient presque aucun art, et vivaient comme des bêtes sauvages avec ce qu'ils pouvaient attraper; privés de toute organisation sociale, ils furent sans merci pour tout ce qui ne faisait pas partie de leur propre petite tribu. Celui qui a vu un sauvage dans son pays natal n'éprouvera pas de honte de reconnaître que le sang de quelque être inférieur coule dans ses veines. J'aimerais autant pour ma part descendre du petit singe héroïque, qui brava son ennemi redouté pour sauver son gardien ; ou du vieux babouin qui descendant des hauteurs, emporta triomphalement son jeune camarade après l'avoir arraché à une meute de chiens étonnés — que d'un sauvage qui se délecte à torturer ses ennemis, se livre à des sacrifices sanglants, pratique l'infanticide sans remords, traite ses femmes comme des esclaves, ignore toute décence et est en proie aux superstitions les plus grossières.

On peut excuser l'homme d'éprouver quelque fierté de ce qu'il s'est élevé, quoique non par ses propres ef-

forts, au sommet véritable de l'échelle organique, et le
fait qu'il s'y est ainsi élevé, au lieu d'y avoir été placé primitivement, peut lui faire espérer une destinée encore
plus haute dans un avenir éloigné. Mais nous n'avons
à nous occuper ici ni d'espérances, ni de craintes,
mais seulement de la vérité dans les limites où notre
raison nous permet de la découvrir. J'ai donné les
preuves aussi bien que j'ai pu. Il me semble que nous
devons reconnaître que l'homme, avec toutes ses nobles
qualités, la sympathie qu'il éprouve pour les plus ra-
valés, la bienveillance qu'il étend non-seulement à ses
semblables, mais encore aux êtres vivants les plus hum-
bles ; l'intelligence divine qui lui a permis de pénétrer
les mouvements et la constitution du système solaire
— avec toutes ces facultés d'un ordre si éminent —
l'homme, dis-je, conserve encore dans son système cor-
porel le cachet indélébile de son origine inférieure.

FIN DU TOME SECOND.

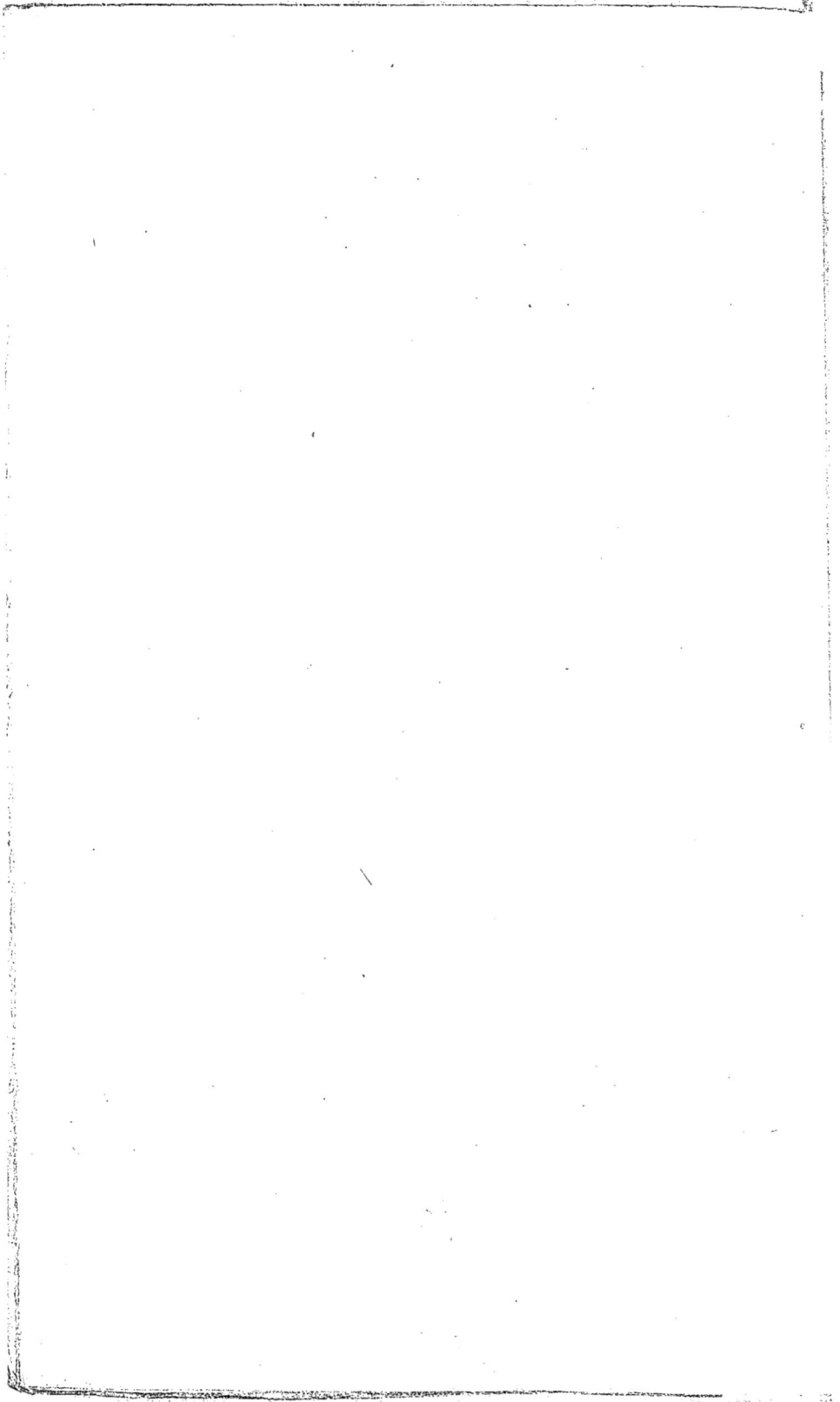

INDEX

A

ABBOTT, C., sur les combats de phoques, II, 254.

ABDUCTEUR, présence d'un muscle,
sur le cinquième métatarsien, dans
l'homme, I, 137.

ABEILLES, I, 76; destruction des
bourdons et des reines, I, 84;
corbeilles à pollen et aiguillons
des, I, 167; caractères secondaires de la femelle, I, 274; différences des sexes, I, 391.

ABERCROMBIE, docteur, sur l'influence
des maladies du cerveau sur le
langage articulé, I, 61.

ABIPONES, coutumes nuptiales des, II,
391.

ABOU-SIMBEL, grottes de, I, 236.

ABSTRACTION, I, 65.

Acalles, stridulation chez les, I,
411.

Acanthodactylus capensis, différences sexuelles de coloration dans
le, II, 37.

Accentor modularis, II, 207.

ACCLIMATATION, différente chez les diverses races humaines, I, 254.

ACCROISSEMENT, son taux, I, 140; nécessité qu'il éprouve des temps
d'arrêt, I, 145.

Achetidæ, stridulation chez les, I,
378, 381; organes rudimentaires
chez la femelle, I, 384.

Acilius sulcatus, élytres de la femelle, I, 368.

Acomus, présence d'ergots chez la
femelle, II, 170.

ACRIDIDES, organes de stridulation chez

les, I, 378; rudimentaires chez les
femelles, I, 384.

ACTINIES, brillantes couleurs des, I,
346.

ADOPTION des jeunes d'autres animaux
par des singes femelles, I, 42.

AEBY, différences entre les crânes
humains et ceux des quadrumanes, I, 205.

AFFECTION filiale, voy. Filiale.

AFFECTION, maternelle, I, 41; ses manifestations chez les animaux, I,
41; entre parents et descendants,
elle est un résultat partiel de sélection naturelle, I, 85; s'observe
vis-à-vis de certaines personnes
chez les oiseaux en captivité, II,
114; mutuelle parmi les oiseaux,
II, 113.

AFRIQUE, lieu probable de la naissance
de l'homme, I, 215; population
croisée dans le Sud, I, 244; conservation du teint des Hollandais
dans le Midi, I, 262; proportion
entre les sexes chez les papillons,
I, 354; emploi du tatouage, II,
356; coiffure des indigènes dans
le Nord, II, 356.

AGASSIZ, L., sur la conscience chez
les chiens, I, 82; sur la coïncidence entre les races humaines et
les provinces zoologiques, I, 237;
nombre d'espèces humaines, I,
245; sur les assiduités des mollus-
ques terrestres, I, 349; belles
couleurs qu'ont les poissons-mâles
pendant la saison de la reproduction, II, 14; sur la protubérance
frontale des mâles de Geophagus

FIN DE L'INDEX.

ERRATA

Page 28, 19e ligne d'en haut, au lieu de : *Orrony*, lisez : *Orrouy*.

Pages 3, 15, 110, etc., dans les notes, au lieu de : *London's Mag.*, lisez : *Loudon's Mag.*

Page 65, note 31, 6e ligne d'en bas, au lieu de : *Sur les Pies*, lisez : *Sur les Pics.*

Page 125, 10e ligne du texte d'en bas, au lieu de : *Phera progne*, lisez : *Chera progne.*

Page 179, 14e ligne d'en haut, au lieu de : *Musophages, Pies et Perroquels*, lisez : *Musophages, Pies et Perroquets.*

Page 253, 1re ligne d'en haut, au lieu de : *adoptées*, lisez : *adaptées.*

Page 256, 6e ligne du texte, d'en bas, au lieu de : *Pervulus moschatus*, lisez : *Cervulus moschatus.*

Page 256, 5e ligne du texte, d'en bas, au lieu de : *Pervus Panadensis*, lisez : *Cervus Canadensis.*

Page 265, note 20, et page 271, note 29, au lieu de : *British Fossil Manuals*, lisez : *British Fossil Mammals.*